复旦大学进化生物学丛书

Statistical Theory and Methods for Evolutionary Genomics

进化基因组学
的统计理论与方法

[美] 谷 迅（Xun Gu）/ 著

苏志熙 邹央云 王梦藜 杨 继
沈溧冰 陈文海 张红梅 / 译

杨 继 / 校

U0276686

复旦大学 出版社
www.fudanpress.com.cn

总　序

　　进化生物学在近二十年经历了一个快速发展和变革的时期,成为当今生命科学领域发展最为迅速的分支学科之一。这场变革一方面体现在我们对自然界生命起源和进化的历史有了更深入的了解,在大量的基因组数据积累和从分子水平对生物发育机制的研究基础上,将形态发生与发育调控基因结合起来,在一定程度上阐明了不同生物类群形态进化的分子基础和机制,从根本上改变了传统的研究思路和研究模式,促进了生命科学中遗传、发育和进化的统一。另一方面,进化生物学在近二十年极大地拓展了研究领域,向具有广泛的社会实用性的方向转变,尤其在揭示人类重大遗传疾病的分子基础、传染性疾病爆发与病原生物进化变异的关系,以及生物对环境变化的响应和适应机制方面显示出巨大的潜力,表现出显著的社会效应。

　　自 20 世纪 50 年代,著名遗传学家和进化生物学家谈家桢院士就开始在复旦从事生物遗传变异和进化研究,为复旦大学进化生物学学科发展奠定了坚实的基础,把进化的思想和视角渗透、融汇到生命科学各个领域的教学和研究中,并培养了一批从事生物进化和生物多样性研究的杰出人才。2003年,在谈家桢院士的积极倡导下,复旦大学成立了我国第一个生态与进化生物学系;2006 年,又组建了跨学科的"进化生物学研究中心",目的是要充分发挥复旦大学的学科特点和优势,进一步加强培养从事生物进化和生物多样性研究的高层次人才,提升我国进化生物学研究的整体水平和实力。

　　编辑和出版《复旦大学进化生物学丛书》,系统介绍进化生物学的理论体系、研究方法和最新研究进展,一方面是为满足专业人才培养的需要,同时也是针对我国目前生物进化理论教育相对薄弱的现状,秉承"通达民情,化育人心"的教育传统,普及现代进化生物学知识,培养"进化意识",使在处理人与自然关系的过程中能自觉地、理性地调整我们的价值观念和行为,促进自然和人类文明的协同进化。

前　言

　　起源于同一祖先的基因组经受了达尔文选择和适应性演化。由突变导致的功能创新或原始功能的丢失增加了基因组的复杂性，以适应不断变化的环境的挑战。进化基因组学是一个新兴的研究领域，旨在综合运用功能基因组高通量数据、统计模型和生物信息学方法、系统发育分析等研究和理解上述过程的进化和遗传机制。

　　在过去十年中，运用高通量技术产生了涵盖不同类型生物的海量的基因组数据。诚然，技术创新已经使进化基因组学成为一个迅猛发展的领域，有该领域发表的大量研究论文为证。然而在现阶段，该领域研究不仅在方法上十分混杂，而且提供的生物学解释极具争议性。本书试图提供一个对研究基因组进化有用的统计学理论框架和方法，并阐释如何用于实际的大规模数据分析。考虑到现今基因组数据分析几乎都基于各类软件，因此我们对于统计方法的说明主要聚焦于生物学基础和模型假设，而非具体算法和实现的细节。

　　作者希望构建一个从进化的角度解释诸多基因组数据的理论框架，进而统一进化基因组学领域的研究，但这是一个仅通过本书之力难以实现的宏伟目标。本书讨论了多种模型和方法，包括由作者与合作者共同开发的模型和方法，其中一些是在撰写本书过程中完成的，并于近期发表或在本书中首次报道。本书较多笔墨被用于介绍和讨论基于现实生物学假设的统计模型和实用的统计方法。由于自基因组科学出现，作者所在实验室即开始从事该领域的相关研究，因此书中包含了大量作者课题组完成的工作。受篇幅和能力所限，本书未能包含该领域所有重要主题和文献。事实上，也确实需要在个人偏好与不同科学观点及方法间取得平衡。出于这些原因，本书应被视作一份来自科学家个人的努力，视作通往最终目标的一步。

　　本书是为进化遗传学/基因组学和相关领域的研究生和研究人员，以及对计算生物学和生物信息学感兴趣的数学家、统计学家、计算机科学家编写的。若用于课堂教学，作者建议教师选择最适合教学目的的内容。

由于本书意在介绍统计学模型和方法,作者希望读者具备一定的统计学和数学基础。此外,读者应了解基因组科学与进化生物学的基础知识。若读者希望了解更多在本书中未详细讨论的主题,可以查阅其他优秀的书籍,例如 Li(1997),Nei 和 Kumar(2000)所著书籍详细介绍了分子进化与系统发育,Yang(2006)的著作介绍了 DNA 序列分析的统计方法,Lynch(2009c)的著作介绍了基因组进化,Evens 和 Grant(2005)的著作讨论了统计生物信息学。

在本书中,作者首先介绍了分子进化理论和生物信息工具的基础,以便读者理解书中讨论的相关问题。随后按章节顺序介绍了一系列主题,包括基因家族的功能分化、重复基因间的表达式样分化、组织驱动的进化、基因多效性和基因含量进化等。所有主题都围绕模型驱动研究展开,并附有一些精心挑选的数据分析案例。受篇幅所限,许多相关的文献无法在本书中一一引用。本书也未详述以高计算性能和高通量基因组数据为基础的广泛使用的数据驱动方法。实际上,开发综合、全面的数据库后,可以运用多种高效的 IT 技术,例如聚类或机器学习,来进行广泛的数据挖掘和分析,以寻找具有生物学意义的规律和模式,再通过实验或独立的数据集进行验证。作者认为,模型驱动方法和数据驱动方法是互补的,两者对深刻理解一些基本的生物学问题都必不可少。本书最后一章涉及系统生物学中一些与进化相关但尚不清楚的问题。撰写本章的目的是探究"进化系统生物学"领域已取得哪些成就,未来还会发生什么,希望这些探究有助于该领域的发展。最后,需要说明的是本书中讨论的统计学方法在其发表时均有相应的计算机程序可供使用,例如作者所在实验室曾开发一个 DIVERGE 程序用来预测导致重复基因功能分化的氨基酸位点,课题组现在正计划开发一款包含这些方法且更易使用的升级版软件包。

作者要向许多人表达诚挚的谢意:谈家桢先生,中国现代遗传学奠基人,从作者本科就读于复旦大学起,就对作者的遗传与进化研究事业产生了深远的影响;刘祖洞先生,是作者在复旦大学攻读硕士学位时的导师,先生为作者学习数学群体遗传学提供了难得的机会;李文雄(Wen-Hsiung Li)先生,是作者在德克萨斯大学时的博士生导师,作者在李先生的指导下进行分子进化和系统发育的前沿研究;Masatoshi Nei 先生,是作者在宾夕法尼亚州立大学从事博士后工作时的导师,在基因组科学出现之际,先生鼓励作者建立自己的研究领域。作者还要向过去二十多年研究生涯中的朋友、同事及合作者致谢,尤其是 Li Jin, Yunxin Fu,

Ranajit Chakraborty，Sudhir Kumar，C—I Wu，Manyuan Long，Dan Graur，Mike Miyamoto，Ziheng Yang，Jianzhi Zhang，Zhenglong Gu，Gunter Wagner，Duane Enger，Dan Voytas，Tom Peterson，Patrick Schnable，Dan Nettleton，Karin Dorman，Hui—Hsien Chou，Xiaoqui Huang，Jonathan Wendel，Eric Gaucher，Yaping Zhang，Jun Yu，Ji Yang 和 Yang Zhong。作者还要感谢所在实验室的学生、研究助理及合作者，他们为解决基因组进化、计算机编程及大规模数据分析的各类挑战性问题做出了巨大贡献，尤其是 Yufeng Wang，Jianying Gu，Kent Vander Velden，Zhongqi Zhang，Shiquan Wu，Huaijun Zhou，Zhixi Su，Yong Huang，Yangyun Zou，Hongmei Zhang 和 Xiujuan Wang。此外，爱荷华州立大学遗传发育与细胞生物学系在各方面为作者提供了充分的支持，让作者有时间得以完成此书。作者在此还要特别感谢妻子 Wei，在过去 17 年里，若无她的全力支持与鼓励，这本书是断然无法面世的。

作者所在实验室的部分研究工作得到美国国立卫生研究院（NIH）、美国国家科学基金会（NSF）、中国国家自然科学基金委员会（NSFC）、杜邦青年学者奖、爱荷华州立大学和复旦大学的支持与资助。作者向这些资助机构的慷慨支持表示深深的谢意。

谷　迅
艾姆斯，*爱荷华州*
2010 年 2 月

目　录

第一章　分子进化基础

分子进化是一门在 DNA、RNA 和蛋白质水平上研究进化过程的学科,其中,中性或近中性的进化模型为这门学科提供了理论依据(Kimura,1968,1983；Kimura and Ohta,1971；Ohta,1973,1993；Nei,1987；Li,1997)。然而,分子水平上的正向选择作用仍然是一个非常有争议的话题(Gillespie,1991；McDonand and Kreitman,1991；Dean and Golding,1997；Messier and Stewart,1997；Zhang et al.,1998；Bustamante et al.,2000,2005；Tanenbaum et al.,2005；Nielsen et al.,2007)。基因组学的最新进展,包括全基因组测序、高通量蛋白质鉴定和生物信息学已使得比较和进化基因组学的研究急剧增多。在本章中,我们将简要介绍一些基因组分析过程中广泛使用的方法。

1.1　DNA 序列的进化距离

进化距离(d)是分子进化研究中的基本要素,它通常是用两个同源序列之间平均每个位点的核苷酸或氨基酸替换数来衡量的(Li,1997；Nei and Kumar,2000)。首先,d 已被广泛用于重建基因和基因家族的系统树；其次,d 是用于研究 DNA 和蛋白质进化模式及机制的基本量度,例如,用于检验分子钟假说(Wu and Li,1985；Gu and Li,1992；Huang et al.,1998)或用于检验序列进化过程受到的正向选择(Hughes and Nei,1988)；第三,基于恒定进化速率假设和可靠的化石记录,d 可用于推测物种分化(Kumar and Hedges,1998；Hedge and Kumar,2009)或基因/基因组重复事件发生的时间(Wang and Gu,2001；Gu et al.,2002b)。然而,d 一般不等于在两个 DNA 序列之间所观察到的每个位点的差异数,因为在某一特定位点可能会出现多次替换,特别是序列分歧较大时。因此,DNA 进化的随机(马尔可夫)模型对估算 d 值是必需的。我们将在下文中讨论这些随机模型和方法。

1.1.1 Jukes-Cantor 模型：教程

Jukes-Cantor 模型(Jukes and Cantor，1969)是核苷酸替换的最简单模型之一。该模型假设每年每个位点上的核苷酸以相同的替换率(r)替换为其余 3 个核苷酸之一。让我们考虑两个核苷酸序列 X 和 Y，它们在 t 年以前从共同的祖先序列分化而来。我们将 X 和 Y 之间具有相同核苷酸的概率记为 q_t，两个序列之间具有不同核苷酸的概率则为 $p_t (= 1 - q_t)$。在时间 $t+1$（以年度计）时，具有相同核苷酸的概率 q_{t+1} 可以从下面得出(图 1.1)。

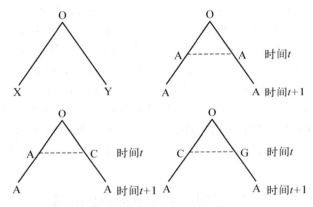

图 1.1 从共同的祖先(O)分化出两个 DNA 序列(X 和 Y)的情况下，导出 Jukes-Cantor 模型的说明。在时间 $t+1$ 时两个序列中具有相同核苷酸(A)的任何位点，在时间 t 时该核苷酸可能是相同或不同的(一个是 A，另一个为 C)。在 t 到 $t+1$ 的时间间隔内两个谱系中出现的双重变化是可以忽略不计的。

（1）对应于概率 q_t，两个序列在时间 t 时具有相同的核苷酸。在时间 $t+1$ 时，两个序列保持相同的机会为 $(1-r)^2 \approx 1-2r$，代表在两个谱系中都不发生变化的概率。需要注意的是，在两个谱系中发生的双重变化忽略不计。

（2）对应于概率 $1-q_t$，两个序列在时间 t 时具有不同的核苷酸，在时间 $t+1$ 时具有相同核苷酸的机会为 $2 \times (1/3) \times r$；因子 1/3 代表向特定核苷酸变化的可能性，而因子 2 表示变化在两个谱系中的任何一个都可能发生。从 t 至 $t+1$ 在两个谱系中发生的双重变化忽略不计。那么，综合考虑(1)，我们可以得出

$$q_{t+1} = (1-2r)q_t + \frac{2}{3}r(1-q_t)$$

也可以写成

$$q_{t+1} - q_t = \frac{2r}{3} - \frac{8r}{3}q_t$$

（3）现在让我们采用连续的时间模型，并用 $\mathrm{d}q/\mathrm{d}t$ 代替 $q_{t+1} - q_t$，则得到如下微分方程

$$\frac{\mathrm{d}q}{\mathrm{d}t} = \frac{2r}{3} - \frac{8r}{3}qt$$

采用 $t = 0$ 时的初始条件 $q = 1$ 来解这个方程，可得到

$$q = 1 - \frac{3}{4}\left(1 - e^{-8rt/3}\right)$$

（4）根据 Jukes-Cantor 模型，预期两个序列平均每个位点的核苷酸替换数（d）为 $2rt$。因此，d 可估计为

$$\hat{d} = -\frac{3}{4}\ln\left(1 - \frac{4}{3}\hat{p}\right) \tag{1.1}$$

其中，$\hat{p}$ 为 X 和 Y 之间具有不同核苷酸的位点比例。

然而，当替换模型变得复杂时，进化距离的推导是冗长的。在下一节中，我们会引入正式的数学处理过程。

1.1.2 核苷酸替换模型

由于 DNA 序列每个位点上的核苷酸都有 4 种可能（A、T、C 和 G），所以核苷酸替换模型的特点是 4×4 率矩阵 $\mathbf{R}$，也称为核苷酸替换模式。这个矩阵可以表示为（表 1.1）：$\mathbf{R}$ 的第 ij 个元素，表示为 r_{ij}，是 $i \neq j$ 时核苷酸 i 至核苷酸 j 的替换率；对角线元素由 $r_{ii} = -\sum_{j \neq i} r_{ij}$ 给出，以使每一行元素总和为零。这样，最通用的模型拥有 12 个独立参数（表 1.1a）。但这种模型太复杂而无法应用，因此，有必要对 $\mathbf{R}$ 作出一些假设，以建立估算 d 的实用方法。作为例子，以下是两个简单但却得到广泛使用的模型。

首先是 Jukes-Cantor 单参数模型（Jukes and Cantor，1969）。其中，假定所有核苷酸的替换率均相同，即 $r_{ij} = \mu$，而对所有的 $i \neq j$，则 $r_{ii} = -3\mu$；率矩阵 $\mathbf{R}$ 见表 1.1b。其次为 Kimura 的双参数模型（Kimura，1980）。其中，转换率（即 A 和 G 或 C 和 T 之间的变化）可能并不等于颠

换率(即所有其他类型的变化),这两种速率分别表示为 s 和 v(表 1.1c)。该模型比单参数模型更符合实际,因为在 DNA 进化过程中转换通常比颠换更为频繁。

表 1.1　核苷酸替换模型

		A	T	C	G
(a)					
	A	$-(a+b+c)$	a	b	c
	T	d	$-(d+e+f)$	e	f
	C	g	h	$-(g+h+i)$	i
	G	j	k	l	$-(j+k+l)$
(b)					
	A	-3μ	μ	μ	μ
	T	μ	-3μ	μ	μ
	C	μ	μ	-3μ	μ
	G	μ	μ	μ	-3μ
(c)					
	A	$-(2v+s)$	v	v	v
	T	v	$-(2v+s)$	s	v
	C	v	s	$-(2v+s)$	v
	G	s	v	v	$-(2v+s)$
(d)					
	A	r_{11}	$\pi_2 v_1$	$\pi_3 v_2$	$\pi_4 s_1$
	T	$\pi_1 v_1$	r_{22}	$\pi_3 s_2$	$\pi_4 v_3$
	C	$\pi_1 v_2$	$\pi_2 s_2$	r_{33}	$\pi_4 v_4$
	G	$\pi_1 s_1$	$\pi_2 v_3$	$\pi_3 v_4$	r_{44}

一般情况下,设 $P_{ij}(t)$ 为经过 t 时间后核苷酸从 i 至 j 的转换概率,根据马尔可夫理论,$P_{ij}(t)$ 满足线性微分方程

$$\frac{\mathrm{d}P_{ij}(t)}{\mathrm{d}t} = \sum_k r_{ik} P_{kj}(t) \tag{1.2}$$

其中,i, j, $k=A$, G, T 或 C,其初始条件 $P_{ii}(0) = 1$ 和 $P_{ij}(0) = 0$ $(i \neq j)$。设矩阵 $\mathbf{P}(t)$ 包含 $P_{ij}(t)$。在矩阵形式下,式(1.2)可表示为

$$\frac{\mathrm{d}\mathbf{P}(t)}{\mathrm{d}t} = \mathbf{R}\mathbf{P}(t) \tag{1.3}$$

其初始条件为 $\mathbf{P}(0) = \mathbf{I}$,而 $\mathbf{I}$ 为单位矩阵。式(1.3)解为

$$\mathbf{P}(t) = e^{\mathbf{R}t} \tag{1.4}$$

我们一般并不知道初始序列,因而为了研究 DNA 序列的进化,我们需要考虑两个同源的 DNA 序列,它们是在 t 时间单位以前从共同祖先 O 分化出的(图 1.1)。平均进化速率(每个位点每年)可通过 $\bar{r} = \sum_i f_i \sum_{j \neq i} r_{ij}$ 得出,其中 f_i 为祖先序列中的核苷酸 i 频率。由于 $\sum_{j \neq i} r_{ij} = -r_{ii}$,可以将其简化为 $\bar{r} = -\sum_i f_i r_{ii}$。因此,在这两个序列中每个位点的替换数,即进化距离(d)预计为

$$d = 2\,\bar{r}t = -2t \sum_{i=1}^{4} f_i r_{ii} \tag{1.5}$$

其中,因子 2 表示 d 为两个谱系中每个位点的替换数总和。一个问题是 d 取决于初始频率 f_i,而我们并不知道初始频率。但如果核苷酸的频率是固定的,也就是说它们的预期值不随时间而改变,那么就可以基于所研究序列的平均频率估计其初始频率。频率稳定假设大大简化了频率估算问题。

我们还考虑了替换过程稳定但却时间可逆的情况(Gu and Li,1996b),这就是所谓的 SR 模型。时间的可逆性意味着 **R** 受下列条件限制

$$\pi_i r_{ij} = \pi_j r_{ji} \tag{1.6}$$

对任意 $i \neq j$ 时,π_i 为核苷酸 i 的平衡频率;对于 A、T、C 和 G 而言,$i = 1, 2, 3, 4$,而 $\pi_1 + \pi_2 + \pi_3 + \pi_4 = 1$(表 1.1d)。因此,SR 模型是一种九参数模型,其中包含了单参数模型、双参数模型和特殊情况下的其他几种模型(Tajima and Nei,1982,1984;Tamura and Nei,1993)。

考虑两个谱系分支的情况(图 1.1)。由于时间的可逆性意味着从共同祖先 O 转换成序列 X 和 Y 的替换过程与从 X 通过 O 转换成 Y(或从 Y 通过 O 转换成 X)是相当的,因而从 X 至 Y 的转移概率矩阵可由下式得出

$$\mathbf{P}(2t) = e^{2t\mathbf{R}} \tag{1.7}$$

通过谱分解,**R** 的对角线元素可表示为

$$r_{ii} = \sum_{k=1}^{4} u_{ik} v_{ki} \lambda_k \tag{1.8}$$

$\lambda_k (k = 1, 2, 3, 4)$ 为 **R** 的第 k 个特征值,其中之一为零,如 $\lambda_4 = 0$;u_{ik} 为

特征矩阵 $\mathbf{U}$ 的第 ik 个元素，而 v_{ki} 为矩阵 $\mathbf{V} = \mathbf{U}^{-1}$ 的第 ki 个元素。将式 (1.8) 代入式 (1.5)，并设置 $f_i = \pi_i$，我们可以得到

$$d = -2t \sum_{k=1}^{4} b_k \lambda_k \qquad (1.9)$$

其中，常数 $b_k = \sum_{i=1}^{4} \pi_i u_{ik} v_{ki}$；特别是当 $\lambda_4 = 0$ 时，意味着 $b_4 = 0$。

在下文中，我们将讨论如何在特定替换模型下推导估算 d 的公式。我们将从单参数和双参数模型开始，因为 $\mathbf{R}$ 的特征值可以解析得到。然后，我们再讨论九参数的 SR 模型，因为其 $\mathbf{R}$ 特征值无法解析得到。此外，我们会展示所有这些方法均可以拓展到核苷酸位点间替换率不同的情况。

1.1.3 单参数法

在单参数模型中，$\mathbf{R}$ 的特征值是由 $\lambda_1 = \lambda_2 = \lambda_3 = -4\mu$ 和 $\lambda_4 = 0$ 得出的，因而 $b_1 = b_2 = b_3 = 1/4$。由式 (1.9)，每个位点的替换数可简化为 $d = 6\mu t$。从 $\mathbf{R}$ 的特征值和特征矩阵，转移概率可由下式得出

$$P_{ij}(t) = \begin{cases} \dfrac{1}{4} + \dfrac{3}{4} e^{-4\mu t} & \text{当 } i = j \\[2mm] \dfrac{1}{4} - \dfrac{1}{4} e^{-4\mu t} & \text{当 } i \neq j \end{cases} \qquad (1.10)$$

现在，考虑两个谱系分支的情况（参见图 1.2）。设 $I(t)$ 为在时间 t 时两个序列特定位点上具有相同核苷酸的概率。由于两个序列都具有核苷酸 j 的概率是 $\sum_{k=1}^{4} f_k P_{kj}^2(t)$，其中 f_k 为核苷酸 k 在祖先 O 处的频率，则 $I(t)$ 可由下式得出

$$I(t) = \sum_{k=1}^{4} f_k \left[P_{k1}^2(t) + P_{k2}^2(t) + P_{k3}^2(t) + P_{k4}^2(t) \right]$$

从式 (1.10) 并经过简化，我们可以证明无论初始频率 f_k 为何，均可由 $I(t) = 1/4 + (3/4)e^{-8\mu t}$ 得出 $I(t)$。需要注意的是，在时间 t 两个序列在某个位点不同的概率是 $p = 1 - I(t)$，这可以通过两个序列间具有不同核苷酸的观测比例 $\hat{p}$ 估算出。因此，我们已经证明，进化距离 $d = 6\mu t$ 可以由式 (1.1) 估算出，即

$$d = -\frac{3}{4}\ln\left(1 - \frac{4}{3}\hat{p}\right)$$

1.1.4　Kimura 的双参数法

根据 Kimura 的双参数模型（Kimura，1980），$\mathbf{R}$ 的特征值为 $\lambda_1 = \lambda_2 = -2(s+v)$，$\lambda_3 = -4v$ 和 $\lambda_4 = 0$；常数是 $b_1 = b_2 = 1/2$，而 $b_3 = 1/4$。因此，d 可由 $d = 2(s+2v)t$ 得出。另一方面，根据这种模型，转移概率可由下式得出

$$P_{ij}(t) = \begin{cases} \dfrac{1}{4} + \dfrac{1}{4}e^{-4vt} + \dfrac{1}{2}e^{-2(s+v)t} & \text{当 } i = j \\[2mm] \dfrac{1}{4} + \dfrac{1}{4}e^{-4vt} - \dfrac{1}{2}e^{-2(s+v)t} & \text{当转换时} \\[2mm] \dfrac{1}{4} - \dfrac{1}{4}e^{-4vt} & \text{当颠换时} \end{cases} \tag{1.11}$$

设 P 和 Q 为两个序列间分别由转换和颠换导致的核苷酸差异的概率，可以证明，$P = 2\sum_k f_k(P_{kA}P_{kG} + P_{kT}P_{kC})$，而 $P + Q = I(t)$。由式（1.11）可以证明

$$P = \frac{1}{4} + \frac{1}{4}e^{-8vt} - \frac{1}{2}e^{-4(s+v)t}$$

$$Q = \frac{1}{2} - \frac{1}{2}e^{-8vt}$$

因此，$d = 2(s+2v)t$ 可由下式估算

$$d = -\frac{1}{2}\ln(1 - 2P - Q) - \frac{1}{4}\ln(1 - 2Q) \tag{1.12}$$

其中，P 和 Q 可由两个序列估算得到。

1.1.5　一般平稳和时间可逆模型

到目前为止，已开发出多达 6 个参数的模型用于估算 d 值（Tamura and Nei，1993；Li and Gu，1996）。然而，在一般情况下，获得 d 的解析公式是十分困难的，因为 $\mathbf{R}$ 的特征值无法以解析式来表示（Rodriguez *et al.*，1990）。根据 SR（平稳和时间可逆）模型，Gu 和 Li（1996b）提供了一

种切实可行的解决方案。设 z_k 为 $\mathbf{P}(2t)$ 的第 k 个特征值。根据矩阵理论,式(1.7)意味着 $\mathbf{R}$ 和 $\mathbf{P}(2t)$ 具有相同的特征矩阵,而其特征值有以下关系

$$z_k = e^{2t\lambda_k} \quad k = 1, \cdots, 4 \tag{1.13}$$

请注意,$\lambda_4 = 0$ 和 $z_4 = 1$。因此,基于 SR 模型的进化距离可写成

$$d = -\sum_{k=1}^{3} b_k \ln z_k \tag{1.14}$$

其中,z_k 和 b_k 可由序列数据(见下文)而估算得到。根据 SR 模型,所有的特征值 z_k(或 λ_k)均为真实的。

为了从序列数据中估算出 z_k 和 b_k,我们必须先估算转移概率矩阵 $\mathbf{P}(2t)$。设 J_{ij} 为序列 X 中核苷酸为 i 及序列 Y 中核苷酸为 j 位点的预期频率。设矩阵 $\mathbf{J}$ 包含 J_{ij}。可以证明,根据 SR 模型,矩阵 $\mathbf{J}$ 是对称的。根据 Markovian(马尔可夫)特性,我们可以得出

$$J_{ij} = \sum_{k=1}^{4} \pi_k P_{ki}(t) P_{kj}(t) \tag{1.15}$$

$i, j = 1, \cdots, 4$。根据时间可逆性,即 $\pi_i P_{ij}(t) = \pi_j P_{ji}(t)$,我们得出

$$J_{ij} = \sum_{k=1}^{4} \pi_i P_{ik} P_{kj}(t) = \pi_i \sum_{k=1}^{4} P_{ik}(t) P_{kj}(t) = \pi_i P_{ij}(2t) \tag{1.16}$$

其中,$\sum_{k=1}^{4} P_{ik}(t) P_{kj}(t) = P_{ij}(2t)$ 为转移概率的基本属性。因此,式(1.16)提供了从序列数据 J_{ij} 估算 $P_{ij}(t)$ 的一种简便方法:

(1) 计数 N_{ij},其为在序列 X 中核苷酸为 i 和在序列 Y 中核苷酸为 j 的位点数,然后计算 $\hat{J}_{ij} = N_{ij}/N$,其中 N 为序列中的核苷酸数。

(2) 由下式估算转移概率矩阵 $\mathbf{P}(2t)$

$$\hat{P}_{ij} = \frac{\hat{J}_{ij}}{\hat{\pi}_i}$$

$(i, j = 1, \cdots, 4)$。其中 $\hat{\pi}_i$ 为通过取两个序列的平均值(简单)而估算出的核苷酸 i 的频率。然而,若 $i \neq j$,则估算的频率 $\hat{J}_{ij}$ 可能不等于 $\hat{J}_{ji}$,即估算的矩阵 $\hat{\mathbf{J}}$ 可能未必是对称的。Gu 和 Li(1996b)提出了检验 $J_{ij} - J_{ji}$ $(i \neq j)$ 与零是否有显著不同的方法。如果统计上不拒绝零假设,那么对称性的偏差可被视为抽样效应,而 $\mathbf{J}$ 的第 ij 个和第 ji 个元素同样可由 $[\hat{J}_{ij} + \hat{J}_{ji}]/2$ 得出。

（3）然后，可通过解以下特征方程得到 $z_k(k=1,\cdots,4)$ 的估值

$$\det(\hat{\mathbf{P}}-\hat{z}\mathbf{I})=0$$

其中，$\hat{\mathbf{P}}$ 包含 $\hat{P}_{ij}$，而 $\mathbf{I}$ 为单位矩阵；相应地，特征矩阵 $\mathbf{U}$ 和它的逆矩阵 $\mathbf{V}$ 也同时通过标准算法而获得。因此，d 可根据式（1.14）估算出，而抽样误差可以通过 Gu 和 Li（1996b）提供的公式近似计算得到。

1.1.6　可变速率下 d 值的估算

上述估算 d 值的方法均假设所有位点具有相同的替换率，如果违反这个假设，d 值可能被严重低估，尤其是对于明显分歧的序列。由于在大多数基因中不同位点的替换率有差异，因此这些方法需要进行修正，要考虑位点间替换速率的变化。

有经验证据表明，位点之间的速率变化遵循伽玛分布。这种分布在数学上是简单的，并用于文献中。假设速率矩阵 $\mathbf{R}$ 的第 ij 个元件表示为 $r_{ij}=h_{ij}u$，其中常数 h_{ij} 代表替换率的模式，随机变量 u 按照伽玛分布在位点间变化为

$$\phi(u)=\frac{\beta^{\alpha}}{\Gamma(\alpha)}u^{\alpha-1}e^{-\beta u}\tag{1.17}$$

其中 u 的平均值由 $\bar{u}=\alpha/\beta$ 得到。

首先考虑单参数模型。在这种情况下，对于所有 $i\neq j$，$h_{ij}=1$，两个序列之间差异的平均比例，即平均 p 由下式给出

$$\bar{p}=\int_0^{\infty}\frac{3}{4}(1-e^{-8ut})\phi(u)\mathrm{d}u=\frac{3}{4}\left[1-\left(1+\frac{8\bar{u}t}{\alpha}\right)^{-\alpha}\right]\tag{1.18}$$

因此，每个位点的平均替换数 $d=6\bar{u}t$ 可由下式估算出

$$d=\frac{3}{4}\alpha\left[\left(1-\frac{4}{3}p\right)^{-1/\alpha}-1\right]\tag{1.19}$$

以同样的方式，Jin 和 Nei（1990）扩展了 Kimura 的双参数法（1980），将其延伸至速率变化遵从伽玛分布的情况

$$d=\frac{1}{4}\alpha\left[2(1-2P-Q)^{-1/\alpha}+(1-2Q)^{-1/\alpha}-3\right]\tag{1.20}$$

最后，对于 SR 模型，平均 d 值为

$$d = \alpha \sum_{k=1}^{3} b_k (z_k^{-1/\alpha} - 1) \tag{1.21}$$

其中,特征值 z_k 和常数 b_k 可根据同样的速率模型由上述 SR 模型的相同方法估算出(Gu and Li,1998)。

总之,因为祖先序列通常是未知的,最普遍的模型(含 12 个参数)是难以适用的,因而一些对速率矩阵 **R** 的限制对于建立有效的 d 值估算方法是必要的。如上文所述,目前已发展许多针对这个问题的方法。作为一般规则,基于更常用模型的方法将有更小的估计偏差,但却会出现较大的抽样方差。因此,当序列长度(N)较大时,首选更普遍的方法。然而,当 N 较小时,简单的方法可能会更适合。例如,Gu 和 Li(1996b)的模拟研究表明,如果 N 小于 200 个碱基对,单参数法平均优于 SR 法;而如果 N 超过 500 个碱基对,则 SR 法平均优于单参数法。

1.1.7 LogDet 距离

核苷酸频率的平稳是估计进化距离所作的最常见假设之一(见 Lanave *et al.*,1984;Zharkikh,1994;Gu and Li,1996b)。它假定序列中核苷酸频率的期望值不随时间而改变,且等于祖先序列中的核苷酸频率期望值。因此,为了估计两个序列之间的距离,祖先序列中的核苷酸频率可通过两个现存序列中的核苷酸平均值而估计得出。如果核苷酸频率随时间变化,以至于不再保持平稳态,则估计的距离可能并不准确,结果导致基于距离矩阵的系统发育重建方法具有误导性,即趋向于把具有相似核苷酸频率归类在一起,忽视了其真正的进化关系(Hasegawa and Hashimoto,1993;Sogin *et al.*,1993;Steel,1994)。

为了应对非平稳性问题,提出了 LogDet 距离(Lake,1994;Steel,1994;Lockhart *et al.*,1994;Gu and Li,1996a)。尽管有各种版本,但这些方法均基于核苷酸替换的最普遍模型。从发展历史看,这些方法可以追溯到 Barry 和 Hartingan(1987)以及 Cavender 和 Felseinstein(1987)。在本节中,我们探讨 LogDet 距离的一些统计学特性。

1.1.7.1 公式

考虑 t 时间单位以前从共同祖先 O 演化而来的两个序列(分别表示为 X 和 Y)(见图 1.1)。设 **J** 为数据矩阵,其第 ij 个元素 J_{ij} 是在序列 X 中核苷酸为 i,而序列 Y 中核苷酸为 j 的位点的比例。然后,LogDet 距离(序列 X 和 Y 之间)被定义为

$$d = -\frac{1}{4} \ln \det[\mathbf{J}] \qquad (1.22)$$

其中，det 是指矩阵的行列式。通过采用这种 Delta 法（Barry and Hartigan，1987），可证实估计的 LogDet 距离（$\hat{d}$）的抽样方差为

$$Var(\hat{d}) \approx \frac{1}{16L} \sum_{i=1}^{4} \sum_{j=1}^{4} (M_{ij}^2 J_{ij} - 1) \qquad (1.23)$$

其中，L 是序列长度，M_{ij} 是 $\mathbf{M} = \mathbf{J}^{-1}$ 的第 ij 个元素。LogDet 距离的估计过程是简单的，因为矩阵 $\mathbf{J}$ 可以直接从序列数据估算得到。

1.1.7.2 特性

LogDet 距离在研究 DNA 进化过程中是非常有用的，因为它具有以下良好特性（Gu and Li，1996a）：

（1）LogDet 距离是基于核苷酸替换的最普遍模型，即 12-参数模型。此外，即使谱系间的速率矩阵 $\mathbf{R}$ 有所不同，它也是十分有效的。

（2）当核苷酸频率为不平稳态时，LogDet 距离对于系统发育重建是十分有益的。已有人证明（如 Gu and Li，1996a），对于一些基于距离矩阵系统发育重建方法，例如，邻接（NJ）法（Saitou and Nei，1987），即使序列间核苷酸频率差异很大，LogDet 距离也可产生正确的系统树拓扑结构。

（3）设 μ_1 和 μ_2 分别为谱系 1（趋向 X）和谱系 2（趋向 Y）进化速率的算术平均值，即：$\mu_1 = -\sum_{i=1}^{4} r_{ii}^{(1)}/4$ 和 $\mu_2 = -\sum_{i=1}^{4} r_{ii}^{(2)}/4$。LogDet 距离的生物学解释可由下式说明

$$d = 2\mu t - \frac{1}{4} \sum_{i=1}^{4} \ln f_{i,0} \qquad (1.24)$$

其中，$\mu = (\mu_1 + \mu_2)/2$ 是跨两个谱系的平均速率，而 $f_{i,0}$ 为在祖先节点 O 处的核苷酸频率，因此 LogDet 距离不仅在时间 t 时是线性的，而且还取决于祖先节点处的核苷酸频率。

（4）LogDet 距离对于检验非平稳频率的分子钟假说是十分有用的，因为相对速率检验不受祖先的核苷酸频率影响（Wu and Li，1985）。

但另一方面，LogDet 距离也有一些缺陷需要在实际运用中给予充分注意：

（1）当序列较短时 LogDet 距离的抽样方差较大，模拟研究结果提示

最好在序列长度＞500 bp 时使用。Gu 和 Li（1996a）已经证明，平均而言，当序列较短时 LogDet 距离被高估了；而当序列长度＞2 000 bp 时，偏差变得无足轻重。此外，Gu 和 Li（1996a）提出了如下经验偏差校正过的 LogDet 距离

$$\hat{d}_c = -\frac{1}{4}\ln\det[\hat{\mathbf{J}}] - 2Var(\hat{d}) \tag{1.25}$$

计算机模拟表明，该公式可以在很大程度上修正统计偏差。

（2）当 $t = 0$ 时，$d = -\sum_{i=1}^{4}\ln f_{i,0}/4 > 0$。换句话说，LogDet 距离符合非负值的条件，但在初始条件时有一个非零的正数。我们可通过下式修正 LogDet 距离

$$d = -\frac{1}{4}\ln\det[\mathbf{J}] - d_0$$

问题是这可能导致在某些情况下违背非负值的条件。需要注意的是，在 LogDet 距离内添加 $-d_0$ 对构树没有任何影响，但会影响对分支长度的估计。在实践中，我们可以计算所有现存序列的核苷酸频率效应 $F = -\sum_{i=1}^{4}\ln f_i/4$，并通过选择 $d_0 = F_{\min}$，即所有序列的最小值，以保证进化距离的非负值属性。

（3）LogDet 距离所面临的理论挑战可能就是不同核苷酸位点具有稳定速率的假设，这显然是不符合实际的。事实上，当速率在位点间变化时，LogDet 距离的生物学解释只是近似的。在估计进化距离时，如何同时处理非平稳问题和位点间的速率变化仍然是悬而未决的问题。

1.2 蛋白质编码序列的进化距离

1.2.1 蛋白质序列的泊松距离

在分子进化研究过程中，对蛋白质进化改变的研究始于对来自不同生命有机体的两个或两个以上氨基酸序列的比较。序列差异程度的一种简单量度是两个序列之间不同氨基酸的比例，也称为 p-距离。然而，不同氨基酸的比例（p）并不严格地与分化时间（t）成正比，因为在同一位点

会发生多重氨基酸替换。

一个简单的、能够更准确地估算蛋白质距离的方法是基于泊松过程，该过程声明，在 t 年期间在序列位点上不发生氨基酸替换的概率是 e^{-vt}，其中 v 为进化速率。因此，两个蛋白质序列同源位点上都不发生替换的概率(q)为 e^{-2vt}，这可通过 $q = 1 - p$ 估算出来。这符合两个序列每个位点的预期氨基酸替换数，进化距离 $d = 2vt$ 可由下式得出

$$d = -\ln(1 - p) \tag{1.26}$$

应当指出，泊松距离是近似的，因为没有考虑反向突变和平行突变（发生在两个不同进化谱系的同源氨基酸位点处的相同突变）。然而，除非 p 较大，否则这些突变的影响一般都非常小。

1.2.2　氨基酸替换矩阵

实证研究表明，氨基酸替换发生在生物化学性质相似的氨基酸之间的可能性比发生在不相似的氨基酸之间的频率更高（Dayhoff，1972）。因此，氨基酸替换一般不是随机的，在相似的氨基酸之间常常会出现反向和平行替换，而某些氨基酸，如半胱氨酸和色氨酸却很少改变。考虑到这些因素，Dayhoff 等(1978)提出基于 PAM 的进化距离估计法。考虑了相对较短时间内的氨基酸替换矩阵，经验性地推导出了相同氨基酸比例与氨基酸替换数之间的关系。

Dayhoff 等(1978)采用的氨基酸替换矩阵来自许多蛋白质，如血红蛋白、细胞色素 c 以及纤维蛋白肽的实验数据。他们首先建立了密切相关的氨基酸序列的进化树，然后推断在不同氨基酸之间替换的相对频率。基于这些数据，他们构建了 20 种氨基酸的经验替换矩阵。该替换矩阵的元素(M_{ij})提供了在一个进化时间单位内，i 行氨基酸变化为 j 列氨基酸的经验概率。矩阵中使用的时间单位是每 100 个氨基酸位点平均发生一个氨基酸替换的时间。Dayhoff 等(1978)以每 100 个氨基酸位点发生一个氨基酸替换测算可接受点突变(PAM)的氨基酸替换数。

虽然 Dayhoff 的替换矩阵目前仍然被广泛使用，但 Jones 等(1992)基于大量来自不同蛋白质的替换数据构建了一种新型矩阵，Adachi 和 Hasegawa(1996) 也为 13 种脊椎动物的线粒体蛋白质构建了一种替换矩阵。从理论上说，不同的蛋白质家族（如球蛋白或蛋白激酶）预计将有不同的替换矩阵，所以理想情况下应为每组蛋白质构建不同的替换矩阵。

然而,目前发现基于经验替换矩阵的进化距离可以通过一些简单的公式来进行数值拟和。例如,Kimura(1983)提出了下列距离公式

$$d = -\ln(1 - p - 0.2p^2) \tag{1.27}$$

其中,p 是不同氨基酸位点的比例,当 $p < 0.8$ 时,非常接近于 Dayhoff 距离。

1.2.3 同义和非同义距离

密码子第三位碱基替换多数(但并非全部)是沉默的,不改变氨基酸,即同义替换,但也有些沉默替换可能出现在密码子第一位碱基上。由于同义替换通常不受自然选择的作用(但有不同观点,参见 Chamary *et al.*,2006),因而同义替换率往往等于核苷酸中性替换率。相比之下,非同义替换率一般比同义替换率低得多,而且在不同基因间有明显区别(Kimura,1983)。但另一方面,有些基因的非同义替换率可能比同义替换率高(例如:Hughes and Nei,1988;Lee *et al.*,1995)。这种较高的非同义替换率显然是由正选择引起的,因为根据中性进化理论可以预期同义和非同义替换率是相等的。由于这些原因,同义和非同义替换率的估计已成为分子进化研究中的重要内容。

1.2.3.1 Nei-Gojohori 法

当两个 DNA 序列之间的核苷酸替换数是如此之小,以至于在任何一对相比较的同源密码子之间不超过一个核苷酸差异时,同义和非同义替换数可通过简单计数沉默的和改变了氨基酸的核苷酸差异来获得。然而,当两个或更多个核苷酸差异存在于一对密码子之间时,同义和非同义替换之间的区别不再是简单的,因为在它们之间存在多条进化途径。Nei 和 Gojobori(1986)建立了一种非加权的方法来计算多重进化途径下同义和非同义平均替换数(Perler *et al.*,1980;Miyata and Yasunaga,1980)。

为了估计同义(d_S)和非同义距离(d_N),我们必须对同义和非同义核苷酸位点进行分类:设 i 为某一位点可能的同义变化数,那么该位点被算作 $i/3$ 同义的和 $(1 - i/3)$ 非同义的。例如,在密码子 TTT(苯丙氨酸)中,前两个位置被算作非同义位点,因为在这些位置不会发生同义变化;而第三个位置被计算为三分之一同义的和三分之二非同义的,因为该位置上 3 种可能出现的变化中有一种是同义的。在取得同义和非同义位点数后,可直接基于 Jukes-Cantor(1969)模型

估算 d_S 和 d_N。

1.2.3.2　Li-Wu-Luo 法

Li 等(1985)通过将核苷酸位点分为非简并、双重简并和四重简并位点提出了另一种针对多重进化途径的方法。如果一个位点上所有可能的变化都是非同义的,则该位点是非简并的;如果 3 种可能出现的变化之一是同义的,则为双重简并的;如果所有可能出现的变化均是同义的,则为四重简并的。然后,采用这种方法分别计算了 3 种类型位点的两种编码序列的替换数。需要注意的是,按照定义,所有在非简并位点处的替换均为非同义的,而所有四重简并位点处的替换均为同义的。在双重简并位点处,转换性变化(C/T 或 A/G)均是同义的,而其他变化(颠换)则是非同义的。对于普遍的遗传密码中的两种例外(精氨酸和异亮氨酸),Li 等(1985)建议了一种特定的校正数。根据 Kimura(1980)的双参数模型,计算了每种位点类型的转换距离和颠换距离。因此,同义距离(d_S)是在四重简并位点处的平均进化距离和双重简并位点处的平均转换距离。同样,非同义距离(d_N)是在非简并位点处的平均进化距离和双重简并位点处的平均转换距离。为了校正 Li 等(1985)原始版本的偏差,Li(1993)提出了一种非偏倚的方法来估计同义和非同义替换的速率。

1.2.3.3　密码子替换模型

考虑到 61 种有义密码子的核苷酸替换模型,Goldman 和 Yang(1994)建立了一种估算同义和非同义核苷酸替换速率的似然法。(排除了 3 种无义密码子。)让我们考虑一对同源密码子序列,并设 π_j 为第 j 个密码子的相对频率。他们假设,密码子 i 至密码子 j 的瞬时替换率(q_{ij})可由下列公式给出。

$$q_{ij} = \begin{cases} 0, & \text{如果核苷酸的变化发生在两个或} \\ & \text{两个以上的位置} \\ \pi_j, & \text{对于同义颠换} \\ k\pi_j, & \text{对于同义转换} \\ \omega\pi_j, & \text{对于非同义颠换} \\ \omega k\pi_j, & \text{对于非同义转换} \end{cases} \tag{1.28}$$

其中,k 为转换/颠换比率,ω 为非同义/同义比率。如果转换和颠换变化的速率分别为 α 和 β,此处 k 可写成 α/β。

π_j 有 61 种参数,但如果我们假设密码子频率是平衡的,则当使用的密码子数较大时,可通过观测到的密码子频率估计它们。因此,待估计的仅有参数 k 和 ω,而这些参数可通过最大似然法来估计(Goldman and Yang,1994)。

1.3 系统发育树:概述

基因或生物体(一般简称为类群)的系统发育关系通常以有根或无根的树状形式存在。它们可被进一步分成有根树或无根树。树的分支模式可被称为拓扑结构。如果类群数(m)为 4,则有 15 种可能的有根树拓扑结构和 3 种可能的无根树拓扑结构。然而,可能的拓扑结构随着 m 的增加而快速增多(当 $m > 15$ 时,可能存在百万棵树)。因此,当 m 较大时,发现真实的树拓扑结构成为十分艰巨的任务。这方面的研究被称为系统发育推断。

采用分子数据重建系统发育树可以追溯到 Cavalli-Sforza 和 Edwards(1967)以及 Fitch 和 Margoliash(1967)。由于 DNA 序列在物种形成时或基因复制时可分割成两个后代序列,因而分子系统发育树通常是分叉的。在无根的 m 类群分叉树中,有 $2m-3$ 个分支。由于有 m 个外部分支连接至 m 的区域类群上,因而内部分支数为 $m-3$。内部节点数等于 $m-2$。在有根树中,内部分支数和内部节点数分别为 $m-2$ 和 $m-1$,而分支总数为 $2m-2$。然而,当考虑相对较短的序列时,一些内部分支可能会显示不存在核苷酸替换,所以可能会出现多分叉节点。这种树的类型被称为多分叉树。

在系统发育推断过程中,有一定的优化原则,如最大似然性或最简约进化原则,这些原则经常被用来选择最有可能的拓扑结构。有许多已建立的用于基于分子数据重建系统进化树的方法,可分为 4 组:① 距离法;② 简约法;③ 似然法;④ 贝叶斯法。当进行系统发育推断时,我们需要评估统计上的可靠性。对于距离法、简约法或似然法而言,自展分析(bootstrap)(Felenstein,1985)已被广泛应用于实践中。我们将在下节中简要讨论每种方法。由于篇幅限制,我们无法阐述一些更复杂的问题,如基于 DNA 序列进化非同源模型的系统发育推断(Galtier and Gouy,1995,1998)或协同进化蛋白质残基的最大似然鉴定(Pollock *et al*.,1999)。

1.4 系统发育推断的距离法

1.4.1 原理：最小进化（ME）

在距离法中,首先需要计算所有类群两两之间的进化距离,然后通过考虑这些距离值之间的关系而构建出系统发育树。有许多基于距离数据构建树的方法。在这里,我们讨论已被广泛用于分子进化研究的方法:最小进化(ME)和邻接(NJ)算法的原理。

在此方法中,S 用于估算给定拓扑结构中所有分支长度的总和,即

$$S = \sum_{i=1}^{2m-3} \hat{b}_i$$

其中,$\hat{b}_i$ 为第 i 分支的估计分支长度,对所有可能的拓扑结构计算 $\hat{b}_i$,具有最小 S 值的拓扑结构被选定为最佳的树。ME 法的理论基础是 Rzhetsky 和 Nei(1993)的数学证明,即当采用进化距离的无偏倚估计值时,真正拓扑结构的 S 预期值是最小的。

1.4.2 算法：邻接（NJ）法

虽然 ME 法具有良好的统计性质,但当对比类群数较大时,它需要占用大量的计算时间。Saitou 和 Nei(1987)基于最小进化原理建立了一种高效的树构建法。此方法不考虑所有可能的拓扑结构,而是在聚类的每一步都运用到最小进化原理。该方法称为邻接(NJ)法。目前,有多个版本改进了 NJ 算法,例如 BIONJ(Gascuel, 1997)。

采用 NJ 法构建树是从一棵星形树开始的,它是在假设没有任何类群聚类的条件下产生的(图 1.2)。然后,我们估计星形树的分支长度,并计算各分支的总和(S_0)。由于星形树一般是不正确的,因而这一总和(S_0)应大于最终 NJ 树的总和(S_F)。在实践中,因为我们不知道哪组类群对是真正的邻居,因而我们将所有成对的类群视为潜在的邻居对,并采用与图 1.2 中列出的相似的拓扑结构计算第 i 和第 j 类群的分支长度总和(S_{ij})。然后,我们选择表明最小 S_{ij} 值的类群 i 和 j。一旦确定一对邻居,则将其组合成一个复合类群,重复进行这一过程,直至产生最后的树。

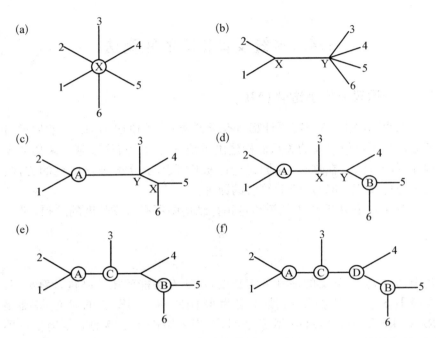

图 1.2 邻接(NJ)法计算过程图解。NJ 法是从启动树(a)开始的。一旦出现邻居对(类群 1 和 2)(b),则将其组合成一个复合类群称为类群 A(c)。在其余 4 个原始类群加上复合类群 A 中,假设类群 5 和 6 为邻居,并将它们再次组合为复合类群 B(d)。最后两个步骤(e 和 f)通过类似的迭代过程完成树的构建。根据 Nei 和 Kumar(2000)修改。

在数学上,星形树的 S_0 可由下式得到

$$S_0 = \sum_{i=1}^{m} L_{iX} = \sum_{i<j}^{m} d_{ij}/(m-1) = T/(m-1)$$

其中,L_{iX} 为节点 i 和 X 之间的分支长度估计值,而 $T = \sum_{i<j} d_{ij}$。在星形树中,i 代表第 i 外部节点,而 X 则代表内部节点。如图 1.2 所示,假设类群 1 和 2 为邻居,S_{12} 可由以下项目的总和得出

$$S_{12} = L_{1X} + L_{2X} + L_{XY} + \sum_{i=3}^{m} L_{iY}$$

其中,$L_{1X} + L_{2X} = d_{12}$。与星形树相似,对其余 $m-2$ 类群我们有

$(m-3) \sum_{i=3}^{m} L_{iY} = \sum_{3 \leq i < j} d_{ij}$。此外,Saitou 和 Nei(1987)已经证明

$$L_{XY} = \frac{1}{2(m-2)} \left[\sum_{i=3}^{m} (d_{1i} + d_{2i}) - (m-2)d_{12} - 2\sum_{i=3}^{m} d_{iY} \right]$$

因此,我们得出

$$S_{12} = \frac{1}{2(m-2)} \sum_{i=3}^{m} (d_{1i} + d_{2i}) + \frac{1}{2} d_{12}$$

$$+ \frac{1}{m-2} \sum_{3 \leqslant i < j} d_{ij} \qquad (1.29)$$

显然,如果将 1 和 2 分别用 i 和 j 替换,可以运用上述方程采用相同的方式计算出 S_{ij}。一旦确定了最小的 S_{ij},我们就可以创建连接类群 i 和 j 的新节点(A)。从这一节点至类群 i 和 j 的分支长度(b_{Ai} 和 b_{Aj})可由下式得出

$$b_{Ai} = \frac{1}{2(m-2)} \left[(m-2) d_{ij} + R_i - R_j \right]$$

$$b_{Aj} = \frac{1}{2(m-2)} \left[(m-2) d_{ij} - R_i + R_j \right]$$

其中,$R_i = \sum_{k=1}^{m} d_{ik}$,$R_j = \sum_{k=1}^{m} d_{jk}$。这些值是针对所分析的拓扑结构的最小二乘(LS)估计(Saitou and Nei,1987)。

下一步是要计算新节点(A)和其余类群($k \neq i, j$)(图 1.2)之间的距离。这一距离可由下式得出

$$d_{Ak} = (d_{ik} + d_{jk} - d_{ij})/2$$

如果我们采用这一公式计算所有的距离,我们就会得出新的 $(m-1) \times (m-1)$ 的矩阵。从这个矩阵中,我们可以计算出新的 S_{ij} 矩阵。为了找到新的"邻居"对,我们选择了具有最小 S'_{ij} 值的一对,创建新的节点 B,并计算新的 $(m-2) \times (m-2)$ 距离矩阵。此过程反复进行,直至所有类群都聚类在单一的无根树中。以这种方式获得的最终的树被称为 NJ 树。

1.4.3 四点条件和 NJ 算法

考虑 4 个类群的树,假设类群 1 和 2 是一对真正的邻居,而类群 3 和 4 也是(参见图 1.3)。对于附加的树,我们显然能得到下列不等式

$$d_{12} + d_{34} < d_{13} + d_{24}$$
$$d_{12} + d_{34} < d_{14} + d_{23} \qquad (1.30)$$

这四点条件已经被 Sattath 和 Tversky(1977)及 Fitch(1981)用于重建树的拓扑结构。应当指出的是,要获得 4 种类群正确的拓扑结构 NJ 法和这两种方法都需要相同的条件。为了说明这一点,我们比较了 S_{13}(假设类群 1 和 3 是邻居对的分支长度总和)和 S_{12}(假设类群 1 和 2 是邻居对的总和)之间的差异。据证明

$$S_{13} - S_{12} = \frac{1}{2(m-2)} \sum_{k=4}^{m} \left[(d_{13} + d_{2k}) - (d_{12} + d_{3k}) \right]$$
$$= \frac{1}{2(m-2)} \sum_{k=4}^{m} U_{12,3k}$$

其中,$U_{12,3k} = d_{13} + d_{2k} - (d_{12} + d_{3k})$ 是四点条件的分值。在这个等式的右边是类群 1、2、3 和任意 $4 \leqslant k \leqslant m$ 之间四点条件的总和。因此,选择类群 1 和 2 作为邻居对的 NJ 标准,即 $S_{13} > S_{12}$,同样是四点条件分值总和为正。

1.4.4 Studier 和 Keppler 的 Q 值

Studier 和 Keppler(1988)改写了式(1.29)中 S_{12} 的公式如下

$$S_{12} = \frac{2T - R_1 - R_2}{2(m-2)} + \frac{d_{12}}{2}$$

其中,$R_i = \sum_{k=1}^{m} d_{ik}$,$R_j = \sum_{k=1}^{m} d_{jk}$。由于 T 对所有类群对均是相同的,因而可由下式替换 S_{12}

$$Q_{12} = (m-2)d_{12} - R_i - R_j$$

用于计算 S_{ij} 的相对值(Studier and Keppler,1988)。事实上,大多数计算机程序均采用 Q_{12} 而不是 S_{12},以方便计算。

1.5 系统发育推断的简约法

最大简约(MP)法最初用于形态特征的分析(Hennig,1966)。此处,我们讨论 MP 如何用于分析分子数据。MP 法考虑了 4 个或更多个比对好的核苷酸(或氨基酸)序列($m \geqslant 4$),计算能够解释拓扑结构进化过程的核苷酸(或氨基酸)最小替换数,对所有可能的拓扑结构都进行这种计

算,要求最小替换数的拓扑结构称为最短的树长度,被选择为最佳的树。这种方法是基于 William Ockham 的哲学理念,即解释一个过程的最佳假说是该假说要求最小假设数。

同塑性和长枝吸引 如果在每个核苷酸/氨基酸位点都没有任何回复和平行替换(无同塑性),MP 预计会产生正确的树。然而,核苷酸/氨基酸序列常常经历了回复和并行替换的(高同塑性)。在这种情况下,MP 法往往会提供不正确的拓扑结构。Felsenstein(1978)表明,当核苷酸替换速率在分支间存在显著变化时,MP 法可能会产生不正确的拓扑结构。在这种情况下,真正树中较长的分支在 MP 树中往往趋向于结合在一起,这种现象称为"长枝吸引"。

未加权 MP 和加权 MP 法 在未加权 MP 法中,所有类型的核苷酸或氨基酸替换均假设以几乎相等的概率发生。然而,有些替换,如转换往往比颠换发生得更为频繁。因此,如加权 MP 法为不同类型的替换赋予不同权重是合理的。

信息位点 在 MP 法中,具有相同核苷酸或氨基酸的位点(不变位点)被从分析中排除。但并非所有的可变位点都是有用的,例如在所有拓扑结构中通过相同替换模式产生的包含唯一核苷酸的变异位点(称为单一位点)。对于构建 MP 树有益的核苷酸位点,必须至少有两种不同的核苷酸变异类型,且每个变异至少在两个序列(类群)中发生。这些位点被称为信息位点,或更准确地称为简约性信息位点。在 MP 树的重建过程中,只考虑简约信息位点即足够了。

一致性指数和同塑性指数 有足够的信息位点对于获得可靠的 MP 树是重要的。然而,当同塑性程度(回复和平行替换)较高时,MP 树是不可靠的,因为这些信息位点往往是不一致的。由于这个原因,人们已经提出了几种措施以衡量同塑性的程度。一种广泛使用的措施是为所有信息位点计算出一致性指数(CI)以及同塑性指数 $HI = 1 - CI$。当没有任何回复和平行替换时,我们得出 $CI = 1$ 和 $HI = 0$。在这种情况下,拓扑结构是唯一由简约原理所确定的。

MP 树搜索 当序列或类群数(m)较小时,$m < 10$,就有可能计算出所有可能的树的长度并确定 MP 树。这种 MP 树的搜索类型被称为穷举搜索。当拓扑结构数(m)迅速增加时,如果 m 较大,则几乎不可能检查所有的拓扑结构。然而,如果我们知道有些拓扑结构显然是不正确的,那么我们可以只简单地计算可能正确的树。这种类型的搜索被称为特定树的搜索。

21

当 $m > 10$ 时,有两种获得 MP 树的方式。一种是使用分支定界法 (Hendy and Penny, 1982)。在此方法中,所有比以前检查过的树有更长树长度的树均被忽略了,MP 树通过评估具有较短长度的一组树长度而得以确定。这种方法保证找出所有的 MP 树,虽然它并不是一种穷举搜索。然而,如果 m 是较大的,那么即使是这种方法也会变得非常耗时。在这种情况下,我们必须使用称为启发式搜索的另一种方法。在此方法中,只有一小部分可能的树会受到检查,不保证会找出 MP 树。然而,通过采用不同启发式算法获得 MP 树是有可能的。

1.6 系统发育推断的 最大似然(ML)法

Felsenstein (1981)基于最大似然性原理建立了推断系统发育树的基本框架。后来,Yang(1993,1994a,1994b,1997)扩展了这种方法以解决一些分子进化的问题。在下文中,我们采用简单的例子来说明系统发育推断的最大似然(ML)法。

1.6.1 似然函数

考虑 4 个类群的简单树(具有 n 个核苷酸且没有任何缺失/插入的 DNA 序列),如图 1.3 所示。分别由 x_1、x_2、x_3 和 x_4 表示给定位点序列 1、2、3 和 4 所观测到的核苷酸(A、T、C 或 G)。在根或内部节点 0、5 和 6 处的未观测到的核苷酸分别由 x_0、x_5 和 x_6 表示。

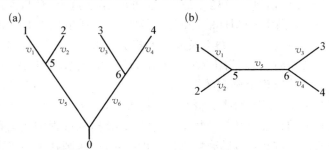

图 1.3 假想的系统发育树(分别为有根和无根),用于说明本文中似然函数的建立。在这两种情况下,两个内部节点被编号为 5 和 6,而 4 个外部分支长度分别由 v_1、v_2、v_3 和 v_4 表示。在有根树中,朝向祖先 0 存在着两种内部分支长度,分别为分支长度 v_5 和 v_6,而这两种分支在无根树中被合并为一种。

设 $P_{ij}(t)$ 为给定位点最初时间的核苷酸 i 在时间 t 时变为核苷酸 j 的转移概率。此处，i 和 j 是指任何一个 A、T、C 和 G。在 ML 法中，允许分支之间替换率(r)有所不同，因此，根据预期的替换数($v = rt$)测量进化时间是十分方便的。在下文中，我们采用 $v_i = r_i t_i$ 表示第 i 分支的替换数。根据马尔可夫链的特性，可得出核苷酸第 k 位点的似然函数

$$l_k = \pi_{x_0} P_{x_0 x_5}(v_5) P_{x_0 x_6}(v_6) P_{x_5 x_1}(v_1) P_{x_5 x_2}(v_2) P_{x_6 x_3}(v_3) P_{x_6 x_4}(v_4)$$

其中，π_{x_0} 为节点 0(根)具有核苷酸 x_0 时的概率，这往往在整套序列中设为与核苷酸 x_0 的相对频率是相同的。在实践中，我们并不知道 x_0、x_5 和 x_6，因而似然性应为全部可能的核苷酸在根 0 和内部节点 5 和 6 处的上述量的总和。即

$$L_k = \sum_{x_0} \sum_{x_5} \sum_{x_6} \pi_{x_0} P_{x_0 x_5}(v_5) P_{x_0 x_6}(v_6) P_{x_5 x_1}(v_1)$$
$$\times P_{x_5 x_2}(v_2) P_{x_6 x_3}(v_3) P_{x_6 x_4}(v_4) \tag{1.31}$$

在 ML 法中，我们必须考虑包括不变位点在内的所有核苷酸位点。由于整个序列的似然性(L)是所有位点的 L_k 产物，整个树的对数似然性变为

$$\ln L = \sum_{k=1}^{n} \ln L_k$$

1.6.2　时间可逆性和根问题

为了明确地知道 $P_{ij}(v)$，我们必须使用特定的替换模型。例如，Felsenstein(1981)使用了等输入模型，其中 $P_{ii}(v)$ 和 $P_{ij}(v)$ ($i \neq j$)可由下式得出

$$P_{ii}(v) = \pi_i + (1 - \pi_i)e^{-v}$$
$$P_{ij}(v) = \pi_j(1 - e^{-v})$$

其中，π_i 为第 i 个核苷酸的相对频率。当 $\pi_i = 1/4$ 和 $v = 4rt$ 时，上述方程与 Jukes-Cantor(1969)模型变得相同。

我们特别考虑了一类称为时间可逆的替代模型。这是因为如果我们使用核苷酸替换的可逆模型定义 $P_{ij}(v)$，则没有必要考虑根(图 1.3)。可逆模型意味着时间 0 和时间 t 之间的核苷酸替换过程保持不变，无论我们是否考虑进化过程在时间上的正向或反向。在数学上，所有 i 和 j 的可逆性条件由 $\pi_i P_{ij}(v) = \pi_i P_{ji}(v)$ 得出。很容易证实等输入

模型符合这一条件。当应用可逆模型时，不论根 0 的位置如何，树 A 的节点 5 和 6 之间的核苷酸替换数 ($v_5 + v_6$) 保持不变。因此，我们在树 B 中用 v_5 表示树 A 中的 $v_5 + v_6$。假设进化变化从该树的某些点开始，比方说从节点 5 开始，则似然函数 L_k 可改写为

$$L_k = \sum_{x_5} \sum_{x_6} \pi_{x_5} P_{x_5 x_6}(v_5) P_{x_5 x_1}(v_1) P_{x_5 x_2}(v_2) P_{x_6 x_3}(v_3) P_{x_6 x_4}(v_4)$$

$$(1.32)$$

1.6.3　ML 树的搜索策略

在实践中，我们必须考虑所有的核苷酸位点。由于整个序列的似然性(L)是所有位点的产物，通常拓扑结构的对数似然性可写成

$$\ln L = \sum_{k=1}^{n} \ln L_k = f(\mathbf{x}, \theta)$$

其中，$\mathbf{x}$ 是一组观测到的核苷酸序列，而 θ 是一组参数，如分支长度、核苷酸频率和替换率等。在 ML 法中，给定序列数据在特定替换模型下对应的每种拓扑结构的似然性均得到最大化，具有最大似然性的拓扑结构被选定为最终的树。

由于 ML 树的搜索十分耗时，目前已经提出了多种启发式搜索 ML 树的方法(如 Felsenstein, 1981; Adachi and Hasegawa, 1996)。虽然这些算法本质上与那些获得最小进化或简约树的算法相似，但它们在获得正确拓扑结构方面的效率是不一定相同的。

对于亲缘关系较远的蛋白质编码基因，DNA 似然性可能有一些问题，因为同义替换可能已经饱和，表明核苷酸替换的平稳模型不再有效。在这种情况下，比较蛋白质序列的进化变化可能更为合适。Kishino 等(1990)提出了一种蛋白质似然性方法，其中采用了 Dayhoff 等(1978)的20 种不同氨基酸的经验转移矩阵。随后，Adachi 和 Hasegawa(1996)采用各种转移矩阵，包括泊松模型、Jones 等(1992)的核蛋白质经验转移矩阵，以及他们自己的线粒体蛋白质矩阵。

1.7　系统发育推断的贝叶斯法

贝叶斯法提供了通过计算系统发育树的后验分布而有效计算以推断

系统发育树的方法（Huelsenbeck $et\ al.$，2001）。鉴于序列数据 **D** 的多重算法，贝叶斯规则规定了由 T_i 表示的第 i 种可能的树拓扑结构的后验概率为

$$P(T_i \mid \mathbf{D}) = \frac{P(T_i)P(\mathbf{D} \mid T_i)}{\sum_T P(T)P(\mathbf{D} \mid T)} \qquad (1.33)$$

其中，$P(T_i|\mathbf{D})$ 是给定序列数据 **D** 的树 T_i 的概率，$P(\mathbf{D}|T_i)$ 是给定树 T_i 的数据的概率或似然性，而 $P(T_i)$ 为 T_i 的先验概率。分母是所有可能的树的概率总和。此外，对于每种可能的树，$P(\mathbf{D}|T_i)$ 应基于所有可能的分支长度值和所有进化模型参数进行整合。设 t 为树分支长度向量，而 m 为序列进化模型参数向量，那么我们可以得出

$$P(\mathbf{D} \mid T_i) = \int_t \int_m P(\mathbf{D} \mid T_i, \mathbf{t}, \mathbf{m})\ P(\mathbf{t})P(\mathbf{m})\,\mathrm{dt}\,\mathrm{dm} \qquad (1.34)$$

其中，$P(\mathbf{t})$ 和 $P(\mathbf{m})$ 为分支长度和模型参数的先验概率。

　　因为 n 个物种可能的无根拓扑结构数为 $(2n-5)!/2^{n-3}(n-3)!$，即使是 10 个序列，分母的总和值也是一个很高的拓扑结构数。这个问题可以通过 MCMC 抽样算法来解决（Hastings，1970；Metropolis $et\ al.$，1953）。根据 MCMC 法，构建一条马尔可夫链，其不同状态代表不同的系统发育树（Huelsenbeck $et\ al.$，2001；Larget $et\ al.$，1999；Mau $et\ al.$，1999；Rannala and Yang，1996；Yang and Rannala，1997）。在链中的每个步骤，均通过改变拓扑结构、改变分支长度或通过改变序列进化模型的参数而产生新的树。然后，Metropolis-Hastings 算法被用于接受或拒绝新树。基于对前期链中的树进行改进建立的新树总会得到接受，或者以与以往链中的树的似然性成比例的概率而得到接受。如果这样的马尔可夫链运行足够长的时间，则将达到平稳分布。

　　系统发育贝叶斯推理的依据可以扼要说明如下。在平稳态时，Metropolis-Hastings 抽样算法能够保证马尔可夫链在全部树间移动，抽取较好和较坏的树，而不是象一些优化方法那样一味地移向"更好"的树。正确构建的链依据与实际密度中发生频率成比例的树的后验密度进行抽样。因此，马尔可夫链抽取能够被用于拟合后验分布的树样本。在当前的实施过程中，平稳分布同时对树的后验密度、分支长度后验分布以及序列进化模型的参数进行取样。为达到理想的精度，在实践中链应被允许运行数百数千或数百万次。

1.8　祖先序列推断

祖先序列推断已被证明对预测基因家族的祖传功能、检测正向选择，以及重建祖先基因组十分有益（Golding and Dean，1998；Soyer and Bonhoeffer，2006）。有两种主要类型：简约法和概率法。下面简要加以讨论。

1.8.1　最大简约法

最大简约的思路是，通过最大限度地减少解释现存序列中观察到的差异所需要的特征（核苷酸或氨基酸）变化数确定树中每个节点的祖先状态。我们使用 Fitch（1971）建立的算法作为一个例子（针对核苷酸）说明相关原理。为说明 Fitch 算法，我们在图 1.4 中列出了一棵简单的五类群树。对应于所示的字符，观测数据为 $X_1 = A$、$X_2 = C$、$X_3 = G$、$X_4 = C$ 和 $X_5 = T$。在节点 X_6，其两个后代 X_1 和 X_2 集的交叉口是 $(A) \bigcap (C) = \phi$（此处 ϕ 意味着空）。如果它为空，则并集必须是赋值的 X_6：$(A) \bigcup (C) = (A, C)$。同样，在节点 X_7 处，X_3 和 X_4 的并集被赋值为 $(G) \bigcup (C) = (G, C)$。现在可以判定节点 X_8 的集，因为 X_5 和 X_7 集的交叉口再次为空，因而这些集 (G, C, T) 的联合被进行了赋值。最终，根 X_9 的集是集 X_8 和 X_6 的交叉口：$(A, C) \bigcap (G, C, T) = (C)$。需要完成 3 次交集操作，意味着这样的重建至少需要 3 次变化。

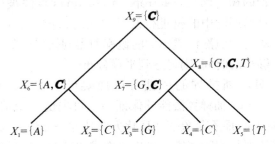

图 1.4　基于目前给定的 5 个序列在一个位点上观察到的核苷酸模式（表示为 X_1 至 X_5），每个内部节点（X_6 至 X_9）的祖先状态可由简约算法或概率法进行推断。

在下一步中，按照前序顺序，即从根至末端分支类群确定祖传状态（图 1.4 中以粗体字显示）。首先，状态 C 在根处被确定，X_8 的状态也设

置为 C,因为这种状态是祖先节点(X_9)的状态,也是在节点(X_8)的集成员。同样,X_6 和 X_7 的状态也为 C。因为 Fitch 算法同等惩罚 4 种核苷酸状态中的任何改变,因而这个过程可能会导致多个祖先状态具有同等的简约性。Sankoff(1975)算法是 Fitch 原始版本的推广,允许不同的特征变化有不同的成本。

1.8.2　概率(贝叶斯)法

虽然简约法简单、直观,但其主要缺点是缺乏重建祖先状态的统计评价。例如,简约法对于区分具有同样简约性的重建结果没有任何统计学意义。为了解决这个问题,许多学者(如 Schluter, 1995；Yang *et al.*,1995；Koshi and Goldstein, 1996；Pupko *et al.*, 2000, 2002)采用概率模型建立了有效的算法。

祖先状态推理的概率(贝叶斯)法在原理上有两个步骤。我们用图 1.4 进行说明。首先,在给定的系统发育条件下,计算观测到的核苷酸模式 X_1, $\cdots$, $X_5 = (A, C, G, C, T)$ 的似然性(联合概率)。分别用 1、2、3 和 4 表示 4 种核苷酸,可写成

$$P(X_1, \cdots, X_5) = \sum_{x_9=1}^{4} f_{x_9} \sum_{x_8=1}^{4} \sum_{x_7=1}^{4} \sum_{x_6=1}^{4} P_{x_9 x_6} P_{x_9 x_8} P_{x_6 x_1} P_{x_6 x_2}$$
$$\times P_{x_8 x_5} P_{x_8 x_7} P_{x_7 x_4} P_{x_7 x_5}$$

其中,f_{x_9} 是根(X_9)处的核苷酸频率；$P_{x_i x_j}$ 是从节点 X_i 至 X_j 的转移概率；此处为简便起见,省略了分支长度。在大多数情况下,祖先序列推断的概率模型是时间可逆的。因此,根的位置不会影响似然性,祖先根状态也无法被重建。下一步,我们将 $P(X_1, \cdots, X_5)$ 改写为

$$P(X_1, \cdots, X_5) = \sum_{x_8=1}^{4} \sum_{x_7=1}^{4} \sum_{x_6=1}^{4} P(X_1, \cdots, X_5; x_6, x_7, x_8)$$

其中,$P(X_1, \cdots, X_5; x_6, x_7, x_8) = \sum_{x_9=1}^{4} f_{x_9} P_{x_9 x_6} P_{x_9 x_8} P_{x_6 x_1} P_{x_6 x_2}$ $P_{x_8 x_5} P_{x_8 x_7} P_{x_7 x_4} P_{x_7 x_5}$。也就是说,似然性 $P(X_1, \cdots, X_5)$ 是 $4 \times 4 \times 4 = 64$ 个不同项目的总和,每个均对应着节点 X_6、X_7 和 X_8 的一个特定的祖先序列赋值。因此,对上述似然性贡献最多的联合核苷酸赋值(x_6、x_7 和 x_8)被称为祖先状态推断,通过下列表达式明确给出

$$\text{argmax}_{x_6, x_7, x_8} [P(X_1, \cdots, X_5; x_6, x_7, x_8)]$$

上述表达式的最大值是联合重建的似然性。从本质上讲，给定数据集$(X_1, \cdots, X_5)$，x_6、x_7和x_8的后验概率为

$$P(x_6, x_7, x_8 \mid X_1, \cdots, X_5) = \frac{P(X_1, \cdots, X_5; x_6, x_7, x_8)}{P(X_1, \cdots, X_5)}$$

换句话说，我们可称具有最高的后验概率（给出数据）的联合核苷酸赋值（x_6、x_7和x_8）为祖先状态推理。

在实践中，尤其是当序列数较大时，联合似然性（或后验概率）所需要的计算时间变得十分庞大。一个可行的办法是使用单节点的推理。该算法分别为每个内部节点考虑了核苷酸赋值。例如，我们可以将节点X_8的似然性写成

$$P(X_1, \cdots, X_5) = \sum_{x_8=1}^{4}\Big[\sum_{x_7=1}^{4}\sum_{x_6=1}^{4}P(X_1, \cdots, X_5; x_6, x_7, x_8)\Big]$$

因此，在节点X_8最大程度有助于似然性的核苷酸赋值可由下式得出

$$\mathrm{argmax}_{x_8}\Big[\sum_{x_7=1}^{4}\sum_{x_6=1}^{4}P(X_1, \cdots, X_5; x_6, x_7, x_8)\Big]$$

已证明，祖先节点的特征（核苷酸或氨基酸）赋值可能会受到核苷酸或氨基酸替换模型的影响。例如，在 Juke-Cantor（1969）简单模型条件下，两个几乎相等的似然性赋值可能在更复杂的模型下有不同的结果。然而，祖先序列推断对其他参数估计值，如分支长度或位点之间的速率变化是相当稳健的，虽然推断可靠性的统计评估可能会有所不同。更详细的讨论参见 Yang 等（1995）和 Pupko 等（2002）。

1.8.3　缺失和插入

迄今描述的模型中还没有任何一种模型考虑到缺失和插入（称为INDELs 或缺口）。系统发育推理常用的方法是排除所有至少一个序列中含有缺口的位点。然而，对于祖先序列推断，我们的目标是推断最有可能的、几乎是完整的祖传序列。为此，需要确定一个特征（核苷酸或氨基酸）或缺口是否是祖先状态。这个问题一直未能得到很好的解决。在下文中，我们介绍了一些尝试的方法。

作为额外特征的缺口　为避免这个问题的近似做法是向模型中添加额外的特征以代表一种缺口（对氨基酸而言形成大小为 21 个特征状态，对于 DNA/RNA 而言形成 5 种特征状态）。尽管很容易实施，这种方法

还是有两个主要困难。首先,从每个特征状态转成缺口或相反转换的概率目前还不清楚;其次,这种方法假定了位点之间的独立性。因此,两个位点的插入或缺失将被视为两个独立的特征-缺口转换,而不是生物学角度更合理的单一双位点 INDEL 事件。

Edward-Shields 法 这种算法由 Edward-Shields(2005)采用双态特征模型(0 是缺口位点,而 1 为非缺口位点)所创建,接近每个位点和内部节点处缺口的概率。一旦每个节点的祖先状态(0/1)得以确定,就会在一种正式的似然性法中采用从经验替换矩阵过程得到的概率估计非缺口的位点。

整合结构框架 近来,我们提出了(未发表结果)一种整合法来推断几乎完整的祖先序列。这种方法的新颖性在于将祖先序列推断算法分成几个独立的任务。

(1)对于没有任何缺口的核苷酸或氨基酸位点而言,遵循以往的概率法在内部节点处分配最有可能的特征状态。

(2)给定系统发育,计算与缺口长度相关的 INDELs 数目分布。假设 INDELs 变化遵循以 $v_k T$(v_k 是缺口长度为 k 的 INDELs 率,而 T 为树的总进化时间)为参数的泊松过程。根据 Gu 和 Li(1995)的研究,我们采用了对数链接函数 $v_k = v_0/(1 + b \ln k)$($k \geqslant 1$)来衡量长度依赖性的 INDELs 进化率。显然,v_k 与缺口长度是呈负相关的。可以从 INDELs 的大小分布来估计未知参数 v_0 和 b。

(3)对于带有 INDELs 的特定位点,我们采取了改进的附加特征法。也就是说,从其他特征至缺口的速率与缺口长度因子 $v_0/(1 + b \ln k)$ 成正比,反之亦然。

我们已经进行了一些初步的分析,并证实其性能在一般情况下是令人满意的,只要多重序列比对是可靠的。

1.9 位点间的速率变化

众所周知,蛋白质不同的氨基酸残基可能有不同的功能限制,以至于替换率在位点之间有所不同。虽然这种现象早在 20 年前就已经被描述了(Uzzel and Corbin,1971),但其在分子进化研究中的重要性直到最近才被认可(Nei and Kumar,2000;Yang *et al.*,1993;Gu,1999,2001b,2007a,2007b)。伽玛分布已被广泛用于位点之间速率变化的建模(Yang et al., 1993；Gu et al., 1995)。在这种模式下,位点之间的替换率(λ)变化可以表示如下

$$\phi(\lambda) = \frac{\beta^{\alpha}}{\Gamma(\alpha)} \lambda^{\alpha-1} e^{-\beta\lambda}$$

其中,形状参数 α 是非常重要的,因为它能够描述速率变化的程度,而 β 则是一项标量。因为 $1/\sqrt{\alpha}$ 是 λ 的变异系数,α 越大,速率变化越弱,而 $\alpha = \infty$ 意味着位点之间的一致速率。

已经建立了几种用于从序列数据估算 α 的方法,这些方法可被分为两组。第一组是最大似然(ML)法,这是在 Felsenstein(1981)的框架下构建的(如 Yang,1993；Gu et al.,1995)。然而,这些作者建立的似然函数最大化算法十分费时,这个问题已由离散伽玛分布的近似法得到了解决(Yang,1994b)。第二组估算 α 的方法通常被称为简约法,并已得到广泛应用,因为它在计算方面速度十分快捷(如 Uzzel and Corbin,1971；Holmquist et al.,1983；Tamura and Nei,1993；Sullivan et al.,1995；Tourasse and Gouy,1997)。在这些方法中,简约原理(Fitch,1971)被用来推断替换数(所需的最小值)。由于简约法往往低估了替换数,因而,形状参数(α)可能被严重高估。换句话说,位点之间的速率变化程度可能被低估(Wakeley,1993)。

由于位点之间的变化率已被证明对于蛋白质家族的进化功能分析(Gu,1999,2001b,2006)以及基因多效性的估计(Gu,2007a)十分重要,因而发展统计学无偏倚的和计算快速的方法十分必要。Gu 和 Zhang(1997)提出了含两个步骤的简单 ML 法:① 在每个位点,基于系统发育树和推断的祖先序列,通过似然法估算经多次替换校正的预期替换数;以及 ② 采用估算的替换数,根据负二项分布得到 α 的 ML 估计值(Uzzel and Corbin,1971)。

1.9.1　位点的替换数

位点的替换数无法从现今的序列中观察得到,因此必须对其进行推断。传统的推断方法调用了简约原则(Fitch,1971),这往往低估了真实的替换数(Gu and Zhang,1997；Zhang and Gu,1998)。为了理解由简约法带来的偏差,重要的是区分替换数(k)和分支数之间的差异,在这些分支两端的氨基酸(或核苷酸)是不同的(m);在下文中,m 也被简洁地称为变化数。对于给定含已知树的序列数据,m 和 k 之间的差异是由于

当分支较长时可能发生的多重替换，导致 $m \leqslant k$。应当指出，最小替换数实际上是 m 的推断，而不是 k 的推断，因为多重替换的概率被完全忽略了。

Gu 和 Zhang(1997)建立了一种渐近无偏倚的方法用于估计 k 值。为简单起见，我们此处只讨论氨基酸序列，实际与核苷酸序列是几乎相同的。假设，有含 n 个同源序列的蛋白质数据集，其系统发育树(拓扑结构)为已知或可以被推断出。无根树的分支总数为 $M = 2n - 3$，有根树的分支总数为 $M = 2n - 2$。在给定的位点，我们假设 k 沿树遵循泊松分布，其预期值可写成 $\bar{k} = uB$，其中 B 是树的总分支长度，而 u 则是在此位点的进化速率。值得注意的是，根据泊松模型的 k 是一个随机变量。我们的目的是估计预期的替换数 $(\bar{k})$，这将被用来估计 α。

在分支 i 给定位点出现的替换数同样遵循含预期值 ub_i 的泊松分布，其中 u 是位点特异性的速率，而 b_i 是分支 i 的长度。因为在给定系统发育树的该位点处预期的替换数是 $\bar{k} = uB$，因而我们得出 $ub_i = \bar{k}b_i/B$。因此，分支 i 无变化(即在这个分支两端氨基酸是相同的)的概率可由下式得出

$$p_i = \exp\{-\bar{k}\, b_i/B\}$$

而变化(即分支两端的氨基酸是不同的)的概率为

$$q_i = 1 - p_i = 1 - \exp\{-\bar{k}\, b_i/B\}$$

对于给定的位点，树的分支可被分为两组。第一组，由 G_1 表示，其中包括发生变化(氨基酸)的分支；以及第二组，由 G_0 表示，其中包括未发生变化的分支。显然，在该位点处 G_1 的分支总数等于 m，因此，由 $M-m$ 可得出 G_0 的分支总数。当已知 G_1 和 G_0 在该位点的信息时，似然函数(条件)可以写成

$$L = \prod_{i \in G_1} q_i \prod_{j \in G_0} p_j = \prod_{i \in G_1} [1 - \exp\{-\bar{k}b_i/B\}] \prod_{j \in G_0} \exp\{-\bar{k}b_j/B\}$$

$$(1.35)$$

脚注分别表明分支 i 属于组 G_1，而分支 j 属于 G_0 组。

对组 G_1 的分支从 1 至 m 进行重新编号，组 G_0 从 $m+1$ 至 M 重新编号，Gu 和 Zhang (1997)已表明 $\bar{k}$ 的 ML 估计方程可以简明地表示成

$$\sum_{i=1}^{m} \frac{b_i/B}{1 - e^{-\hat{k}b_i/B}} = 1 \qquad (1.36)$$

31

预期替换数($\hat{k}$)的 ML 估计值取决于 m 和估计的分支长度，这是上述方程的正解。如果，对于每个分支，b_i/B 是如此微小，以至于 $1-e^{-\hat{k}b_i/B}\approx$ $\hat{k}b_i/B$，那么 $\hat{k}\approx m$。这一结果与直觉知识是一致的，即当树中所有的分支长度均较短时，估计的预期替换数接近变化数。另一方面，如果所有分支的长度都是相同的，即 $b_i=b$ 以及 $B=Mb$（M 是分支数），则它可以简化为如下

$$\hat{k}=-M\ln\left(1-\frac{m}{M}\right) \tag{1.37}$$

在上述公式中，我们假设祖先序列是已知的。因此，在一个给定的系统发育树中，很容易通过简单对比分支两端各位点的氨基酸而将分支分为 G_0 或 G_1，并计算出沿树的变化数（m）。在实践中，必须基于贝叶斯方法推断出祖先序列（如 Schluter，1995；Yang *et al.*，1995；Koshi and Goldstein，1996）。在这种方法中，具有最高（后验）概率的氨基酸赋值被选定代表该位点推断的祖先氨基酸。

1.9.2 α 的估计

如果在每个位点的氨基酸（或核苷酸）替换都遵循泊松过程，且位点向替换速率（λ）的变化遵循伽玛分布 $\phi(\lambda)$，则发生 k 替换的位点数遵循负二项分布，即

$$f(k)=\frac{\Gamma(\alpha+k)}{k!\Gamma(\alpha)}\left(\frac{D}{D+\alpha}\right)^k\left(\frac{\alpha}{D+\alpha}\right)^\alpha \tag{1.38}$$

其中，D 是每个位点沿树的平均替换数。

Johnson 和 Kotz（1969）明确讨论了用于估计负二项分布参数的 ML 法，该法也被 Sullivan 等（1995）以及 Tourasse 和 Gouy（1997）用于讨论位点之间的速率变化。在我们的方法中，与标准算法的区别是，位点的替换数被其预期值 $\hat{k}$ 所替代。因此，对数似然函数可以写成

$$\ln L=\sum_{i=1}^N\ln f(\hat{k}_i)$$

其中，N 是位点总数，而 $\hat{k}$ 是位点 i 预期替换数的估计值，它不一定是整数。我们很容易证明，ML 的 D 估计值与正常情况下的相同，这可从 $\hat{D}=\sum_{i=1}^N\hat{k}_i/N$ 得出。α 的估计没有任何简单的解决方案，但它可以通过数值分析得到，且 α 的取样方差也可以被近似获得。

第二章 生物信息学和 统计学基础

2.1 进化基因组学的生物信息资源

广泛的基因组网络数据库资源为生物医学科学家鉴定基因组特定区域的功能元件或探讨基因组进化动态提供了巨大的机遇。由于比较基因组学涉及面较广,此处无法全面阐释。我们选择了几个重要的问题,结合相关数据库和软件进行讨论,如表 2.1(Gu and Su,2005)所示。

表 2.1　比较基因组学研究中一些有用的工具和数据库网站

工具或数据库	网　址
NCBI	http://www.ncbi.nlm.nih.gov
EMSEMBL	http://www.ensembl.org
UCSC 基因组浏览器	http://genome.uscs.edu/
EnsMart	http://www.ensembl.org/Multi/martview
NCBIBLAST	http://www.ncbi.nlm.nih.gov/BLAST/
WU - BLAST	http://blast.wustl.edu/
GALA	http://gala.cse.psu.edu/
PipMaker 和 MultiPipMaker	http://bio.cse.psu.edu/pipmaker/
zPicture	http://zpicture.dcode.org/
VISTA	http://www-gsd.lbl.gov/vista/
MAVID	http://baboon.math.berkeley.edu/mavid/
MEME	http://meme.sdsc.edu
GLASS 和 Rosetta	http://crossspecies.lcs.mit.edu/
SGP2	http://genome.imim.es/software/sgp2/
TWINSCAN	http://genes.cs.wustl.edu/query.html
GeneID	http://www1.imim.es/geneid.html
DOUBLESCAN	http://www.sanger.ac.uk/Software/analysis/doublescan/
TRED	http://rulai.cshl.edu/TRED
RNAdb	http://research.imb.uq.edu.au/rnadb/
NONCODE	http://noncode.bioinfo.org.cn

工具或数据库	网　　址
PAML	http：//abacus. gene. ucl. ac. uk/software/paml. html
DIVERGE	http：//xgu. zool. iastate. edu
Mgenome	http：//xgu. zool. iastate. edu
GRIMM	http：//www-cse. ucsd. edu/groups/bioinformatics/GRIMM/
GRAPPA	http：//www. cs. unm. edu/~moret/GRAPPA/
TRANSFAC	http：//www. gene-regulation. de/
FootPrinter 和 PhyME	http：//bio. cs. washington. edu/software. html
MSARi	http：//theory. csail. mit. edu/MSARi/
RNAz	http：//www. tbi. univie. ac. at/~wash/RNAz/

基因组数据库与比较基因组学　尽管研究人员能一直不断地从基因组数据库挖掘到有用的信息,但全基因组数据库内部结构和数据集都是在不断更新的。例如,GALA 是一个基因组对比和注释的数据库(Giardine *et al.*，2003),它提供了访问基因(已知和预测的)、基因本体、表达谱、基因组比对以及通过 TRANSFAC 加权矩阵预测的保守转录因子结合位点信息的途径(Wingender *et al.*，2001)。因此,给定一组在特定组织中表达的基因,GALA 能够识别一个或多个在哺乳动物中保守的转录因子预期的结合位点。另一个例子是 EnsMart,它是 Ensembl项目(Kasprzyk *et al.*，2004)的一部分,它采用"星形架构数据仓库"(warehouse star-schema)模式,把诸如疾病、转录本和蛋白质家族(PFAM，Protein FAMily)与特定的生物学对象(如基因或 SNPs)整合在一起,为用户提供了快速和有效的深度挖掘基因及相关数据的方法。

多基因组比对和基因预测　利用网上提供的分析工具可对两个密切相关物种的全基因组进行比对,NCBI 提供的 BLAST(Altschul *et al.*，1990，1997)是最常用的工具。另有一些服务器,专门提供了用以对两个或多个长基因组序列进行比对的工具,同时检测常见的重排或重复,如 PipMaker(Schwartz *et al.*，2000)、MultiPipMaker(Schwartz *et al.*，2003)、zPicture(Ovcharenko *et al.*，2004)、VISTA 和 MAVID(Mayor *et al.*，2000；Bray *et al.*，2003)。这些服务器适用于比较哺乳动物不同目的物种,设计了可用于哺乳动物基因组比对的不同流程(Brudno *et al.*，2003；Couronne *et al.*，2003；Schwartz *et al.*，2003)。对于亲缘关系更远的物种或并系同源基因,则要考虑采用不同的比对方法,这方面的一项主要应用是寻找共表达基因上游区域共同的基序(motif)。采用这种思路的两个例子是 MEME 和 Gibbs 抽样(Thompson *et al*.，2003)。

　　多重基因组比对的一项应用是提高基因发现的效率。ROSETTA 基于整体比对情况重建共线的基因结构，并将外显子定义为剪接位点界定的子序列(Batzoglou *et al*.，2000)。SGP1 基于两个序列的局部比对重建基因(Wheeler *et al*.，2002)，而 SGP2 则对传统基因预测工具(Guigo，1998)GENEID(Parra *et al*.，2003)基因预测模型的可靠性进行评估。同样，TWINSCAN 是 GENSCAN 算法的直接延伸，整合了两个序列之间保守信息(Korf *et al*.，2001；Burge and Karlin，1997)。DOUBLESCAN 使用了成对隐马尔可夫模型(Pair‐HMM)，以采用 BLAST 创建的局部比对序列为基础重建基因结构(Meyer and Durbin，2002)。

　　蛋白质功能检测的进化方法　有许多软件包可用于分子进化分析，在这里我们只说明几个例子。MEGA(Kumar *et al*.，2008)是一种广泛使用的用户友好的软件包，而 PAML 软件包则包括了丰富的用于对编码序列进化模式进行统计检测的方法，可以用于正向选择检测(Yang，1997)。例如，PAML 能够沿给定的系统发育树的分支估算每个氨基酸残基非同义速率与同义速率之间的比值。DIVERGE 是一个通过对给定系统发育树和多重氨基酸比对序列特异位点进化速率改变的检测来研究蛋白质家族功能分化的程序(Gu，1999；Gu and Vander Velden，2002)，它首先沿树进行特异位点速率变化的统计检验，然后基于后验分析预测导致功能分化的候选氨基酸残基，并把结果绘制在可用的蛋白质 3D 结构上。

　　有向反转与多重基因组重排　比较基因作图最重要的是基于给定的基因组重建祖先基因顺序。从数学角度来说，这是有符号反转(signed reversals)排序问题，也就是说，基因组如何基于基因或基因集的反转排序从共同的祖先基因组进化而来。因为这个问题是 NP‐难解的(NP‐hard)(Caprara，1999)，因而大部分工作集中在重建祖先基因组基因顺序的启发式算法上。Sankoff 等(1996)把搜索最佳祖先基因组视作寻找网格的中值问题。Bourque 和 Pevzner(2002)通过贪心分裂(greedy-split)策略设计了重建祖先基因组的 MGR 算法。Wu 和 Gu(2002，2003)通过最近路径搜索算法提高了搜索精度，并建立了近邻-扰动算法以重建祖先基因组的最优基因顺序。

　　通过比较基因组学鉴定功能性非编码元件　虽然大多数真核生物

基因组均是非编码区并被视为"无功能 DNA",但最近的研究表明,非编码区包含重要的功能性元件,如顺式调控模块(CRMs)(Dermitzakis et al.,2002;Gibbs,2003)。这些功能性非编码元件的计算检测一直是极具挑战性的。人们已经认识到,比较基因组可能是一个很有前途的解决这一问题的方法。例如,"系统发育足迹法"侧重于在一组同源的非编码区中基于序列保守性发现新的调控元件。采用这种方法,已经开发了许多成功的基序发现程序,如 Gibbs Sampler(Lawrence et al.,1993)、MEME(Bailey and Elkan,1995)、Consensus(Hertz and Stormo,1999)、AlignAce(Roth et al.,1998)、ANN-Spec(Workman and Stormo,2000)、FootPrinter(Blanchette and Tompa,2003),以及 PhyMe(Sinha et al.,2004)。对于非编码的 RNA(ncRNA)元件,也已经开发了许多工具来识别进化保守的二级结构,以作为生物学功能相关的证据,包括:QRNA(Rivas and Eddy,2001)、DDBRNA(di Bernardo et al.,2003)、MSARI(Coventry et al.,2004),以及 RNAZ(Washietl et al.,2005)。此外,有一些现成的有关功能性非编码元件的数据库,例如 TRED(Zhao et al.,2005)、RNAdb(Pang et al.,2005),以及 NONCODE(Liu et al.,2005)。

鉴于大量的可用资源,目前的挑战已变成如何将爆炸性积累的基因组数据转变成生物学知识。互联网推动了转化的进程,但其进展取决于新思路和整合多种方法的分析流程的开发。

2.2 同源搜索的基本统计学

一旦通过重叠群装配获得基因组序列之后,下一步就是要找出一长串核苷酸的含义,这是序列注释的课题。序列注释的一个基本方法是与数据库中已知基因进行同源比对和搜索。两个广泛使用的同源搜索工具是 BLAST(Altschul et al.,1990;Altschul et al.,1997)和 FASTA(Pearson and Lipman,1988)。同源搜索的常规方法是基于动态规划算法的局部序列比对法(Smith and Waterman,1981)。对于给定的评分方案,这种方法将确保最佳比对的结果,但计算速度比较慢。FASTA 和 BLAST 采用了启发式相似性搜索方法,虽然它们可能会遗漏一些同源序列,但两者对于大规模基因组分析均是足够快的。在下面我们讨论 E 值(E-score)的统计学意义,它对选择具统计学意义的阈值(cutoff)起着至关重要的作用。

设 P_A、P_C、P_G 和 P_T 为目标(数据库)序列 A、C、G 和 T 的核苷酸频率。对于序列长度为 L_Q 的查询序列(Q)而言,其与序列长度为 L_D 的目标序列 D 最适匹配的概率可由下式得到

$$p = P_A^{n_A} P_C^{n_C} P_G^{n_G} P_T^{n_T} \tag{2.1}$$

其中,每种类型的核苷酸数分别表示为 n_A、n_C、n_G、n_T。由于查询序列与目标序列之间可能的完全匹配数 $n = L_D - L_Q + 1$,因而匹配数(x)的概率分布遵循(近似)二项分布

$$P(x) = \frac{n!}{x!(n-x)!} p^x (1-x)^{n-x} \tag{2.2}$$

其中,p 由式(2.1)得出。若 $np < 1$,且 n 较大,则二项分布可由泊松分布拟合,其均值和方差等于 $u = np$,即

$$P(x) \approx \frac{u^x}{x!} e^{-u}$$

由式(2.1),如果我们假设 $P_A = P_C = P_G = P_T = 0.25$,则发现至少连续 L 个字母完全匹配的概率为 $p = 0.25^L$。Q 和 D 之间 L 个连续字母匹配会在 Q 的 $m = L_Q - L + 1$ 位置上发生,在 D 的 $n = L_D - L + 1$ 位置发生。在 BLAST 中,m 指查询有效长度,而 n 指数据库的有效长度。总计有 $m \times n$ 次可能的匹配,每次有 0.25^L 的概率实现 L 连续字母的匹配。因此,由 $E = mn \times 0.25^L$ 可得长度为 L 的预期匹配数。在 BLAST 和 FASTA 文献中,当考虑不等核苷酸频率时,E 可写成如下通用型

$$E = mne^{-\lambda L} \tag{2.3}$$

对核苷酸序列而言,BLAST 输出结果通常标明 $\lambda = 1.37$,这是基于更真实序列的计算机模拟结果(Altschul, 1996;Altschul et al., 1997;Pearson, 1998;Waterman and Vingron, 1994)。

E 值可被用作计算具有 $0, 1, \cdots, x$ 匹配值概率的泊松分布的 u 参数,这相当于或优于已报道的匹配值。特别是,至少有一次匹配(即 $x \geqslant 1$)相当于或优于已报道的匹配值的概率可由下式导出

$$\begin{aligned} P(x > 1) &= 1 - P(x = 0) = 1 - e^{-E} \\ &= 1 - \exp\{-mn \times e^{-\lambda L}\} \end{aligned} \tag{2.4}$$

这是一种特殊形式的极值分布（EVD）。事实上，在 BLAST 和 FASTA 中，EVD 被用于计算两个序列之间匹配值的统计学意义。

E 值是相当于或比匹配得分更好的随机匹配的期望值，它并不是一种概率。然而，当 E 非常小时，可以近似理解为发现一次不劣于已报道值的匹配的概率，即当 $E \rightarrow 0$ 时，$1 - e^{-E} \approx E$。

2.3 序 列 比 对

在生物信息学中，序列比对是用于确定序列的相似性，这种相似性可能缘于序列之间的功能、结构或进化关系（Needleman and Wunsch，1970）。如果两个比对序列共享一个共同的祖先，错配可被理解为在一个或两个谱系中引入点突变或表示为空位（gap）的 INDELs（插入或缺失）。在蛋白质比对序列中，占据特定位置的氨基酸之间的相似程度大致表示特定序列的保守性。事实上，在特定序列区缺少替换可能表明该区域具有结构或功能方面的重要性。因此，对几乎所有的比较基因组学分析而言，可靠的序列比对都是至关重要的。

2.3.1 配对序列比对

给定两个字符串 $S = s_1 s_2 \cdots s_n$ 和 $T = t_1 t_2 \cdots t_m$，S 和 T 的配对序列比对被定义为有序的配对集 (s_i, t_j) 和空位集 $(s_i, -)$ 及 $(-, t_j)$。最佳比对在操作上可定义为在给定评分方案中具有最高比对得分的配对比对。当罚分明确时，动态规划算法（Smith and Waterman，1981）保证由此产生的比对是最佳比对或相当于最佳比对之一。显然，当比对中所有的空位均被删除时，比对减少到初始的两个字符串。读者可在生物信息学教科书中找到关于动态规划的详细介绍（Ewens and Grant，2005）。在这里，我们重点关注能影响序列比对性能的评分方案。简单的方案假定所有类型的错配具有相同的错配分值。更为复杂的评分方案在下文中进行讨论。

2.3.1.1 相似性矩阵：核苷酸序列

有两类核苷酸变化：转换（即在 A 与 G 之间和 C 与 T 之间的替换）和颠换（即 A 或 G 被 C 或 T 代替）。由于转换一般比颠换发生得更为频繁，因而转换的罚分应该低于颠换。此外，在输入序列中，往往还有一些含糊不清的碱基，如：R 代表 A 或 G，Y 代表 C 或 T。A - R 对既不是严格的匹配，也不是严格的错配,匹配或转换的概率各为 0.5。Xia(2001)提出了"转换偏差矩阵",它对转换/颠换和模棱两可的核苷酸有不同的分值。

2.3.1.2　相似性矩阵:蛋白质序列

由于氨基酸在体积、电荷、极性和许多其他条件方面各不相同,受到强大的功能限制,因此差异较大的氨基酸之间的替换一般都是逆着纯化选择的。在实践中,这种效应可以用经验性氨基酸替换矩阵衡量。蛋白质序列比对经常采用的替换矩阵是经典的 PAM 矩阵(Dayhoff *et al*.,1978)和 BLOSUM 矩阵(Henikoff and Henikoff,1992),后者现在得到了广泛应用。PAM 和 BLOSUM 矩阵来自相关蛋白质的序列比对。BLOSUM - xx 符号矩阵是基于分歧不低于xx%的序列块。BLAST 的默认矩阵为 BLOSUM 62,它是基于对不少于 62%分歧的序列比较计算得到。

2.3.1.3　空位罚分函数

简单评分方案的重要延伸是引入空位罚分函数,而不是引入恒定的空位罚分。一个简单的线性空位函数为

$$G(x) = a + bx$$

其中,x 是空位长度,而 a 和 b 分别是空位起始和空位延伸的罚分。空位罚分随空位的长度而线性增加。用于 BLAST 的线性空位罚分函数(Altschul *et al*.,1990;Altschul *et al*.,1997)有一项特别优势,也就是说,它允许比对完成时间与 MN 成比例,其中 M 和 N 为待比的两个序列的长度。

从生物学观点看,有两个独立空位($x = 1$)的比对不等同于有一个空位长度 $x = 2$ 的比对。空位起始罚分考虑了这一因素。另一方面,当空位较大时,针对空位长度的空位罚分的线性增加可能会导致碎片的比对。因此基于对数线性模型的空位长度罚分可能更适用(Gu and Li,1995)

$$G(x) = a + b\ln x$$

2.3.1.4　序列谱比对

序列谱比对能将一个序列(T)比对到一组已经对齐的序列(S),或对两组序列(S_1 和 S_2)进行比对。如下文所示,这是多重序列比对算法,如 CLUSTAL 的关键步骤。在序列谱比对的各种方法中,最简单的是从 S 获得一个一致序列,然后采用配对比对法与 T 进行比对。在插入空位时必须符合 S 中的所有序列。

寻找一致序列方法的合理延伸是采用一个位点特异性的频率谱来代

表 S。也就是说,用反映位点特异性频率分布的 $N \times L$ 矩阵代表 S,其中:N 为符号数(例如,对于 20 种氨基酸加空位而言,$N = 21$),L 则为序列长度。下一步是要基于给定的评分方案通过动态规划运算对两组序列进行比对,而不是两个序列。

2.3.2 基于引导树的多重序列比对:Clustal

虽然是配对序列比对的一种扩展,然而多重序列比对的计算十分困难,问题的核心涉及 NP-完全的组合优化问题。然而,大量基于启发式算法的生物信息学工具可用于对数目较多的序列进行比对。

采用这种方法的典型就是 Clustal 家族的程序(Higgins and Sharp,1988;Thompson *et al*.,1994;Higgins *et al*.,1996)。运用 Clustal 进行 N 序列的多重比对包括 3 个主要步骤。首先,采用动态规划算法进行 $N(N-1)/2$ 次配对序列比对。对于每次配对比对,均计算比对分值。其次,将配对分值转换成序列相似性的距离量度,采用邻接法(Saitou and Nei,1987)构建引导树。第三,沿着引导树的节点渐次进行配对比对或序列谱比对。

前两个步骤很简单,最后的步骤则基于引导树。多重比对开始于最相似的序列,比如说 seq1 和 seq2,对应内部节点-(1, 2)。因此,我们首先移动至内部节点-(1, 2),然后比对 seq1 和 seq2,由此创建一个代表已对齐的 Seq1 和 Seq2 的序列谱。将对齐的 Seq1 和 Seq2 看作一个新的(组合)序列,多重比对的序列数减少至 $N-1$。下一轮的比对就是要在 $N-1$ 序列中找到最相似的序列。

需要注意的是,从最相似的序列启动,能够最大限度地减少比对误差在随后的比对中扩散。错误的引导树会使随后的比对出现偏移。然而,尽管在 Clustal 中基于比对分值构建的引导树是比较粗放的,但是最终的多重比对输出仍然是相当稳健的。

2.4 微阵列和统计学

2.4.1 微阵列数据的类型

微阵列是一种用于同时测量数以千计基因 mRNA 水平的技术。由于微阵列数据的高度并行性,用于分析这些数据的统计方法通常是十分复杂的。微阵列数据能用以说明的基本问题包括哪些基因在给定样本中表达,以及哪些基因在不同样本之间差异表达。主要有以下两种类型。

点阵列 微阵列是被"印刷"了数千个点的玻片或尼龙膜,其中每个点包含针对一个特定基因的探针。点阵列探针的长度至少是 70 个核苷酸。由于许多基因可能在序列水平上共享一些共同的特点,因而探针选择的要求是要避免含糊代表一个以上的基因,以尽可能降低"交叉杂交"的效应。有两种选择探针的主要方法:第一种方法是从 cDNA 克隆文库中进行选择,如 EST 数据库;第二种方法是从基因组序列开始,这目前已适用于许多物种。选择的探针序列要尽可能是基因特有的,以最大程度地减少交叉杂交。然后,根据选定序列合成寡核苷酸探针点到阵列上。为了控制斑点变化的高噪声,往往会采用不同的染料标记参考样本,例如,用 Cy3(绿色)标记样本,用 Cy5(红色)标记参考标本。这种所谓的"双通道"阵列是目前最常用。

Affymetrix 阵列 Affymetrix 公司采用约 20 个碱基长度的"匹配"探针,每个基因对应一套(10 至 20 个)不同的探针,每个探针均匹配 mRNA 不同的片段。探针及其错配体被称为"探针对"(用 PM 表示完全匹配,用 MM 表示错配),一般每个基因有 10 至 20 个探针对。

2.4.2 噪音源

生物学变异 生物学变异是来自不同群体细胞的生物样品的自然变化。因此,要用足够的生物学重复来减少这种变化。最新的技术改进降低了成本并显著提高了效率。然而,从统计学角度考虑 3~20 个生物学重复仍然存在着小样本的问题。

实验性变异 实验性变异是实验过程中由技术因素导致的差异。① 阵列特异性效应:这可能是随机性的阵列-阵列(array-to-array)或特异性的变化。② 基因特异性效应:在阵列中成千上万的基因之间,杂交条件可能会存在相当大的差异。③ 染料特异性效应:荧光染料掺入的变化。即使对于相同的转录本,两种染料的掺入情况可能是不同的。④ 背景噪音、实验假象和制备效应:在阵列上总是有较低水平的背景发光,如灰尘、划痕、污迹等。

校正系统偏差的归一化 一些类型的噪音/变化会导致系统偏差,这可通过数据归一化来进行校正。然而,并不能完全消除许多非系统性的来源。例如,那些来自背景噪音水平的偏差可能会妨碍用微阵列检测低水平表达的基因。此外,由于双通道程序涉及比例计算,因此对那些表达强度与背景水平相当的点,计算过程将引入大量变异假象。

2.4.3 多基因问题

微阵列通常不用于确定单一的基因是否能够在两种条件下差异表达,因为它比其低通量分析方法,如 RT - PCR 技术,会产生更多的噪音和不可靠数据。相反,微阵列技术适合于检测在两种条件下差异表达的一组基因。为此,统计学面临的挑战是定义一个过程,这一过程能够给出可接受的假阳性和假阴性率对照。

2.4.3.1 一些基本概念

排序表 一个用于帮助寻找差异表达基因的简便方法是进行基因排序。例如,可以按表达差异绝对值的降序进行排序。然而,统计上合理的方法是按照统计学 P 值来对基因进行排序。应当指出的是,这些估计的 P 值都是粗略的,因为一些统计检验假设可能并不是有效的。

t -统计值 如果每个基因(对数转换的)表达水平都是正态分布的且在两种条件下有相等的方差,则标准 t -检验是适当的。也就是说,具有较高 t -统计值(绝对值)的基因是更显著表达的基因。然而,在实践中,这种正态和等方差可能并不存在。尽管如此,t -统计值仍被广泛使用,因为它一般情况下对违背这些假设而言是稳健的。有些研究则对 t -统计值进行调校。例如,Storey 和 Tibshirani(2003)在 t -统计值的分母中引入一个校正因子来尽量减少基因依赖性。

总体错误率(FWER)和错误发现率(FDR) 在单个基因的情况下,零假设通常是指两种实验条件之间的表达水平无任何差异。我们将把个别基因的零假设称作基因(gene-wise)零假设。在多基因的情况下,我们关注如何通过控制假阳性事件数来预测差异表达基因。确定假阳性率有两种普遍的方法:第一种是总体错误率(FWER),它是在预测数据中至少有一个假阳性的概率。众所周知,最简单的 FWER 法是 Bonferroni 校正。第二种被广泛用于微阵列分析的方法是错误发现率(FDR),这种方法由 Benjamini 和 Hochberg(1995)引入,它是基于含有错误预测的预测集的预期比例。大多数控制 FWER 或 FDR 的程序开始于基因-基因(gene-by-gene)P 值,然后逐步调整。

2.4.4 错误发现率(FDR)

2.4.4.1 定义

在实践中,微阵列已被用于预测只占整个基因集 1% 的差异表达基因。在这种情况下,计算预测基因集的 FDR 是必要的。要记住,FDR 从根本上不同于 P 值,且具有非常不同的用途。P 值通常被用于评估结果的显著水平,它必须有严格的界定,如小于 0.05;而 FDR 被普遍用作一种选择工具,取决于分析目的。

拒绝零假设的预测基因集。设 V 为零假设是真实的(或错误拒绝的)基因数,而 S 是零假设为错误(或正确拒绝)的基因数。设 $R = V + S$,数量 Q 定义为

$$Q = V/R \tag{2.5}$$

如果 $R > 0$,或者如果 $V = R = 0$,则 $Q = 0$。

由 $E(Q)$ 定义的错误发现率(FDR)可以写成 $E(V/R \mid R > 0)Prob(R > 0)$,Storey(2002)提出了"假阳性发现率",用 $pFDR$ 表示,则

$$pFDR = E(V/R \mid R > 0)$$

$pFDR$ 不同于 FDR 之处在于不包括 $Prob(R > 0)$ 项,而是考虑了事件的条件 $R > 0$。虽然采用 $pFDR$ 有一些理论优势,但它们在实际的数据分析过程中几乎是相同的。

2.4.4.2　Benjamini 和 Hochberg 的方法

由 Benjamini 和 Hochberg(1995)所提出的控制 FDR 的方法是在 g 个零假设条件下,由 g 检验得到的基因—基因 P 值开始。假设这些 P 值是独立的。设 g_0 是零假设为真时的检验数。对于那些零假设为真的检验,个别 P 值遵循一种均匀分布。不失一般性,设 $H_1, \cdots, H_{g0}$ 为真零假设,而 $H_{g0+1}, \cdots, H_g$ 为假零假设。

另一方面,g 个独立假设检验给出 g 个检验 P 值,分别表示为 $P_1, \cdots, P_g$,每个 P_i 都是一个随机变量,其观测值由 p_i 提供。设 $P_{(i)}$ 为这些 P 值的第 i 最小值,使 $P_{(1)} \leqslant, \cdots, \leqslant P_{(g)}$。设 $H_{(i)}$ 为相应于 $P_{(i)}$ 的假说。然后,Benjamini-Hochberg 检验按如下程序进行。设 q_i 为

$$q_i = \frac{i}{g}\beta, \ i = 1, \cdots, g$$

其中,β 为期望的错误发现率。设 k 为最大 i,以便 $p_{(i)} \leqslant q_i$,其中 $p_{(i)}$ 是 $P_{(i)}$ 的观测值。如果没有值 i,使得 $p_{(i)} \leqslant q_i$,那么我们接受所有的 g 个零假设。如果 $k \geqslant 1$,我们就拒绝零假设 $H_{(1)}, \cdots, H_{(k)}$,而接受其他假设。此外,Benjamini 和 Hochberg(1995)已经表明

$$E(Q) = \frac{g_0}{g}\beta \qquad (2.6)$$

因此,无论 g_0 值如何,均有 $E(Q) \leqslant \beta$。

2.4.4.3 微阵列的统计分析(SAM)法

Benjamini 和 Hochberg 的方法有几个缺点。首先,这些估计的 P 值通常是不准确的;其次,这种检验过程假设检验都是独立的,但在实际微阵列分析中这是不可能成立的;第三,真正的 FDR(β)无法进行估算,因为这个程序控制了 Q 的均值低于或等于 $(g_0/g)\beta$。最近的一些研究(Tusher *et al*.,2001;Storey and Tibshirani,2003)已讨论了如何通过采用排列法(模拟抽样)解决这些问题。如上所述,见式(2.5),FDR 被定义为 V/R 的平均比值。虽然自举重采样能够提供 R 分布的估计值,但 V/R 比率分布的估计已经被证明是一项艰巨的任务。相反,统计人员考虑了 $E(V)/R$,可以通过排列法粗略估计 V 的均值,而 R 则可以从检验过程中得知。

一种流行的用于估算 FDR 的排列方法被称为 SAM 法,由 Tusher 等(2001)所建议。对于基因 $i=1,2,\cdots,g$,它通过向标准 t-统计值的分母加入正数 s_0,计算一种类似 t 的统计值 $d(i)$。然后,将 g 基因按照其各自的 $d(.)$ 值进行排序,并更改基因标志,将具有最大 $d(.)$ 值的基因标记为基因-1,具有第二大 $d(.)$ 值的基因标记为基因-2,以此类推。后续过程类似于最初的 Benjamini 和 Hochberg 法。

2.4.5 多基因的 ANOVA 分析

目前已有许多可用于微阵列分析的 ANOVA 模型。通常认为微阵列表达水平并没有正态分布。在实践中,在假设对数拥有正态分布或接近正态分布的情况下,表达水平的对数(X)已被常规使用。作为例证,Kerr 和 Churchill(2001)的模型可以简洁地表示为

$$X_{ijkg} = \mu + A_i + \delta_j + \tau_k + \gamma_g + B_{ig} + \psi_{kg} + e_{ijkg} \qquad (2.7)$$

其中,X_{ijkg} 是阵列 i、染料 j、组织类型 k 和基因 g 的阵列中一个基因表达水平的对数;A_i 是由于阵列 i 而产生的随机效应;δ_j 是由于染料 j 而产生的固定效应;τ_k 是由于组织类型 k 而产生的固定效应;γ_g 是由于基因 g 而产生的固定效应;B_{ig} 和 ψ_{kg} 分别代表随机阵列×基因和(固定的)组织×基因的相互作用;最后,随机变量 e_{ijkg} 是误差项。

任何微阵列分析的 ANOVA 模型均聚焦于处理×基因的相互作用。

如果这种相互作用的 F-比率检验是显著的,我们有强有力的证据表明一些基因在不同组织中差异表达。文献中可发现很多的微阵列 ANOVA 设计。

2.5　马尔可夫链蒙特卡罗(MCMC)

直到最近,许多计算工具的应用仍因计算困难而受到阻碍。就生物信息学分析总体框架中的贝叶斯方法而言,先验和似然值(概率模型)是很容易计算的,但涉及多维积分的归一化常数是难以计算的。马尔可夫链蒙特卡罗(MCMC)算法的发展提供了强大的实现贝叶斯计算的方法。

2.5.1　Metropolis‐Hastings

由 Metropolis 等(1953)提出的算法目标是生成一个马尔可夫链。这种马尔可夫链的状态由参数 θ 表示,而稳态(平稳)分布为

$$\pi(\theta) = f(\theta \mid D)$$

等式的右边是给定数据 D 的 θ 后验分布。对于当前表示为 θ 的马尔可夫链状态,Mestropolis 算法通过特定的密度或跳跃核函数 $q(\theta^* \mid \theta)$ 给出一种新的状态 θ^*,这是对称的,即 $q(\theta^* \mid \theta) = q(\theta \mid \theta^*)$。简单的跳跃核是围绕 θ 的均匀分布,可写为 $q(\theta^* \mid \theta) = U(\theta - \omega/2, \theta + \omega/2)$。窗口大小 ω 控制着所采取步长。下一步就是确定候选 θ^* 是否可以接受。如果新的状态 θ^* 是可接受的,则链移动至 θ^*;如果被拒绝,则链停留在当前状态 θ。接受的概率是

$$\alpha = \min\left[1, \frac{\pi(\theta^*)}{\pi(\theta)}\right]$$

即在状态一个随机方向的随机一步被选择。如果这一步是"向上的",即 $\pi(\theta^*) > \pi(\theta)$,则它总是以 1 的概率被采用。这一步是"向下的",即 $\pi(\theta^*) < \pi(\theta)$,则它以 $\alpha = \pi(\theta^*)/\pi(\theta)$ 的概率被接受,或以 $1 - \pi(\theta^*)/\pi(\theta)$ 的概率被拒绝。

在不同情形下重复这个过程,包括接受或拒绝,由此产生一个所谓的马尔可夫链,因为这些值满足马尔可夫属性,即"给定当前状态,未来与过去无关"(系统的下个状态只与当前状态信息有关,而与更早之前的状态

无关）。Metropolis 等(1953)已经表明,只要提议的跳跃核 $q(. | .)$ 指定了一条不可约的和非周期性的链,则这条马尔可夫链将 $\pi(\theta)$ 作为平稳分布。换句话说,应该允许链从任何状态开始,并能够达到所有可能的状态,而且该链不应是一个周期。

Hastings(1970)扩展了 Metropolis 算法,以允许使用不对称的提议密度作为跳跃核,也就是说,$q(\theta^* | \theta) \neq q(\theta | \theta^*)$。这涉及在计算接受概率的过程中的一种简单校正。

$$\alpha = \min\left[1, \frac{\pi(\theta^*)}{\pi(\theta)} \times \frac{q(\theta | \theta^*)}{q(\theta^* | \theta)}\right]$$

2.5.2 后验分布的计算

当 MCMC 算法被用来拟合参数 θ 后验分布时,我们有

$$\pi(\theta) = f(\theta | D) = \frac{f(\theta)f(D | \theta)}{f(D)}$$

以使

$$\frac{\pi(\theta^*)}{\pi(\theta)} = \frac{f(\theta^*)f(D | \theta^*)}{f(\theta)f(D | \theta)}$$

重要的是取消了归一化常数 $f(D)$。因此,接受概率是

$$\alpha = \min\left[1, \frac{f(\theta^*)}{f(\theta)} \times \frac{f(D | \theta^*)}{f(D | \theta)} \times \frac{q(\theta | \theta^*)}{q(\theta^* | \theta)}\right]$$
$$= \min\left[1, \text{先验比} \times \text{似然比} \times \text{建议比}\right]$$

MCMC 算法用于贝叶斯分析时,先验比 $f(\theta^*)/f(\theta)$ 很容易计算,似然比 $f(D | \theta^*)/f(D | \theta)$ 往往也容易计算,尽管计算量很大。建议比 $q(\theta | \theta^*)/q(\theta^* | \theta)$ 很大程度上影响了 MCMC 算法的效率,因此很多精力被用于开发更好的算法。

第三章 基因重复后的功能
分化：统计学模型

很多生物在进化过程中经历了全基因组或局部染色体重复事件（Ohno，1970；Holland *et al.*，1994；Wolfe and Shields，1997；Gu and Nei，1999；Dermitzakis and Clark，2001；Gu *et al.*，2002b；Su *et al.*，2006；Xu *et al.*，2009），结果导致在基因组中很多基因具有在功能上不同程度分化的旁系同源基因簇（基因家族）。基因重复被认为是功能创新的基础，因此有必要基于基因家族的序列分析，找出那些对功能分化有贡献的氨基酸位点。几种计算方法已被用来识别这些位点（如 Casari *et al.*，1995；Lichtarge *et al.*，1996；Livingstone and Barton，1996；Landgraf *et al.*，2001）。由于绝大多数氨基酸替换与基因功能分化并不相关，仅仅反映了中性进化，于是如何通过统计学的方法来区分这两种替换成了一个至关重要的问题。Gu(1999，2001a，2001b，2006)开发了一系列的统计学模型，这些模型基于这样一个原则：基因重复之后，重复基因之间的功能分化与它们进化速率的改变高度相关。本章着重讨论这些统计和计算方法，下一章将介绍使用这些方法研究生物学问题的个案。

3.1 功能分化建模

以一个基因家族的多重比对序列为例，该基因家族包含两个重复基因簇——簇 1 和簇 2(图 3.1)。虽然在以往的文献中采用了各种不同的术语，但一个基因家族中的氨基酸位点权且可分为 4 种类型。

（1）0-型：该类型位点的氨基酸在整个基因家族中普遍很保守，意味着这些位点对重复基因享有的一般功能至关重要。

（2）I-型：该类型位点的氨基酸在重复基因簇 1 中非常保守，但在基因簇 2 中却是多变的，反之亦然。意味着该类型位点经历了功能限制的转变。

（3）II-型：该类型位点的氨基酸在各自的基因簇中都非常保守，但生

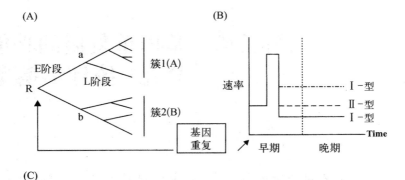

图3.1 （A）基因重复后两个基因簇。E和L分别是基因簇1和基因簇2在重复后的早期和晚期阶段。（B）在基因重复后的Ⅰ-型和Ⅱ-型的功能分化。在早期阶段，因为与功能分化相关的改变，进化速率（如在基因簇1中）会上升，但是在晚期阶段，进化速率可能比原始进化速率高（或低），导致在基因簇1和基因簇2功能约束的改变或者是Ⅰ-型功能分化。如果在晚期阶段，进化速率回到了它的初始状态，在簇1和簇2之间就不会观察到功能约束的改变或者是Ⅱ-型的功能分化。（C）一个假设的多重序列比对显示保守的位点（0-型）、Ⅰ-型和Ⅱ-型功能分化的氨基酸模式和U-型的位点（未分类）。引自Gu(1999)和Gu(2001b)。

化特性迥异，如带正电或带负电。这些位点也许与基因功能的特化相关。

（4）U-型：该类型位点的氨基酸无法被归类于以上3类，比如在两个簇中都非常多变的位点。

根据进化理论，不同重复拷贝间的功能分化通常发生在重复事件后的早期阶段，因此，可以构想功能分化的两种基本机制。

（1）Ⅰ-型功能分化：假定不同重复基因的功能分化导致某些位点上功能

限制的转变（如：不同的进化速率），或是产生了Ⅰ-型氨基酸式样。如果一个位点与Ⅰ-型功能分化有关，我们称之为F_1位点，我们假定该位点的进化速率在不同重复基因簇间是独立的。换句话说，我们无法基于一个重复基因F_1位点的功能限制来预测另一个重复基因相应位点的功能限制。

（2）Ⅱ-型功能分化：假定不同重复基因的功能分化导致在某些位点上产生Ⅱ-型的氨基酸式样。如果一个位点与Ⅱ-型功能分化有关，我们称之为F_2位点，我们假定该位点在基因重复后的早期阶段和晚期阶段，它的进化速率是分离的。当由激进氨基酸替换导致Ⅱ-型功能分化时，两个重复基因可以保持相似水平的序列保守性。

接下来，我们讨论用于检测重复基因功能分化的统计学方法。我们将特别关注两点：重复基因功能分化是否在统计学上显著？如果显著，我们该如何预测导致功能分化的氨基酸位点？

3.2　Ⅰ-型功能分化的泊松模型

3.2.1　二态模型

以包含两个重复基因簇的基因家族为例（图3.1）。对每个重复基因簇来说，通常认为在这个簇中的直系同源基因在功能上是等同的，暗示位点的进化速率保持恒定，虽然不同位点也许在进化速率上有差异。因为没有考虑分子钟、谱系特异性因素，例如世代的时间效应（Wu and Li，1985），将不会影响我们的结果。在不失普遍性的情况下，将基因簇1和基因簇2的进化速率分别用λ_1和λ_2表示。

在理想的情况下，我们已经确切地知道哪些位点与Ⅰ-型功能分化有关。于是，所有位点可以被分为两类：

（1）F_0（与功能分化无关）：F_0-位点的进化速率（λ）在两个重复基因簇中是相同的，表明不存在功能限制的转变，也就是，$\lambda_1 = \lambda_2 = \lambda$。

（2）F_1（与Ⅰ-型功能分化相关）：F_1-位点的进化速率在两个重复基因簇之间是不相关联的，因为这些位点经历了功能限制的转变。结果是λ_1与λ_2相互独立。

然而，在实际情况中，我们并不知道每个位点到底是属于哪一类。这个问题可以借助二态概率模型来解决：属于F_1状态的氨基酸位点的概率

是 $P(F_1)$，属于 F_0 状态的概率是 $P(F_0)$。我们使 $\theta_I = P(F_1)$，称之为 I-型功能分化系数。当 θ_I 值从 0 增长到 1，表示两个重复基因簇之间的功能分化程度从弱到强。因此基于 θ_I，我们可以构建一个统计检验来评估基因重复后 I-型功能分化的显著性。例如：零假设是 $\theta_I = 0$，相对的备选假设是 $\theta_I > 0$。为此，我们应开发用于基因家族进化分析的统计模型。

3.2.2　蛋白质序列进化的泊松–伽玛模型

蛋白质序列进化的一个简单模型就是泊松过程。对一个给定的位点，在基因簇 1 中该位点氨基酸突变的次数用 X_1 表示，在基因簇 2 用 X_2 表示，X 服从泊松分布。$X_i = k$ 突变次数的概率可以通过下列方程式得到

$$p(X_i \mid \lambda_i) = \frac{(\lambda_i T_i)^{X_i}}{X_i!} e^{-\lambda_i T_i}, \quad i = 1, 2 \tag{3.1}$$

其中，T_1 和 T_2 分别表示基因簇 1 和基因簇 2 总的进化时间。

为了应用式(3.1)，我们必须知道在每个基因簇中每个位点的变化次数。然而，这两个数字(X_1 和 X_2)无法从多重比对序列中直接观察到，一个常用的解决方法就是使用最少的必要突变次数(m)作为近似值，m 可以用简约法基于系统发生树进行推算(Fitch, 1971)。但是 m 对于真实突变次数来说是一个有偏估计，因为它没有考虑多次重复突变的可能性。这种简约法的偏差可用 Gu 和 Zhang(1997)开发的方法来修正，参见 1.9 节。他们显示当系统发生关系已知时，一个给定位点的预期变化数($X = X_1$ 或 X_2)是下列似然方程的非负解：

$$\sum_{i=1}^{M} \frac{\delta_i b_i}{1 - e^{-\hat{X} b_i / B}} = 1 \tag{3.2}$$

其中，B 是基因簇的总枝长，b_i 是第 i 枝的长度，$i = 1, \cdots, M$(M 是总的分支数)；如果在第 i 枝上有一个氨基酸突变，$\delta_i = 1$；否则 $\delta_i = 0$。计算机模拟显示这个经过修正的突变次数的估算值是一个渐进无偏估计量。这里，我们提及两个有趣的特殊情况：① 无偏估计量枝长较短时 $\hat{X} \approx m$；② 枝长相同时 $\hat{X} = -M \ln(1 - m/M)$。

由于不同氨基酸位点受到的功能限制不同，不同位点的进化速率(λ)也有差异(Kimura, 1983)。鉴于每个位点的进化速率通常是未知的，一个常用的做法就是假设位点间的速率变化服从一个特殊的分布(Uzzel and

Corbin, 1971；Yang, 1993；Gu *et al*., 1995)。例如，被广泛使用的伽玛分布

$$\phi(\lambda) = \frac{\beta^{\alpha}}{\Gamma(\alpha)} \lambda^{\alpha-1} e^{-\beta\lambda} \tag{3.3}$$

其中，$\lambda = \lambda_1$ 或 λ_2。形状参数 α 描述了位点间速率变异的程度，而 β 只是一个标量。由于 $1/\sqrt{\alpha}$ 是 λ 的变异系数，因此 α 值越大，速率变异就越小；当 $\alpha = \infty$ 时，意味着位点间的进化速率是一致的。

3.2.3 似然函数

我们的目标是获得基因簇 1 和 2 中氨基酸突变次数的联合的分布 $P(X_1, X_2)$。我们采用分层建模方法，该方法从一个单独的位点开始，该位点在基因簇 1 和 2 中的进化速率分别是 λ_1 或 λ_2。由于这两个基因簇都是单起源的，或在系统发生上是独立的(图 3.1)，我们可以合理地假设氨基酸替代在这个位点上是两个独立的泊松过程，$p(X_1|\lambda_1)$ 和 $p(X_2|\lambda_2)$，于是 X_1 和 X_2 的联合分布为

$$P(X_1, X_2 \mid \lambda_1, \lambda_2) = p(X_1 \mid \lambda_1) p(X_2 \mid \lambda_2)$$

下一步就是积分出进化速率 λ_1 和 λ_2，根据式(3.3)的伽玛分布 $\phi(\lambda)$，这两个值在不同位点间是有差异的。但是，在 I-型功能分化的二态模型下，λ_1 和 λ_2 的相关性在不同状态下是不同的。首先，考虑 F_0 的状态。在这个状态下，位点与功能分化无关，意味着 $\lambda_1 = \lambda_2 = \lambda$ 成立。因此在 F_0 状态下，X_1 和 X_2 的联合分布可以通过下式给出

$$P(X_1, X_2 \mid F_0) = \int_0^{\infty} p(X_1 \mid \lambda) p(X_2 \mid \lambda) \phi(\lambda) d\lambda$$

设 D_1 和 D_2 分别代表基因簇 1 和 2 中每个位点的平均氨基酸突变次数。从式(3.1)到式(3.3)，Gu(1999)已经显示对于 $X_1 = i$ 和 $X_2 = j$，$P(X_1, X_2 \mid F_0) = K_{12}(i, j)$，这里

$$K_{12}(i, j) = \frac{\Gamma(i+j+\alpha)}{i!j!\Gamma(\alpha)} \left(\frac{D_1}{D_1 + D_2 + \alpha} \right)^i$$
$$\times \left(\frac{D_2}{D_1 + D_2 + \alpha} \right)^j \left(\frac{\alpha}{D_1 + D_2 + \alpha} \right)^{\alpha} \tag{3.4}$$

然后，我们考虑 F_1 的状态。在这个状态下，位点与功能分化有关，意味着 λ_1 和 λ_2 相互独立。由此得出在 F_1 状态下，X_1 和 X_2 的联合分布为

$$P(X_1, X_2 \mid F_1) = P(X_1 \mid F_1) \times P(X_2 \mid F_1)$$

对于每个基因簇，在 F_1 状态下突变次数的分布（$X = X_1$ 或 X_2）可以通过下式得到

$$P(X \mid F_1) = \int_0^\infty p(X \mid \lambda)\phi(\lambda)\mathrm{d}\lambda$$

类似于式（3.4）的推导，对于 $X_1 = i$，可以得到 $P(X_1 \mid F_1) = Q_1(i)$，这里

$$Q_1(i) = \frac{\Gamma(i+\alpha)}{i!\Gamma(\alpha)}\left(\frac{D_1}{D_1+\alpha}\right)^i\left(\frac{\alpha}{D_1+\alpha}\right)^\alpha \tag{3.5}$$

类似地，对于基因簇 2（$X_2 = j$），我们可以得到 $P(X_2 \mid F_1) = Q_2(j)$，这里 $Q_2(j)$ 与 $Q_1(i)$ 的方程式是一样的，除了用 D_2 代替 D_1。

在功能分化的二态模型下，把以上的方程式组合在一起，我们就可以得到 X_1 和 X_2 的联合分布

$$P(X_1, X_2) = P(F_0)P(X_1, X_2 \mid F_0) + P(F_1)P(X_1, X_2 \mid F_1)$$

由于 $P(F_1) = \theta_{\mathrm{I}}$，$P(F_0) = 1 - \theta_{\mathrm{I}}$，我们可以得到解析结果

$$P(X_1, X_2) = (1 - \theta_{\mathrm{I}})K_{12} + \theta_{\mathrm{I}}Q_1Q_2 \tag{3.6}$$

该式提供了用于估计 I-型功能分化系数的统计学基础。

3.2.4　最大似然估计（MLE）

在位点 k，设 $P(X_1 = i_k, X_2 = j_k)$ 为 $X_1 = i_k$ 和 $X_2 = j_k$ 的概率。然后，给定两个基因簇在这些位点上变异的观察值，似然函数就可以写成

$$L = \prod_k P(X_1 = i_k, X_2 = j_k)$$

其中，有 4 个未知参数：D_1，D_2，α 和 θ_{I}，这些参数可以通过标准的最大似然法进行估算。使用恰当的初始值，最大似然法可以估算 D_1，D_2，α 和 θ_{I} 值以及它们近似的取样方差。

显然，我们最感兴趣的是 I-型功能分化系数 θ_{I} 是否显著大于 0。这个问题可以通过似然比检验（LRT）来解决：零假设是 $H_0: \theta_{\mathrm{I}} = 0$，相对的备选假设是 $H_A: \theta_{\mathrm{I}} > 0$。基于似然比（LR），统计量 $\delta = -2\ln(LR)$ 渐进地服从自由度为 1 的卡方分布（$\chi_{[1]}^2$）。

一个例子　铁传递蛋白是结合铁原子的运输蛋白，它可以结合两个三价铁原子（Fe^{3+}）。铁传递蛋白负责把铁原子从吸收位点和血红素降解位点转运到存储和利用的位点。在非哺乳类的脊椎动物中只有一个基因编码

铁传递蛋白。在哺乳动物中,发现有两个紧密相连的组织特异性基因来编码铁传递蛋白,一个编码血清铁传递蛋白(TF),另一个编码乳铁传递蛋白(LTF)。图3.2显示了用邻接法构建的铁传递蛋白基因家族系统发生树(Saitou and Nei,1987)。很明显,血清铁传递蛋白(TF)/乳铁传递蛋白(LTF)基因重复事件的发生时间早于哺乳动物辐射扩张,但是晚于鸟类和哺乳动物的分化时间,结果导致产生具有高自展值(100%)的两个重复基因簇。图3.3显示血清铁传递蛋白(TF)和乳铁传递蛋白(LTF)中每个位点氨基酸变异的期望值(X_1或X_2)。由此,我们得到最大似然估计$\theta_1=0.19\pm0.07$($P<0.01$)。因此,我们得出结论:与哺乳动物血清铁传递蛋白(TF)和乳铁传递蛋白(LTF)基因重复相关联的I-型功能分化在统计学上是显著的。

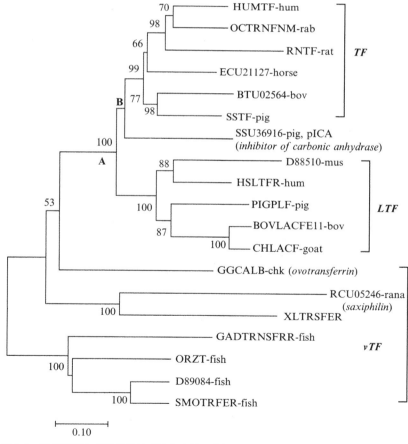

图3.2　铁传递蛋白基因家族的系统发生树。该树用邻接法推断,基于氨基酸序列和泊松距离,超过50%自展值显示在树上。引自Gu(1999)。

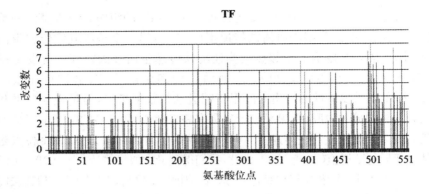

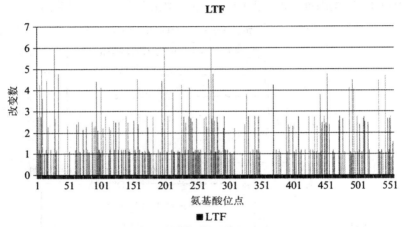

图 3.3 TF 和 LTF 基因在每个氨基酸位点上预期的位点改变数,采用 Gu 和 Zhang (1997)的方法来估算,该估算是基于图 3.2 中的系统发生树。引自 Gu(1999)。

3.2.5 预测重要的氨基酸残基

如果似然比检验能为基因重复后的 I-型功能分化提供重要的统计证据(如 $\theta_1 > 0$),那么统计预测哪些位点导致功能分化是非常有趣的。Gu(1999)已力图回答这个问题。给定两个重复基因簇中氨基酸突变的观察值,Gu 开发了一个位点特异性分布分析程序用于计算与功能分化相关的氨基酸位点的后验概率。

在功能分化二态模型中,每个位点有两种可能的状态 F_0 和 F_1。根据贝叶斯统计学观点,概率 $P(F_1)$ 和 $P(F_0)$ 被视作是先验的。换句话说,I-型功能分化系数 $\theta_1 = P(F_1)$ 是功能分化相关状态的先验概率。对于一个在基因簇 1 和 2 中分别有 X_1 和 X_2 次突变的位点,为了提供一个统计学基础来预测该位点更有可能处于哪一个状态(F_0 或 F_1),我们需要计算该位点属于 F_1 状态的后验概率,用 $P(F_1 \mid X_1, X_2)$ 来表示。根据贝叶斯定理,我们可以得到

$$
\begin{aligned}
P(F_1 \mid X_1, X_2) &= \frac{P(F_1)P(X_1, X_2 \mid F_1)}{P(X_1, X_2)} \\
&= \frac{\theta_I Q_1 Q_2}{(1 - \theta_I)K_{12} + \theta_I Q_1 Q_2}
\end{aligned} \tag{3.7}
$$

而 $P(F_0 \mid X_1, X_2) = 1 - P(F_1 \mid X_1, X_2)$。为简洁起见,设 q_k 是位点 k 的后验概率 $P(F_1 \mid X_1, X_2)$,$k = 1, \cdots, L$,这里 L 是位点的数目。从式 (3.7) 可以进一步得到下列关系式

$$
\theta_I = \sum_{X_1, X_2} P(X_1, X_2) \times P(F_1 \mid X_1, X_2) \approx \sum_{k=1}^{L} q_k / L \tag{3.8}
$$

因此,与功能分化相关的位点的概率可以看成是一个(加权的)Ⅰ-型功能分化系数谱。大致上,θ_I 是所有位点的平均后验概率。

例子 在实际运用中,我们使用最大似然估计值替代未知参数,这种方法通常被称为"经验贝叶斯法"。当计算了位点特异性分布(q_k)后,给定一个阈值,就可以鉴定那些与Ⅰ-型功能分化相关的位点。Gu(1999)分析了铁传递蛋白(TF/LTF)和 Myc(N-myc/C-myc)基因家族。例如,将位点特异性后验比 $[R_k = q_k/(1 - q_k)]$ 对应不同氨基酸位点作图,帮助预测与 N-myc 和 C-myc Ⅰ-型功能分化相关的位点(图3.4)。在这个例子中,最大似然估计值是 $\hat{\theta}_I = 0.39 \pm 0.08$。正如预期的那样,绝大多数氨基酸位点后验比值都非常低,意味着基因重复后它们的功能并没有改变。相反该图显示了只有很小一部分氨基酸残基对 N-myc 和 C-myc 的功能分化起到了影响。表 3.1 示在阈值 $R_k > 2.5$ 或 $q_k > 0.7$ 条件下潜在的功能分化相关位点。实际上,这些位点在 N-myc 和 C-myc 基因簇之间有非常不同的变异式样 X_1 和 X_2,例如:其中一个位点,在一个基因簇中没有任何突变,而在另一个基因簇中有多次的突变。这些预测位点可作为进一步实验研究的目标以确定它们的功能。

预测氨基酸位点的统计评估 通过一个简单的阈值,如后验概率 $q_k > 0.7$,就能鉴定与Ⅰ-型功能分化相关的位点。由于阈值的确定或多或少都是武断的,所以需要进行统计评估。设 L_c 为阈值为 $q_k \geqslant c$ 时预测出来氨基酸位点数目。这样,错误发现率 $FDR(c)$ 可以大致通过下式

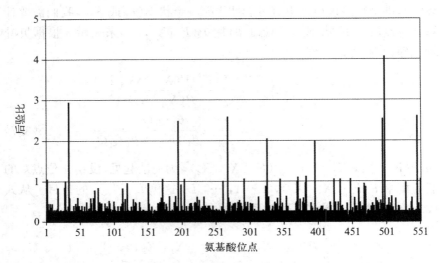

图 3.4 用于预测 TF 和 LTF 之间 I-型功能分化重要氨基酸的位点特异性谱（R_k），基于后验比率预测重要氨基酸。引自 Gu(1999)。

得出

$$FDR(c) = 1 - \sum_{k \in C} q_k / L_c$$

其中，C 是所有 $q_k \geqslant c$ 位点的集合。大致上，错误发现率（FDR）代表在阈值 C 下预测的氨基位点中与 I-型功能分化不相关的位点的比例。类似地，漏检率 $FNR(c)$ 可以用以下方程式定义

$$FNR(c) = \sum_{k \in C^*} q_k / (L - L_c)$$

其中，C^* 是所有 $q_k < c$ 位点的集合，其大致代表没有被预测出来，但实际是与 I-型功能分化相关的位点的比例。表 3.1 列出了在 N-myc 和 C-myc 例子中后验比最高的 17 个位点的错误发现率和漏检率。基于 q_k 或 R_k 排序之后可以看出，错误发现率与预测的位点数目明显相关，而相比之下漏检率则不敏感。这个现象的解释：在给定样本大小的序列数据中，只有很小一部分位点可以被有效地识别为 F_1-位点。实际上，在移除了表 3.1 中的那些位点之后，N-myc 和 C-myc 基因之间的 θ_I 就变得不显著了。因此，除非相当大的一部分位点被预测为功能相关位点，否则漏检率无法大幅降低，而大部分位点都与功能分化相关，这在生物学上是说不通的。因此，我们建议在给定的假阳性率下选取一个阈值 c。比如，我们可以在错误发现率 $FDR = 0.2$ 的标准下，选择表 3.1 中的 17 个位点作

为候选的 F_1-位点。

最宽泛的预测就是把所有的位点都作为 F_1-位点，这样做错误发现率也是最大的。在这个例子中，我们有 $FDR_{max} = 1 - \sum_k q_k/L \approx 1 - \theta_I$。显然，任何非平凡预测都可以减小错误发现率，提高预测的准确度。我们建议姑且使用下面的指数来测算在阈值为 c 的情况下，预测精度提高了多少倍。

$$PA_c = \frac{1 - FDR(c)}{1 - FDR_{max}}$$

在 N-myc/C-myc 基因例子中，表 3.1 显示，只要阈值 $q_k > 0.7$，PA 指数大约是 2~2.5 倍。如果只选择有最高后验概率的位点并用 q_{max} 表示，我们可以得到预测能力的上限 $PA_{max} = q_{max}/\theta_I \leqslant 1/\theta_I$，因为 $q_{max} \leqslant 1$ 总是成立的。

表 3.1　C-myc 基因和 N-myc 基因之间预测的 I-型功能分化相关氨基酸位点和这些位点的统计估值（$\theta_I = 0.39$）

	位点	X_1	X_2	R_k	FDR	FNR	PA
1	253	7.5	0	23.6	0.041	0.388	2.46
2	245	7.0	0	18.5	0.046	0.386	2.45
3	50	0	7.0	14.0	0.053	0.384	2.43
4	176	5.1	0	7.8	0.068	0.382	2.39
5	179	0	4.6	5.1	0.090	0.380	2.33
6	95	0	4.6	5.1	0.102	0.379	2.30
7	244	0	4.5	5.0	0.112	0.377	2.28
8	149	0	4.4	4.8	0.119	0.375	2.26
9	243	3.9	0	4.6	0.126	0.373	2.24
10	118	3.7	0	4.1	0.133	0.372	2.22
11	48	0	3.6	3.5	0.141	0.370	2.20
12	247	7.6	1.3	3.2	0.149	0.369	2.18
13	97	0	3.4	3.2	0.156	0.367	2.16
14	37	0	3.4	3.1	0.162	0.366	2.15
15	56	1.1	7.5	3.1	0.168	0.364	2.13
16	135	7.2	1.3	2.8	0.174	0.363	2.12
17	89	1.1	7.0	2.7	0.179	0.361	2.10

3.2.6　重复基因间进化速率相关性的减弱：关于 θ_I 的另类观点

以两个重复基因簇为例（图 3.1）。如果在基因重复事件后，所有的氨基酸位点都没有经历功能分化，那这两个重复基因的功能限制就不会转变，于是进化速率 λ_1 和 λ_2 在两个重复基因所有位点上是相等的。换句话说，λ_1 和 λ_2 之间的关联系数 r_λ 会非常接近于 1。很明显，某些位点功能限制的转变会导致不同的进化速率,从而使位点之间进化速率的相关性减弱,即:$r_\lambda < 1$。因此,两个重复基因簇之间功能限制的转变或 I-型功能分化可以用 λ_1 和 λ_2 之间的关联系数,即 r_λ 来度量。基于氨基酸替代的泊松模型,Gu(1999)表明了 r_λ 可以用下列方程式来计算

$$r_\lambda = \frac{\sigma_{12}}{\sqrt{(V_1 - D_1)(V_2 - D_2)}} \tag{3.9}$$

其中,D_1 和 V_1(或 D_2 和 V_2)分别是基因簇 1(或基因簇 2)中突变次数(X_1 或 X_2)的平均数和方差,而 σ_{12} 是基因簇 1 和 2 之间每个位点上的协方差。

在 I-型功能分化的二态模型下,进化速率 λ_1 和 λ_2 服从相同的分布。因此,很容易证明 λ_1 和 λ_2 的方差是相等的,即 $Var(\lambda_1) = Var(\lambda_2) = Var(\lambda)$,$\lambda_1$ 和 λ_2 之间的协方差是 $(1-\theta_I)Var(\lambda)$。从这个简单的论证可以直接得到 r_λ 和 θ_I 之间下列简单的关系式

$$r_\lambda = 1 - \theta_I \tag{3.10}$$

因此,I-型功能分化系数也可以理解为是两个重复基因簇减弱的速率相关系数。而且,它提供了一个"无模型"的方法,通过 $1-r_\lambda$ 来估算 θ_I,因为它不需要任何特定的功能分化模型。在这个例子里,Gu(1999)推导出了抽样方差的近似等式

$$Var(\hat{\theta}_\lambda) \approx \frac{1}{L-3} \left(\frac{1-r_X^2}{r_M} \right)^2 \tag{3.11}$$

其中,L 是位点的数目,$r_X = \sigma_{12}/\sqrt{V_1 V_2}$ 和 $r_M = \sqrt{(1-D_1/V_1)(1-D_2/V_2)}$。参见表 3.2 中有关 TF 和 LTF 两重复基因簇"无模型"分析的结果。

表 3.2　TF 和 LTF 基因家族之间 I-型功能分化的无模型分析

D_1	1.17
D_2	0.86
V_1	2.87
V_2	1.49
σ_{12}	0.76
r_X	0.37
r_M	0.50
θ_I	0.26 ± 0.08
p - value	$< 10^{-3}$

注:基因簇 1 是 TF,基因簇 2 是 LTF。显著水平的计算使用了 Fisher 变换的方法(Gu, 1999)。

3.3 Ⅰ-型功能分化的马尔可夫链模型

3.3.1 马尔可夫链模型

Gu(2001b)建立了Ⅰ-型功能分化的马尔可夫链模型,该模型是分子系统发生分析的标准框架(Felsenstein,1981;Kishino *et al.*,1990)。在该模型里,给定时间段 t 的转置概率矩阵可以用方程式 $\mathbf{P} = e^{\lambda \mathbf{R} t}$ 计算得到,这里速率矩阵 $\mathbf{R}$ 代表了氨基酸替代的模式,其可以通过 Dayhoff 模型经验决定(Dayhoff *et al.*,1978)。缘于不同的功能限制,每个位点的进化速率可能不同。λ 通常被看作是随机变量,它服从伽玛分布 $\phi(\lambda)$,见式(3.3)。

以图 3.5 中的系统发生树为例。设 $X = (x_1, x_2, x_3, x_4)$ 和 $Y = (y_1, y_2, y_3, y_4)$ 为基因簇 1 和基因簇 2 的一个位点上所观察到的氨基酸的式样。对无根树中的基因簇 1 和基因簇 2 而言,一个位点上观测到 X 或 Y 的条件概率可分别表示为

$$f(X \mid \lambda) = \sum_{x_5=1}^{20} \sum_{x_6=1}^{20} b_{x_5} P_{x_5 x_1} P_{x_5 x_2} P_{x_5 x_6} P_{x_6 x_3} P_{x_6 x_4}$$

$$f(Y \mid \lambda) = \sum_{y_5=1}^{20} \sum_{y_6=1}^{20} b_{y_5} P_{y_5 y_1} P_{y_5 y_2} P_{y_5 y_6} P_{y_6 y_3} P_{y_6 y_4}$$

其中,$P_{ij} = P_{ij}(v_{ij})$ 是从节点 i 到节点 j 的转移概率,v_{ij} 是它们之间的枝长;b_i 是氨基酸 i 的频率。通过对随机变量 λ 求积分,在一个位点上观测到 X 的概率可以通过下式得到

$$p(X) = \int_0^\infty f(X \mid \lambda) \phi(\lambda) \mathrm{d}\lambda = E[f(X \mid \lambda_1)]$$

其中,E 代表期望值。类似地,我们也可以得到 $p(Y) = E[f(Y \mid \lambda_2)]$。

根据Ⅰ-型功能分化的二态模型,各 F_1 位点的进化速率(λ_1 和 λ_2)在统计学上是独立的,而 F_0 位点的进化速率则是完全相关联的($\lambda_1 = \lambda_2 = \lambda$)。因此,以 F_0 或 F_1 为条件的子树的联合概率可以由下式得到

$$f(X, Y \mid F_0) = \int_0^\infty f(X \mid \lambda) f(Y \mid \lambda) \phi(\lambda) \mathrm{d}\lambda = E[f(X \mid \lambda) f(X \mid \lambda)]$$

$$f(X, Y \mid F_1) = p(X) p(Y) = E[f(X \mid \lambda_1)] \times E[f(Y \mid \lambda_2)]$$

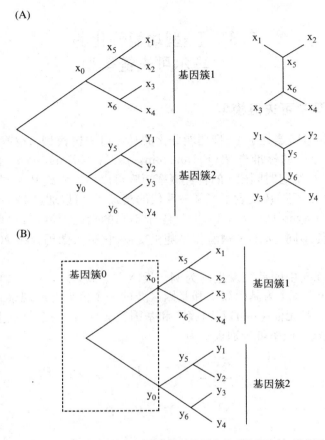

图 3.5　用于展示Ⅰ-型和Ⅱ-型功能分化的基因家族系统发生树,该基因家族有两个重复的基因簇。引自 Gu(2001b)。(A)基因簇 1 和基因簇 2 及相应的无根树。(B)基因簇 0(祖先簇)。

类似于式(3.6)的推导,这两个子树的联合概率可以由下式得到

$$p(X, Y) = (1 - \theta_{\mathrm{I}})f(X, Y \mid F_0) + \theta_{\mathrm{I}}f(X, Y \mid F_1) \quad (3.12)$$

因此,基于位点的独立性假设,所有位点(不包括空位)的似然函数可以由下式得到

$$L(\mathbf{x} \mid data) = \prod_k p(X^{(k)}, Y^{(k)}) \quad (3.13)$$

其中,k 代表位点,而 $\mathbf{x}$ 代表未知的参数。Gu(2001b)开发了一个实用程序,用以在给定系统发生关系的情况下获得 θ_{I} 的最大似然估计值。

（1）基因家族的系统发生树通过标准的构树方法得到。

（2）在给定拓扑结构的情况下，每个枝长（v）用最小二乘法估算，伽玛分布的形状参数（α）则通过 Gu 和 Zhang(1997) 的方法来估算。近似离散伽玛分布(Yang, 1994b)被用于计算似然法函数。

（3）把所有参数都看作常数，θ_I 的最大似然估计值可以通过 $\partial \ln L / \partial \ln \theta_I = 0$ 得到。

（4）在给定的系统发生树下，使用数值迭代法如单纯形算法(simplex method)得到最终的 v，α 和 θ_I 的最大似然法估计值。

在获得这些最大似然估计值后，就可以在零假设为 $H_0: \theta_I = 0$ 及备选假设 $H_A: \theta_I > 0$ 的情况下构建似然比检验(LRT)。显然，拒绝零假设将提供基因重复后 I-型功能分化的统计学证据。而且，根据贝叶斯定理，在氨基酸模式 (X, Y) 已知的情况下，一个给定位点为 F_1 的后验概率可以由下式得到

$$P(F_1 \mid X, Y) = \frac{\theta_I f(X, Y \mid F_1)}{p(X, Y)} = \frac{\theta_I p(X) p(Y)}{p(X, Y)} \quad (3.14)$$

结果可以用上面描述的算法计算得到。

3.3.2　案例研究：环氧合酶(COX)基因家族

环氧合酶(COX)在花生四烯酸转化为前列腺素 H2(PGH2)过程中发挥关键作用，前列腺素 H2(PGH2)是一系列细胞前列腺素和血栓烷合成酶的直接底物。前列腺素在很多生物过程中扮演了一个至关重要的角色，包括调解免疫功能、肾脏发育、生育过程和胃肠道的完整性(Williams *et al.*, 1999)。哺乳动物环氧合酶(COX)有两个组织特异性的同工酶：COX-1 和 COX-2。COX-2 分子克隆成功后，很多制药公司投资开发 COX-2 选择性抑制剂(Wallace, 1999)。其基本思路是：对于炎症起作用的前列腺素是由 COX-2 催化的，而在正常生理活动中起作用的前列腺素则是由组成性表达的 COX-1 所催化。因此，研究COX-1和COX-2 氨基酸序列上的功能分化模式有助于药物的设计。

图 3.6A 显示了用邻接法推导的 COX 基因家族系统发生树(Saitou and Nei, 1987)。很明显，COX-1 和 COX-2 两个同工酶基因家族在脊椎动物进化的早期阶段出现的。在这个给定的拓扑结构下，COX-1 和COX-2之间I-型功能分化系数的最大似然估计值是 $\hat{\theta}_I = 0.44 \pm 0.09$。图 3.6B 显示了不同 θ_I 值对应的似然值的对数。针对零假设：$H_0: \theta_I = 0$ 进行似然比检

验(LRT)。在有功能分化的情况下,似然值的对数是:$\ln L = -7312.70$;在 H_0 假设下,$\ln L = -7326.51$;结果有:$\delta \ln L = -7312.70 - (-7326.51) = 13.81$。因此,假设 $2\delta \ln L$ 所似服从卡方分布,我们可以得出在统计学上拒绝零假设(即没有功能分化)的结论($p < 0.001$)。

3.3.3 泊松模型与马尔可夫链模型的比较

为便于比较,运用 Gu(1999)的基于简单模型但计算更快速的方法分

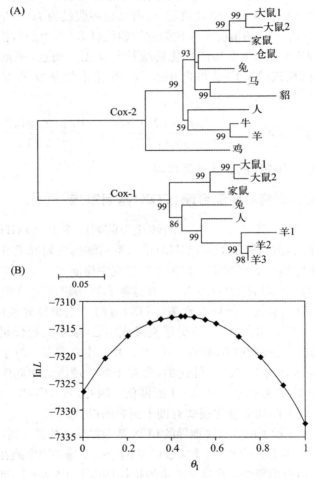

图 3.6 (A) COX 基因家族的系统发生树,用邻接法推断,基于氨基酸序列和泊松距离,只有超过 50% 自展值才会显示在树上。(B) COX 基因家族氨基酸序列的 log 似然值与序列 I -型功能分化系数(θ_I)的映射图。引自 Gu(2001b)。

析相同的数据。有趣的是,用 Gu(1999)的方法得到的结果与用最大似然法得到的结果非常接近,即 $\hat{\theta}_{\mathrm{I}} = 0.46 \pm 0.08$。这两种方法的后验概率的相关性也被详细地研究了。Gu(2001b)显示两个位点特异性后验概率谱是非常相似的($R^2 = 0.96$)。因此,这两种方法都可以用来预测那些对功能分化起作用的氨基酸位点。

3.4　Ⅱ-型功能分化的统计学模型

3.4.1　Ⅱ-型功能分化建模

基因重复后的早期和晚期阶段　在理论上,重复基因蛋白质序列的进化可以分为两个阶段,即重复后的早期阶段(E)和晚期阶段(L)(图3.1)。我们假定重复基因Ⅱ-型功能分化已经发生在早期阶段,而而纯化选择则在晚期阶段维持重复基因的功能分化起了重要的作用。由此,Gu(2006)构建了Ⅱ-型功能分化的二态模型:

（1）在早期阶段(E),一个氨基酸位点的状态可以是 F_0（与功能分化无关）或 F_2（与Ⅱ-型功能分化相关）。一个位点处于 F_2 状态的概率是 $P(F_2) = \theta_{\mathrm{II}}$,这个概率被称为Ⅱ-型功能分化系数。

（2）在晚期阶段(L),氨基酸位点总是处于 F_0 状态,这意味着没有更进一步的功能分化。在这个阶段中,氨基酸替代主要受纯化选择的影响。

F_0 和 F_2 状态下的氨基酸替代模型　进化过程中,氨基酸替代模式或替代模型与功能分化(F_0/F_2)状态紧密相关。F_0 替换模型反映了蛋白质序列的保守进化,该替换模型可通过 Dayhoff 模型（Dayhoff *et al.*,1978）或 JTT 模型（Jones *et al.*,1992）经验得到。与之相反的是,在 F_2 状态下,由于重复基因间的功能分化,激进氨基酸替换可能会更频繁（Lichtarge *et al.*,1996）。为了避免建模时参数过多,我们提出一个简单的替代模型来区分激进的和保守的氨基酸替换。

（1）姑且把 20 个氨基酸分成 4 个组:带正电的(K,R,H)、带负电的(D,E)、亲水性的(S,T,N,Q,C,G,P)和疏水性的(A,I,L,M,F,W,V,Y)。如果一个氨基酸从一个组突变到了另外一个组,这样的替换被称为激进的替换,用 **R** 表示;如果突变之后的氨基酸还是留在了同一个组里,这样的替换被称为保守的替换,用 **C** 表示。没有氨基酸替换用 **N** 表示。

（2）在 F_0 状态下，激进的、保守的或是零替代的转换概率服从扩展的泊松模型，即：

$$P(R \mid F_0) = \pi_R(1 - e^{-\lambda t})$$
$$P(C \mid F_0) = \pi_C(1 - e^{-\lambda t})$$
$$P(N \mid F_0) = e^{-\lambda t} \qquad\qquad (3.15)$$

其中，t 是进化时间，λ 是替代速率，$\pi_R(\pi_C)$ 是激进的（或保守的）替代在全部氨基酸替代中的比例，$\pi_R + \pi_C = 1$。基于 Dayhoff PAM 替代矩阵，可以经验地确定 $\pi_R = 0.312$，而 $\pi_C = 0.688$。实际上，在没有任何功能分化的情况下，正如中性进化理论预测的那样，保守的氨基酸替代更有可能发生（Kimura，1983）。

（3）再考虑在早期阶段 F_2 状态下的转换概率，用 $P(Y \mid F_2)$ 表示，这里 $Y = N, R, C$。根据定义，在早期阶段没有发生替换的氨基酸位点与 Ⅱ-型功能分化无关，意味着 $P(N \mid F_2) = 0$。进一步，如果假设功能分化是一个非常快的过程，我们得到

$$P(R \mid F_2) = a_R$$
$$P(C \mid F_2) = a_C$$
$$P(N \mid F_2) = 0 \qquad\qquad (3.16)$$

其中，a_R（或 a_C）是激进的（或保守的）替换在 F_2 状态下的比例。而且，在 $F_2(a_R)$ 状态下，激进氨基酸替代比例远比在 $F_0(\pi_R)$ 状态下高。

早期和晚期阶段间的进化纽带　早期和晚期阶段之间的进化纽带依赖于 Ⅱ-型功能分化状态。设 λ_E 和 λ_L 分别为早期（E）和晚期（L）阶段的进化速率。我们基于下列假设推导出统计学框架。

（1）根据标准的伽玛分布，一个被称为速率组分的随机变量 u 在每个位点上都是变化的，这里形状参数 α 描述了每个位点上进化速率差异的强度（Gu *et al*.，1995）。

（2）在 F_0 状态下，进化速率在早期（λ_E）和晚期（λ_L）阶段共享一个速率组分 u，即 $\lambda_E = u$ 和 $\lambda_L = u$。

（3）早期阶段的 F_2-氨基酸替换与速率组分 u 无关。换句话说，在这个阶段 F_2-氨基酸替代逃脱了蛋白质序列上的祖先功能限制。

3.4.2　由基因重复产生的两个基因簇

以由一次基因重复产生的两个基因簇为例，每一个基因簇都有几个

直系同源基因组成(图 3.1)。设 X 为晚期阶段的氨基酸模式，即包含基因簇 A 和 B 的多重比对序列中的一列(一个位点)。设 $Y=(a, b)$ 为早期阶段中的氨基酸模式，该模式就是两个内节点 a 和 b 的祖先序列。从假设(2)出发，F_0 状态下 X 和 Y 的联合概率由下式给出

$$P(X, Y \mid F_0) = \int_0^\infty P(X \mid Y)P(Y \mid F_0)\phi(u)\mathrm{d}u$$

其中，$Y = N, C$ 或 R 的 $P(Y \mid F_0)$ 分别由式(3.16)得到，$P(X \mid Y)$ 是在祖先状态为 a 和 b 的先决条件下，两个基因簇 A 和 B 子树的似然值，祖先状态 a 和 b 可以根据马尔可夫链的性质在给定系统发生关系的条件下构建(Felsenstein, 1981; Gu, 2001b)。类似地，从假设(3)出发，在 F_2 状态下，我们可以得到

$$P(X, Y \mid F_2) = P(Y \mid F_2) \times \int_0^\infty P(X \mid Y)\phi(u)\mathrm{d}u$$

其中，$P(Y \mid F_1)$ 由式(3.16)得到。记住一个位点为 F_2 状态的概率可由 $P(F_2) = \theta_{\mathrm{II}}$ 给出，即 II-型功能分化系数，我们因此可以得到 X 和 Y 的联合概率

$$P(X, Y) = (1 - \theta_{\mathrm{II}})P(X, Y \mid F_0) + \theta_{\mathrm{II}}P(X, Y \mid F_2) \quad (3.17)$$

直接运用式(3.17)来估算 θ_{II} 也许会碰到一些困难，因为早期阶段的氨基酸模式(Y)无法从观测得到。一个直接了当的解决方案是采用祖先序列的推导，如 Yang 提出的方案(Yang *et al.*, 1995)。将祖先序列视作推断观测值，就可以使用标准的似然分析法分析蛋白质序列。尽管这种方法有较好的统计学特性，该方法需要对模型做一个详细的描述，而且对祖先序列推导中的不确定性非常敏感。为了解决这个问题，我们提出了一个简单但稳定且计算效率高的方法，可以用来在基因组范围内蛋白质组学的分析。

3.4.3　晚期阶段的泊松模型

检验(早期阶段)两个基因簇之间 II-型功能分化使用了基因簇内的氨基酸模式以检验晚期阶段序列的保守性。因此，基于泊松分布的氨基酸替代次数(k)统计分析就能达到这个目的。替代次数 k 值越小，意味着序列保守性越高。形式上，对一个给定的氨基酸残基，在每个基因簇(A 或 B)中的替代次数服从泊松过程，例如：对于基因簇 A 来说，我们有

$$p_A(k) = \frac{(\lambda_A T_A)^k}{k!} e^{-\lambda_A T_A}$$

该式同样适用于 $p_B(k)$，其中 T_A（或 T_B）是基因簇 A（或 B）总的进化时间，而 λ_A（或 λ_B）分别是基因簇 A（或 B）的进化速率。由泊松过程的性质出发，我们可以得到

$$P(X = (i, j) \mid Y) = p_A(i) p_B(j)$$

上述关系独立于早期阶段 Y，其中 i 或 j 是基因簇 A 或 B 中氨基酸替代的次数。

因此，在泊松模型下，Gu(2006)推导出了早期-晚期阶段联合概率的解析式：$f_{ij,Y} = P(X = (i, j), Y)$。设 $Z = \alpha/(D_A + D_B + \alpha)$，$Z_A = D_A/(D_A + D_B + \alpha)$，而 $Z_B = D_B/(D_A + D_B + \alpha)$；$D_A$ 和 D_B 分别是基因簇 A 和 B 的总枝长，α 是伽玛分布的形状参数。定义 $W = \alpha/(D_A + D_B + d + \alpha)$，$W_A = D_A/(D_A + D_B + d + \alpha)$，$W_B = D_B/(D_A + D_B + d + \alpha)$。对于 $Y = N$, R 或 C，$f_{ij,Y}$ 可以由下式得到

$$f_{ij,N} = (1 - \theta_{\mathrm{II}}) M_{ij}$$
$$f_{ij,R} = (1 - \theta_{\mathrm{II}})(Q_{ij} - M_{ij})\pi_R + \theta_E a_R Q_{ij}$$
$$f_{ij,C} = (1 - \theta_{\mathrm{II}})(Q_{ij} - M_{ij})\pi_C + \theta_E a_C Q_{ij} \qquad (3.18)$$

其中，Q_{ij} 和 M_{ij} 可以由下式得到

$$Q_{ij} = \frac{\Gamma(i + j + \alpha)}{i! j! \Gamma(\alpha)} z^{\alpha} Z_A^i Z_B^j$$

$$M_{ij} = \frac{\Gamma(i + j + \alpha)}{i! j! \Gamma(\alpha)} W^{\alpha} W_A^i W_B^j \qquad (3.19)$$

3.4.4 最大似然估计

设 $n_{ij,Y}$ 为具有晚期阶段模式 $X = (i, j)$ 和早期阶段模式 $Y = N$, Y 或 C 的位点的数目。因此，似然函数可表示为

$$L = \prod_{i, j, Y} f_{ij,Y}^{n_{ij,Y}}$$

Gu(2006)采用了简单易行的算法来估计未知参数，在此作简短介绍。它总是假设基因家族的系统发生树是已知的或可以被很可靠地推导出来。

首先，我们能够证实晚期阶段的分布，即一个位点在两个基因簇中有 i 和 j 次替换的概率可以由下式给出

$$P(X = (i, j)) = f_{ij, N} + f_{ij, C} + f_{ij, R} = Q_{ij}$$

这个概率取决于（晚期阶段的）3 个参数 D_A，D_B 和 α。因此，Gu 和 Zhang（1997）提出的似然法，只要做一点技术上的修改，就可以用来获得这些参数的最大似然估计值。Gu 和 Zhang（1997）的算法修正了替代次数计数的简约偏差。

然后，通过用最大似然估计值替换 3 个未知的晚期阶段参数，Gu（2006）基于推导出的早期阶段祖先序列，开发了一个似然算法来估计早期阶段的参数 θ_{II}，a_R/a_C 和 d。我们采用了 Yang 等（1995）开发的贝叶斯算法。特别是，我们发现了一种被叫做 U‐似然的简化方法非常有用，该方法利用了在两个基因簇中都保守的氨基酸位点，即 $i = j = 0$。设 n_{00Y} 分别为 $Y = N$（U 类型），R 或 C 位点的数目。设 $n_{00} = n_{00N} + n_{00R} + n_{00C}$，而 $f_{00} = f_{00N} + f_{00R} + f_{00C}$。于是，U‐似然函数可以用下式来表示

$$L = (1 - f_{00})^{N - n_{00}} \times \prod_{Y = N, R, C} f_{00, Y}^{n_{00, Y}}$$

设 $\hat{f}_{00N} = n_{00N}/N$。U‐最大似然估计值 θ_{II} 和 d 可以由下式得到

$$\theta_{\mathrm{II}} = 1 - \hat{f}_{00, N} \left[1 + \frac{\hat{D}_A + \hat{D}_B + d}{\hat{\alpha}} \right]^{\hat{\alpha}}$$

$$d = -\ln(1 - p) + \ln(1 - \theta_{\mathrm{II}}) \tag{3.20}$$

其中，p 是两个基因簇祖先节点之间不同的氨基酸位点的比例。由于 U‐似然法在很大程度上依赖于在两个基因簇中都是保守的位点，因此这个方法能抵制祖先序列推导和序列比对中的不精确性。

3.4.5　预测关键氨基酸残基：经验贝叶斯方法

如果早期和晚期阶段的功能分化系数（θ_{II}）显著大于 0，那么鉴定到底哪些位点在 II‐型功能分化中发挥作用具有重要意义。在这里，我们开发了一种方法来预测这些位点，这些预测出来的位点可以进一步通过分子、生化或是转基因的实验方法来验证。

我们希望知道在早期阶段一个位点为 F_2 状态的概率，即 $P(F_2 | X, Y)$。根据贝叶斯定律，我们可以得到下式

$$P(F_2 \mid X, Y) = \frac{P(F_2)P(X, Y \mid F_2)}{P(X, Y)}$$

其中,早期阶段 F_2 的先验概率可以通过 $P(F_2) = \theta_{\mathrm{II}}$ 得到。基于泊松模型,$P(X = (i, j), Y \mid F_2)$,$P(X = (i, j), Y \mid F_0)$,$P(X = (i, j), Y)$ 从式(3.19)可以得出。注意,如果 $Y = N$,$a_Y = 0$,我们可以得到下列方程式

$$
\begin{array}{lll}
P(F_2 \mid X, Y) = 0 & \text{当} & Y = N \\
P(F_2 \mid X, Y) = a_C \theta_{\mathrm{II}} Q_{ij} / f_{ij, Y} & \text{当} & Y = C \\
P(F_2 \mid X, Y) = a_R \theta_{\mathrm{II}} Q_{ij} / f_{ij, Y} & \text{当} & Y = R
\end{array}
\tag{3.21}
$$

也许大家会发现用 F_2 对 F_0 的后验概率比更容易,即 $R(F_2 \mid F_0) = P(F_2 \mid X, Y) / P(F_0 \mid X, Y)$。在经过代数换算后,我们可以得到

$$
\begin{array}{lll}
R(F_2 \mid F_0) = 0 & \text{当} & Y = N \\
R(F_2 \mid F_0) = \dfrac{\theta_{\mathrm{II}}}{1 - \theta_{\mathrm{II}}} \dfrac{a_C}{\pi_C} \dfrac{1}{1 - (1 - h)^{i+j+\alpha}} & \text{当} & Y = C \\
R(F_2 \mid F_0) = \dfrac{\theta_{\mathrm{II}}}{1 - \theta_{\mathrm{II}}} \dfrac{a_R}{\pi_R} \dfrac{1}{1 - (1 - h)^{i+j+\alpha}} & \text{当} & Y = R
\end{array}
$$

$$\tag{3.22}$$

其中 $h = d / (D_A + D_B + d + \alpha)$。

有一个很重要的观测就是:如果在每个基因簇中没有发生氨基酸替代,但是两个基因簇中的氨基酸序列是不同的,即 $i = j = 0$ 而 $Y \neq N$,后验比率 $R(F_2 \mid F_0)$ 会达到它的最大值。正如通常观察到的,如果假设在 F_2 状态下,激进的突变比率要比在 F_0 状态下高,即 $a_R / a_C > \pi_R / \pi_C$,我们可以得到下式

$$R(F_2 \mid F_0)_{\max} = \frac{\theta_{\mathrm{II}}}{1 - \theta_{\mathrm{II}}} \frac{a_R}{\pi_R} \frac{1}{1 - (1 - h)^{\alpha}}$$

因此,一个典型的基因簇特异性位点实际上具有最高的 II-型功能分化得分与直观的生物学解释相一致。然而,也应该指出一个很高的得分在统计学上也可能是没什么意义的,如果 θ_{II} 并没有显著大于零。最后,我们注意到:如果 $h \to 0$,$R(F_2 \mid F_0)_{\max} \to \infty$,这意味着当我们分析更多的序列时,结果的精确性会提高(即增加 D_A 或 D_B)。在实际操作中,我们可以用这个特性来决定到底需要多少序列可以达到位点预测所需的

统计精度。

一个例子 我们分析了环氧合酶（COX），这个酶催化花生四烯酸转化为前列腺素 H2(PGH2)，前列腺素 H2(PGH2)是一系列细胞前列腺素和血栓烷合成酶的直接底物。在哺乳动物中，环氧合酶有两个组织特异性的同工酶：COX－1 和 COX－2。COX－2 分子克隆成功后，很多制药公司投资开发 COX－2 选择性抑制剂。我们估计 COX－1 和 COX－2 重复基因之间的 II-型功能分化系数为：$\theta_{II} = 0.159 \pm 0.036$，这个结果统计上是显著的（$p < 0.001$）。更详细的分析会在第四章中表述。

3.5 I-型和II-型功能
分化的统一模型

上文所述的统计学方法对于估算基因重复后蛋白质序列的 I-型和 II-型功能分化是非常有用的。为了应用方便，通常还需要加入其他的假设，例如祖先序列推导。而且，在 I-型功能分化模型中假设没有 II-型功能分化；反之亦然。因此，需要建立能同时考虑两种功能分化的似然函数。

似然函数 Gu(2001b)通过把重复基因簇之间的内部分支作为祖先基因簇 0 来解决这个问题（图 3.5）。设 λ_1 和 λ_2 分别为基因簇 1 和 2 的进化速率，而 λ_0 为内部分支（基因簇 0）的进化速率，它们都服从一个伽玛分布 $\phi(\lambda)$（见图 3.3）。在每个基因簇中，一个给定的位点有两种可能的状态，F_0（与功能分化无关）和 $F = F_1$ 或 F_2（与功能分化相关）。因此，我们有 $2^3 = 8$ 种可能的组合状态，这 8 种状态可以被简化为 5 个功能分化模式，分别用 $S_0, \cdots, S_4$ 来表示。对每个 $S_j (j = 0, \cdots, 4)$，λ_0，λ_1 和 λ_2 之间的关系如表 3.3 所示。设 $\pi_j (j = 0, \cdots, 4)$ 为一个位点在 S_j 状态下的概率，即 $\pi_j = P(S_j)$。基于马尔可夫链的性质，一个位点观测 X 和 Y 的条件概率可以由下式得到

$$f(X, Y \mid \lambda) = \sum_{x_0=1}^{20} \sum_{y_0=1}^{20} b_{x_0} P_{x_0 y_0}(v \mid \lambda_0)$$
$$f(X \mid \lambda_1; x_0) f(Y \mid \lambda_2; y_0) \qquad (3.23)$$

其中，$f(X|\lambda_1; x_0)$ 和 $f(Y|\lambda_2; y_0)$ 是基因簇 1 和 2 的似然函数，分别以根 x_0 和 y_0 为条件，v 是内部枝长。当系统发生树已知时，如图 3.5 所示，我

们可以得出以下方程式

$$f(X \mid \lambda; x_0) = \sum_{x_5} \sum_{x_6} P_{x_0 x_5} P_{x_5 x_1} P_{x_5 x_2} P_{x_0 x_6} P_{x_6 x_3} P_{x_6 x_4}$$

$$f(Y \mid \lambda; y_0) = \sum_{y_5} \sum_{y_6} P_{y_0 y_5} P_{y_5 y_1} P_{y_5 y_2} P_{y_0 y_6} P_{y_6 y_3} P_{y_6 y_4}$$

为简洁起见,我们使用期望符号来表示 $u(\lambda)$ 函数

$$E[u(\lambda)] = \int_0^\infty u(\lambda)\phi(\lambda)\mathrm{d}\lambda$$

表 3.3　两个基因簇之间基于统一模型的组合状态(功能分化模式)

State (S_i)	Pattern	$P(S_i)$	Rate – independence[a]	Functional divergence[b]
S_0	(F_0, F_0, F_0)	π_0	$\lambda_0 = \lambda_1 = \lambda_2$	no
S_1	(F_1, F_0, F_0)	π_1	$\lambda_0, \lambda_1 = \lambda_2$	type II
S_2	(F_0, F_1, F_0)	π_2	$\lambda_0 = \lambda_2, \lambda_1$	type I
S_3	(F_0, F_0, F_1)	π_3	$\lambda_0 = \lambda_1, \lambda_2$	type I
S_4	including:	π_4		
	(F_0, F_1, F_1)		$\lambda_0, \lambda_1, \lambda_2$	type I
	(F_1, F_0, F_1)		$\lambda_0, \lambda_1, \lambda_2$	type I
	(F_1, F_1, F_0)		$\lambda_0, \lambda_1, \lambda_2$	type I
	(F_1, F_1, F_1)		$\lambda_0, \lambda_1, \lambda_2$	type I

　　a　每个状态下的速率独立性可以用下面的例子来展示: $\lambda_0, \lambda_1 = \lambda_2$ 意味着 λ_0 独立于 λ_1 或 λ_2。

　　b　每个状态下的速率独立性实际表明了功能分化的类型。

　　因此,根据 5 个功能分化模式(表 3.3)的性质,我们得到下列针对每个 S_j 的观测 X 和 Y 的条件概率

$$f(X, Y \mid S_0) = \sum_{x_0=1}^{20} \sum_{y_0=1}^{20} b_{x_0} E[P_{x_0 y_0}(v \mid \lambda_0) f(X \mid \lambda; x_0) \\ f(Y \mid \lambda; y_0)]$$

$$f(X, Y \mid S_1) = \sum_{x_0=1}^{20} \sum_{y_0=1}^{20} b_{x_0} E[P_{x_0 y_0}(v \mid \lambda_0)] \\ \times E[f(X \mid \lambda; x_0) f(Y \mid \lambda; y_0)]$$

$$f(X, Y \mid S_2) = \sum_{x_0=1}^{20} \sum_{y_0=1}^{20} b_{x_0} E[f(X \mid \lambda_1; x_0)] \\ \times E[P_{x_0 y_0}(v \mid \lambda_0) f(Y \mid \lambda; y_0)]$$

$$f(X, Y \mid S_3) = \sum_{x_0=1}^{20} \sum_{y_0=1}^{20} b_{x_0} E[P_{x_0 y_0}(v \mid \lambda_0) f(X \mid \lambda; x_0)]$$

$$\times E[f(Y \mid \lambda_2 ; y_0)]$$

$$f(X, Y \mid S_4) = \sum_{x_0=1}^{20} \sum_{y_0=1}^{20} b_{x_0} E[P_{x_0 y_0}(v \mid \lambda_0)] \times E[f(X \mid \lambda_1 ; x_0)]$$

$$\times E[f(Y \mid \lambda_2 ; y_0)] \tag{3.24}$$

因此，X 和 Y 的联合概率可以一般性地表示为

$$p(X, Y) = \sum_{j=0}^{m-1} \pi_j f(X, Y \mid S_j) \tag{3.25}$$

其中，$m = 5$。类似上文所述，似然值的最大化 $L = \prod_k p(X^{(k)}, Y^{(k)})$ 可以通过 Newton-Raphson 或 EM 算法实现。

功能分化系数之间的关系　在统一模型的框架下，系数 $\pi_0, \cdots, \pi_4$ 提供了基因重复后功能限制和分化的完整描述。它们与 I-型和 II-型功能分化系数（θ_I 和 θ_{II}）的关系如表 3.3 所示。由于 II-型功能分化不导致基因簇间功能限制的改变，因此功能分化模式可表示为 $S_1 = (F_2, F_0, F_0)$：基因簇 0 在 F_2 状态，而基因簇 1 和 2 则在 F_0 状态。因此，II-型功能分化系数可以定义为：$\theta_{II} = P(S_1) = P(F_1, F_0, F_0) = \pi_1$。另一方面，I-型功能分化意味着无论基因簇 0 是在什么状态，至少基因簇 1 或者 2 应该在 F_1 状态。根据表 3.3，I-型功能分化系数可以由 $\theta_I = \pi_2 + \pi_3 + \pi_4$ 得到。总的来说，我们可以定义总的功能分化系数为 $\pi_f = 1 - P(S_0) = 1 - \pi_0$。显然，我们可以得到

$$\theta_I + \theta_{II} = \theta_f = 1 - \pi_0 \tag{3.26}$$

其中，π_0 被称为重复基因之间的功能限制系数。

预测重要的氨基酸位点　对于基于整个系统发生树功能分化的似然分析，我们可以构建 I-型和 II-型功能分化特异性位点谱。以两个基因簇为例，每个整合状态 S_i（表 3.2）的后验概率可以通过下式计算

$$P(S_i \mid X, Y) = \frac{\pi_i f(X, Y \mid S_i)}{\sum_{j=0}^{m-1} \pi_j f(X, Y \mid S_j)}, \quad i = 0, 1, \cdots, 4 \tag{3.27}$$

其中，$\pi_i = P(S_i)$，$f(X, Y \mid S_j)$ 可以通过式（3.24）得到。因此，很容易看出 I-型和 II-型功能分化位点特异性谱可分别由下式获得

$$P(\text{type I} \mid X, Y) = P(S_2 \mid X, Y) + P(S_3 \mid X, Y)$$
$$+ P(S_4 \mid X, Y) \tag{3.28}$$
$$P(\text{type II} \mid X, Y) = P(S_1 \mid X, Y)$$

结论 虽然把Ⅰ-型和Ⅱ-型功能分化统一模型在统计学上非常精巧,但是有两个原因使它在实际使用中难以实现。首先,计算时间上可能会非常长,主要因为是算法非常复杂,特别是当每个亚家族中子树的个数非常大的时候。其次,由于随机误差,当序列非常短的时候,最大似然法的估计值可能无法收敛。然而,如下一章所展示的那样,我们已经发现,把两种类型功能分化分开分析在实践中是非常有效的。而且,分开分析的方法还可用于物种分化后的功能分化分析(Gribaldo *et al.*,2003;Cheng *et al.*,2009;Penn *et al.*,2008)。

第四章　基因重复后的功能分化：应用和其他

　　由于大多数氨基酸替换并不涉及功能的分化，而仅代表中性进化，因而如何在这两种可能性之间进行统计意义上的区分变得至关重要（Abhiman *et al.*，2005a，2005b）。在前一章，我们介绍了基于重复基因功能分化与进化速率高度相关的原理来解决上述问题的统计方法（Gu，1999，2001b，2006），本章我们讨论几个应用这些方法研究生物学问题实例（Wang and Gu，2001；Jordan *et al.*，2001；Gu *et al.*，2002a；Gu and Gu，2003b；Zheng *et al.*，2007；Zhou *et al.*，2007）。此外，简要讨论其他相关方法（Knudson and Miyamoto，2001；Gaucher *et al.*，2001；Lopez *et al.*，2002；Bielawski and Yang，2004；Gribaldo *et al.*，2003；Nam *et al.*，2005；Abhiman *et al.*，2006；Xu *et al.*，2009）。

4.1　基于 DIVERGE 的分析

　　我们已经开发了软件 DIVERGE（DetectIng Variability in Evolutionary Rates among Genes），下载地址：http://www. xungulab. com。DIVERGE 是一个基于 GUI 的、用户友好的软件包，提供了对蛋白质家族功能分化进行综合分析的工具，可以在 Window 和 Linux 的两种操作系统下运行（图 4.1）。

4.1.1　半胱氨酸蛋白酶之间进化速率改变的功能‑结构基础

　　天冬氨酸特异性半胱氨酸蛋白酶（caspases）是细胞凋亡（或程序性细胞死亡）分子驱动装置的重要组成部分。在哺乳动物中，有 14 个 caspase 基因家族的成员，它们可被进一步分为两个亚家族：CED‑3（包括 caspase‑2、‑3、‑6、‑7、‑8、‑9、‑10、‑14）和 ICE（包括 caspase‑

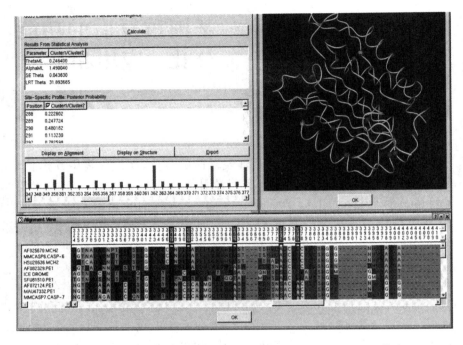

图 4.1 软件 DIVERGE 界面说明。根据 Gu 和 Vander Velden(2002)修改。

1、-4、-5、-11、-12、-13)。CED-3 型半胱氨酸蛋白酶是大多数凋亡途径必不可少的,而 ICE 型半胱氨酸蛋白酶的主要功能是介导免疫反应。系统发育分析表明这些主要的半胱氨酸蛋白酶分别聚类(图4.2)。

采用 DIVERGE,Wang 和 Gu(2001)分析了半胱氨酸蛋白酶基因家族,以探讨 CED-3 和 ICE 半胱氨酸蛋白酶亚家族之间蛋白质序列 I-型功能分化的结构-功能基础。基于半胱氨酸蛋白酶的系统树(图4.2),我们发现在两个主要亚家族 CED-3 和 ICE 之间,I-型功能分化具有显著的统计学意义($\theta_I = 0.29$,$p < 0.001$)。这意味着,基因复制后,某些氨基酸位点可能已涉及 CED-3 和 ICE 之间的功能分化。我们进一步开展后验概率特征分析(图4.3),并在大于 70%(后验概率)的阈值下预测了 29 个与功能分化相关的氨基酸残基,它们被映射到半胱氨酸蛋白酶 3-D 结构上。已解析的人 caspase-1 和-3(Wilson *et al.*,1994;Rotonda *et al.*,1996)X 射线晶体结构被分别用于说明 ICE 和 CED-3 亚家族的结构特征(图 4.4)。

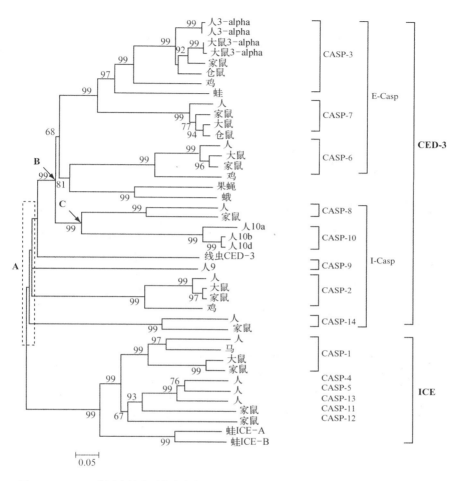

图 4.2　caspase 基因家族的系统发育树，基于泊松校正的氨基酸序列用邻接法推断。显示超过 50％ 的自展值。caspases 激发因子（I-casps）参与了上游的调控事件，而 caspases 效应因子（E-casps）则直接导致细胞解体。根据 Wang 和 Gu（2001）修改。

(A)

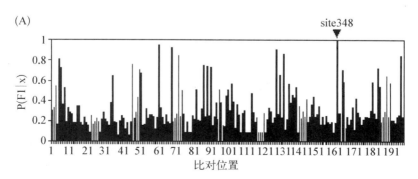

(B)

	CED - 3	ICE
序列保守性	不变的 Trp(W)	高度可变的
结构特征	与额外环形成狭窄的口袋； 与 aa 组形成 H-键网络	无额外环； 发现浅凹陷
底物特异性	亲水侧链	疏水侧链

图 4.3 （A)用于预测 CED - 3 和 ICE 亚家族(I-型)功能分化关键氨基酸残基的位点特异型谱，由每个位点功能分化相关的后验概率衡量。箭头示已通过实验验证的 CED - 3 与 ICE 功能分化氨基酸残基；详见(B)。根据 Wang 和 Gu(2001)修改。

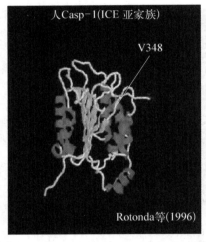
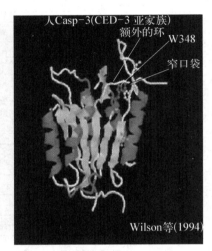

图 4.4 人 caspase - 1(ICE 型)和人 caspase - 3(CED - 3 型)蛋白质结构。蛋白质结构数据分别引自 Rotonda 等(1996)和 Wilson 等(1994)。

根据文献，Wang 和 Gu(2001)发现了涉及 4 个预测残基的实验性证据表明与 CED - 3 和 ICE 亚家族功能-结构分化相关(图 4.3 至图 4.5)。

残基 161(348) 残基 161(在文献中，根据人 caspase - 1 的蛋白质序列，这个位点被编码为 W348)通过与 3 - D 结构中唯一的表面环相互作用决定 CED - 3 的底物特异性 $[P (F_1 \mid X) = 0.999]$ (Rotonda *et al.*, 1996)。在这个位置上，CED - 3 亚家族所有 22 个序列包含一个不变的色氨酸(W)，而在 ICE 亚科中则出现了各种残基(图 4.5)。晶体结构分析(图 4.4)显示，W348 是 caspase - 3(CED - 3)型特异性的关键决定因子。首先，W348 与 CED - 3 家族高度保守的表面环形成了一个狭窄的口袋。由这个口袋导致的立体结构限制决定了 caspase - 3 偏好拥有小的亲水性侧链的底物。其次，W348 与一组残基形成了氢键网络，影响与底物之间

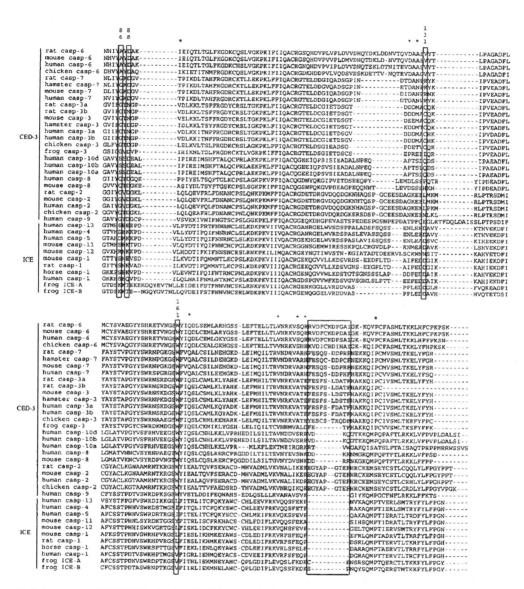

图 4.5 caspases 的预测区比对。突出显示了 4 个有实验证据预测位点。带星号的位点为预测的残基。C-末端的盒区是 CED-3 底物特异性的关键区域：大多数 CED-3 型 capases 形成了表面环，而在 ICE 型 caspases 中则为浅的凹陷。根据 Wang 和 Gu(2001)修改。

的相互作用。相比之下,CED-3 半胱氨酸蛋白酶共享的表面环似乎在所有 ICE 型半胱氨酸蛋白酶中被删除了,如多重序列比对的方框区域所示(boxed region)(图 4.5)。因此,在 ICE 亚家族这个位置上观察到的宽松进化约束可能是由 3-D 结构差异所造成的。

残基 86 $[P(F_1 | X) = 0.75]$ 和 **88** $[P(F_1 | X) = 0.74]$ 它们与功能未知的 3-D 结构差异相关。事实上,在人 caspase-1(ICE)中,这两个残基位于小环中,而该小环在 CED-3 亚家族中尚未发现。

残基 131 $[P(F_1 | X) = 0.866]$ 它是 ICE 亚家族特异的蛋白质水解位点。所有半胱氨酸蛋白酶均作为无活性的酶原而合成,需要被加工成成熟型(Nicholson *et al.*, 1995)。然而,在两个亚家族的前体中发现了不同的切割位点。D131 是人 caspase-1(ICE 型,Thornberry *et al.*, 1992)已知的切割位点。除小鼠 caspase-12(Asn,E)以外,所有 ICE 型半胱氨酸蛋白酶均在此位置保留了 Asp(D)。然而,人 caspase-3(CED-3 型)利用了其他两个 Asn 切割位点(Rotonda *et al.*, 1996),使 CED-3 半胱氨酸蛋白酶 131 位的功能变得不再重要。因此,这个位置上进化限制的改变可以由 CED-3 与 ICE 亚家族利用不同的前体加工切割位点而很好地加以解释。

4.1.2 Jak 蛋白激酶的假激酶结构域是功能性的

Jak(Janus 激酶)是一种非受体酪氨酸激酶,在信号转导通路中扮演着重要角色。Jak 的独特特点是,除了具有一个具正常功能的酪氨酸激酶结构域(JH1)以外,还拥有一个假激酶结构域(JH2)。JH2 虽然失去了其催化功能,但实验证据表明,这一结构域可能已经获得了一些新的但未知的功能。在(内部)结构域复制后,这种明显的功能分化可能会在一些位点导致选择性限制(Ⅰ-型功能分化)的急剧变化。

我们(Gu *et al.*, 2002a)进行了数据分析,以检验这一假设。首先,我们重建了一个邻接(NJ)树,包括 Jaks 和两个密切相关的蛋白酪氨酸激酶,FGFR 和 EGFR。系统发育分析结果表明,串联的激酶(JH1)和假激酶(JH2)结构域在进化上是不同的(图 4.6)。事实上,Jaks 的串联激酶结构域(JH1)似乎与 FGFRs 和 EGFRs 的激酶功能结构域更为密切相关,而 Jaks 的假激酶结构域(JH2)则形成了独特的进化枝。由此看来,JH2 结构域是在酪氨酸激酶超家族大多数成员基因出现之前产生的。

由于假激酶结构域(JH2)不再表现出催化活性,但可能已经获得了一些新的功能,因而,可以检验这种功能分化是否导致串联激酶(JH1)和假激酶(JH2)结构域的一些位点上选择性约束(不同的进化速率)的改

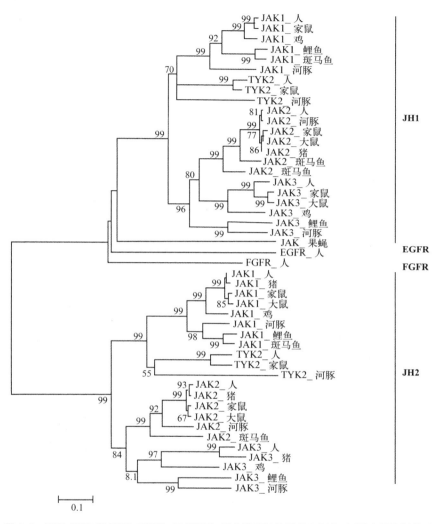

图 4.6 JAKs(JH1 和 JH2)、FGFRs 和 EGFRs 蛋白激酶结构域的 NJ 树。运用自展值评估系统发育学推断的统计可靠性。引自 J. Gu 等(2002)。

变。为此,我们估计了 JH1 和 JH2 结构域之间 I-型功能分化的系数 $\theta_I = 0.412 \pm 0.049$,这提供了强有力的统计证据,支持在 Jak 蛋白的串联激酶(JH1)和假激酶(JH2)结构域之间选择性约束改变的假说。

基于后验概率的位点特异性谱被用来识别与串联激酶(JH1)和假激酶(JH2)结构域之间功能分化相关的关键氨基酸位点。在 212 个氨基酸位点中,有 21 个表现出非常高的与功能分化有关的概率($P(F_1 \mid X) >$

0.9)。这 21 个位点可以被明确地分为两类：（Ⅰ）在串联激酶(JH1)结构域保守,但在假激酶(JH2)结构域是可变的;以及（Ⅱ）在假激酶(JH2)结构域保守,但在串联激酶(JH1)结构域是可变的(图 4.7)。

(A) position (k):
```
            11112
    222234735690
    013606079263
```
(B) position (k):
```
         1111
   344480029
   814773510
```

JH region	Group	Species	(A) sequence	(B) sequence
JH1	Jak1	HUMAN	DPDGALPYYSRC	KERYQGRST
		MOUSE	DPDGALPYYSRC	KERYQGRST
		CHICKEN	DPDGALPYYSRC	KERYQGRSV
		CARP	DPDGALPYYSRC	WHRYTARNV
		ZEBRAFISH	DPDGALPYYSRC	WHRYTGRNV
		PUFFERFISH	DPDGALPYYSRC	SDKFTGKNL
	Jak2	HUMAN	DPDGALPYSSRC	EEKQKGKNL
		MOUSE	DPDGALPYSSRC	EEKQKGKNL
		RAT	DPDGALPYSSRC	EEKQKGKNL
		PIG	DPDGALPYSSRC	EEKQKGKNL
		PUFFERFISH	DPDGALPYSSRC	EEKQKGKNL
		ZEBRAFISH	DPDGALPYSSRC	EEKQKAKSL
	Jak3	HUMAN	DPDGALPYSSRC	QQKHRGRSL
		MOUSE	DPDGALPYSSRC	QQKHRGRSL
		RAT	DPDGALPYSSRC	QQKHRGRSL
		CHICKEN	DPDGALPYSSRC	EQHQTGQSL
		CARP	DPDGALPYSSRC	QQSHRQMSF
		PUFFERFISH	DPDGALPYSSRC	KKSHRQLSI
	Tyk2	HUMAN	DPHGALPYSSRC	KDRYQHHNL
		MOUSE	DPDGALPYSSRC	QERYQHQNL
		PUFFERFISH	DPDGALPYSSRC	INKDQHKRL
JH2	Jak1	HUMAN	MDEKIVESSARK	FAMSWEKRF
		PIG	MDEKIVESSARK	FAMSWEKRF
		MOUSE	LDEKIVETSARK	FAMSWEKRF
		RAT	LDEKIVETSARK	FAMSWEKRF
		CHICKEN	LNNELVESSAMK	FAMSWEKRF
		CARP	KLYEIIQSSAQE	FAMSWEKRF
		ZEBRAFISH	KPYEVIQSTAQD	FAMSWEKRF
		PUFFERFISH	RVSEVVQTSAQT	FAMSWEKRF
	Jak2	HUMAN	REQELLKPNTQA	FAMSWEKRF
		MOUSE	REQKLLKPNTQT	FAMSWEKRF
		RAT	REQELLKPNTQT	FAMSWEKRF
		PIG	REQELLKPTTQT	FAMSWEKRF
		PUFFERFISH	KELQVLKPSAQI	FAMSWEKRF
		ZEBRAFISH	REEKVLRPSAQT	FAMSWEKRF
	Jak3	HUMAN	HEEKLVHSSAQT	FAMSWEKRF
		RAT	REEDLVYSNAQT	FAMSWEKRF
		CHICKEN	RDEQVLRAAAQS	FAMSWEKRF
		CARP	TDVTLIKGECNT	FAMSWEKRF
		PUFFERFISH	SNGRFFEGTSQT	FAMSWEKRF
	Tyk2	HUMAN	RVREVVESSMRP	FAMSWEKRF
		MOUSE	RVSQVVESGTQP	FAMSWEKRF
		PUFFERFISH	QVSDVLKTRPRK	FVMSWEKRF

图 4.7 Ⅰ-型功能分化有关氨基酸位点。（A）Ⅰ类：在串联激酶结构域(JH1)保守,但在假激酶结构域(JH2)是可变的。（B）Ⅱ类：在假激酶结构域(JH2)保守,但在串联激酶结构域(JH1)是可变的。引自 J. Gu 等(2002)。

Ⅰ类 在 12 个属于这一类的位点中,位点 137 已经被证明是串联激酶结构域(JH1)功能的决定位点,对应于 Jak2 蛋白保守基序(E/D)YY 的第二个酪氨酸(突出显示的 Y)。这个位于 Jak2 活化环内的基序能够通过磷酸化而调节激酶活性。在 Tyk2 中,这两个连续的酪氨酸(YY)已被确定为磷酸化位点(Gauzzi *et al.*, 1996)。有趣的是，多重比对清楚地表明，位点 137 在串联激酶(JH1)结构域内保持不变。相比之下，在假激酶结构域(JH2)的同一位置却有多种氨基酸，这些氨基酸具有非常不同的化学性质。例如，一些 JH2 结构域包括带有非极性侧链的氨基酸，如甘氨酸、丙氨酸和脯氨酸，也有一些 JH2 结构域包括不带电荷的极性氨基酸，如丝氨酸和苏氨酸(图 4.6)。这种观察结果可以解释为由 JH2 结构域磷酸化功能丧失引起的宽松的选择性约束。

　　Ⅱ类　9 个预测位点属于这一类别(图 4.7)。其中，位点 103 被预测为与功能分化高度相关。实验数据表明，发生在假激酶(JH2)结构域这个位点的谷氨酸(E)-赖氨酸(K)替换高度活化了果蝇和哺乳动物的 Jak-Stat 通路(Luo *et al.*, 1997)。似乎是，内部结构域重复后，串联激酶结构域(JH1)基本上保持着原有的催化功能，而假激酶结构域(JH2)则可能已经获得未识别的新功能，造成一系列 JH2 特异性的保守位点。

4.1.3　Ⅱ-型功能分化模式

　　Ⅱ-型功能分化显著性检验　我们(Gu, 2006)分析了 3 个基因家族：COX、G 蛋白 α 亚基和半胱氨酸蛋白酶。所有这些基因家族均显示出明显的Ⅰ-型功能分化。据估计，COX-1 和 COX-2 重复基因之间Ⅱ-型功能分化系数 $\theta_{II} = 0.159 \pm 0.036$，且有统计学意义 $(P < 0.001)$。我们也分析了 G 蛋白 α 亚基的重复同工酶(G_q 和 G_s)，并发现了Ⅱ-型功能分化的类似模式。与 Wang 和 Gu(2001)对半胱氨酸蛋白酶基因家族Ⅰ-型功能分化的发现相反，我们未在 CED-3 和 ICE 亚家族之间发现任何Ⅱ-型功能分化的证据。这就提出了基因家族进化的Ⅰ-型功能分化是否比Ⅱ-型功能分化更普遍的问题。

　　COX-1 和 COX-2 之间的Ⅱ-型功能分化　图 4.8 显示了 COX-1 和 COX-2 之间Ⅱ-型功能分化的位点特异性后验比谱。在 583 个比对位点中，492 个位点(84%)比例得分小于 1，表明大多数位点与Ⅱ-型功能分化无关。此外，我们还鉴定了 28 个后验比率得分最高的发生激进氨基酸替换的基因簇特异性位点，即 $R(F_1 \mid F_0)_{max} = 7.17$。换句话说，如果我们选择这些位点作为Ⅱ-型功能分化的候选者，它们的后验概率是 $P_{II} = 7.17/(1 + 7.17) = 87.8\%$，表明预测误差(错误发现率)为 12.2%。事实上，引人注目的是，在基因重复后较早阶段发生激进氨基酸替换的 111 个位点中，约 $29/111 \approx 26\%$ 都有可能与 COX-1 和 COX-2 之间的Ⅱ-型功能分化有关。

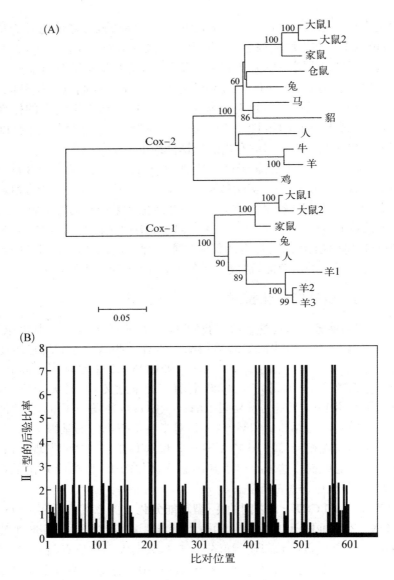

图 4.8 （A）COX 基因家族的系统发育树,基于泊松距离和氨基酸序列用邻接法推断。示超过 50% 的自展值。从 Gu(2006)修正得到。（B）COX-1 和 COX-2 之间通过后验比率衡量的 II-型功能分化位点特异性谱。引自 Gu(2006)。

基因重复后的早期阶段激进氨基酸替换的作用 对于 COX 基因家族,我们发现了早期阶段 II-型功能分化的激进替换大约增加了 2.7 倍($a_R/\pi_R = 2.7$,如表 4.1 所示)。因此,在 COX-1 和 COX-2 之间,具有激进变化的氨基酸残基比具有保守替换的氨基酸残基具有更高的与Ⅱ类功能分化相关的得分。如表4.2所示，最有可能展示Ⅱ-型行为的是发生激进替换的基因簇特异位点，而较低的后验概率（～0.35）表明发生保守替换的基因簇特异性的位点则不太可能。本案例研究清楚地展示了统计分析的重要作用，否则不能客观地论证一个激进程度较低的基因簇特异位点（即在后期阶段有一次氨基酸替换）是否更有可能比保守性基因簇特异性位点与功能分化相关。

表4.1　COX基因家族中几个集群特异性
模式的功能排序（引自 Gu，2006）

	集群间 （早期）	集群内 （晚期）	位点数	比率分值	后验概率
（1）	激进变化 （集群特异性的）	没有氨基酸变化	28	7.17	0.88
（2）	激进变化	一个氨基酸变化	30	2.11～2.22	0.68～0.69
（3）	激进变化	两个氨基酸变化	20	1.25～1.41	0.56～0.59
（4）	保守变化 （集群特异性的）	没有氨基酸变化	31	0.55	0.35

模式（1）：激进集群特异性位点。模式（2）—（3）：不完全激进集群特异性位点。模式（4）：保守集群特异性位点。

表4.2　与COX‐1和COX‐2分化相关的22个激进集群
特异性位点氨基酸变化摘要（引自 Gu，2006）

位　置	COX‐1	COX‐2		特　征　变　化	
22	Y	S	H	vs	P0
51	P	E	P0	vs	—
82	W	G	H	vs	P0
103	V	S	H	vs	P0
121	I	K	H	vs	＋
149	T	V	P0	vs	H
197	S	D	P0	vs	—
251	E	K	—	vs	＋
253	A	T	H	vs	P0
306	T	E	P0	vs	—
340	F	H	H	vs	＋
358	R	Q	＋	vs	P0
401	Y	H	H	vs	＋
409	A	S	H	vs	P0

位　置	COX-1	COX-2		特　征　变　化	
419	G	A	P0	vs	H
425	D	P	—	vs	P0
427	H	A	+	vs	H
435	V	S	H	vs	P0
463	Q	E	P0	vs	—
499	S	A	P0	vs	H
548	K	Q	+	vs	P0
555	T	V	P0	vs	H

H：疏水性；P0：亲水性伴中性电荷；＋：正电荷；—：负电荷。

4.2　功能距离分析

鉴于进化速率反映蛋白质功能变化的前提，Ⅰ-型功能分化系数 θ_{I} 也可以解释为蛋白质基因之间功能分化总体程度的预测指标。然而，两个基因簇比较分析并不能判断两个基因簇是否具有同等的功能分化。为了解决这个问题，我们建立了功能距离分析。

4.2.1　功能分化的距离

考虑带有几个基因簇的基因家族。按照 Gu(2001b) 的注释系统，设 θ_i 是一个位点在基因簇 i 中处于 F_1 状态的概率，该基因簇从祖先基因开始经历了进化速率的改变。因此，$1-\theta_i$ 是处于状态 F_0（无速率改变）的概率。考虑了两个集群 i 和 j。在独立性假设条件下，我们得出一个位点在两个基因簇中都没有速率改变的概率为 $(1-\theta_i)(1-\theta_j)$。这种情况意味着此位点没有经历Ⅰ-型功能分化，也就是说，

$$1-\theta_{ij} = (1-\theta_i)(1-\theta_j) \qquad (4.1)$$

其中，θ_{ij} 为Ⅰ-型功能分化系数。此外，我们定义了（配对）功能分化距离如下

$$d_{ij} = -\ln(1-\theta_{ij}) \qquad (4.2)$$

功能分化枝长定义为

$$b_i = -\ln(1-\theta_i) \qquad (4.3)$$

显然，功能分化的距离是加性的，也就是说，

$$d_{ij} = b_i + b_j \qquad (4.4)$$

基因重复后，一个基因拷贝保留了原有的功能，而另一个拷贝则由于功能冗余而自由积累氨基酸变化，并通过正向选择或遗传漂变而取得新功能(Ohno，1970；Atchley *et al.*，1994)。因此，我们可以预测基因复制后不相等的功能分化。功能分化的枝长可能提供一个基因拷贝在复制后功能分化程度的信息。事实上，较大的功能枝长(b_F)表示基因簇中进化制约的可观改变，而 $b_F \approx 0$ 则表示该重复基因中的每个位点都有与祖先基因几乎相等的进化速率。换句话说，与其他基因簇相比较，$b_F \approx 0$ 的重复基因簇可能包含较大部分的祖先功能。为此，我们必须考虑 3 个重复基因簇。

4.2.2 三基因簇分析

功能枝长的估计 考虑 3 个重复基因簇 1、2 和 3，它们在系统发育方面是独立的。两两之间的 Ⅰ-型功能分化系数分别表示为 θ_{12}、θ_{13} 和 θ_{23}。由式(4.1)—式(4.4)，我们得出相应的功能距离 $d_{ij} = -\ln(1-\theta_{ij})$，功能枝长 $b_i = -\ln(1-\theta_i)$，以及相加性 $d_{ij} = b_i + b_j (i \neq j = 1, 2, 3)$。然后，很容易看出功能枝长可由下式估计

$$\begin{aligned} b_1 &= (d_{12} + d_{13} - d_{23})/2 \\ b_2 &= (d_{12} + d_{23} - d_{13})/2 \\ b_3 &= (d_{13} + d_{23} - d_{12})/2 \end{aligned} \qquad (4.5)$$

总枝长 $B = d_1 + d_2 + d_3$，基因家族的总体功能分化程度可以由下式计算出

$$B = (d_{12} + d_{13} + d_{23})/2$$

另一种相关的度量是由 $\pi = 1 - e^B$ 所定义的总体功能分化系数。在三个基因簇的情况下，它可由下式得出

$$\pi = 1 - \sqrt{(1-\theta_{12})(1-\theta_{13})(1-\theta_{23})}$$

统计检验 目前已发现(如 Conant and Wagner，2003a)基因复制后的序列分化可能是不对称的。因此，检验重复基因之间的功能分化是否遵循相同的模式就很有意义。设 $\delta_{12} = d_{13} - d_{23}$，我们可以简单地通过相加法验证 $\delta = d_1 - d_2$。因此，我们可以构建一个零假设

$$\delta_{12} = 0$$

在统计上拒绝这一零假设表明基因簇 1 和 2 之间的不对称功能分化。检验该零假设的简单方法是计算估计值 $\hat{\delta}$ 的抽样误差，可由下式得出

$$Var(\hat{\delta}) = Var(\hat{d}_{13}) + Var(\hat{d}_{23}) - 2Cov(\hat{d}_{13}, \hat{d}_{23}) \tag{4.6}$$

我们提出了一个简单方法，用于计算 $\hat{d}_{13}$ 和 $\hat{d}_{23}$ 间的协方差 $Cov(\hat{d}_{13}, \hat{d}_{23})$。

由于集群 i 和 j 之间的功能距离是 $d_{ij} = -\ln(1 - \theta_{ij})$，抽样误差可以由下式近似给出

$$Var(d_{ij}) = \frac{Var(\theta_{ij})}{(1 - \theta_{ij})^2} \tag{4.7}$$

由于 $Var(\theta_{ij})$ 可从 DIVERGE 分析中获得（参见第 3 章），从而计算 $Var(\hat{d}_{13})$ 和 $Var(\hat{d}_{23})$ 变得十分简单。然而，功能距离 d_{13} 和 d_{23} 之间的协方差计算是不容易的。下面我们解决这一问题。由于 b_3 是功能距离 d_{13} 和 d_{23} 共享的功能枝长，我们可知

$$Cov(d_{13}, d_{23}) = Var(b_3) \tag{4.8}$$

请注意，b_3 可由 $b_3 = (d_{13} + d_{23} - d_{12})/2$ 来估算。根据功能距离的定义，$b_3 = -\ln(1 - \theta_3)$。因此，我们得出

$$Var(b_3) = \frac{Var(\theta_3)}{(1 - \theta_3)^2}$$

另一方面，通过费希尔（Fisher）Z-转换，Gu(1999) 已经表明

$$Var(\theta_3) = \left(\frac{1 - r^2}{r_M}\right)^2 / (N - 3)$$

其中，N 为序列长度，$r = (1 - \theta_1)r_M$，而 $r_M = 1 - D_3/V_3$；D_3 和 V_3 是发生在基因簇 3 的替换数的均值和方差。因此，结合起来我们可以得到

$$Cov(d_{13}, d_{23}) = \left(\frac{1 - r_M^2(1 - \theta_3)^2}{r_M(1 - \theta_3)}\right)^2 / (N - 3) \tag{4.9}$$

4.2.3　实例：脊椎动物发育基因家族

我们分析了 10 个脊椎动物发育基因家族，自早期脊椎动物出现后，

每个家族都经历了两轮（2R）基因重复事件，包含 3 个家族成员（Wang and Gu，2000）。我们获得了每个基因家族的功能距离和功能枝长。如上所述，在原则上，重复基因簇的功能枝长为零表示祖先的功能，而长的功能枝长表示功能分化。有趣的是，我们观察到两轮基因重复后功能分化的两种主要模式。

本研究使用的三类脊椎动物基因家族

基因家族	集群 1	集群 2	集群 3
ADRA1(肾上腺素受体 α1)	ADRA1A	ADRA1B	ADRA1C
ADRA2(肾上腺素受体 α2)	ADRA2A	ADRA2C	ADRA2B
ADRB(肾上腺素受体 β)	ADRB1	ADRB2	ADRB3
ALDO(醛缩酶)	AldoA	AldoC	AldoB
CDX(Caudal)	CDX1	CDX2	CDX4
HH(Hedgehog)	SHH	IHH	DHH
Jun	c－Jun	Jun－D	Jun－B
Myb	c－myb	A－myb	B－myb
NOS(一氧化氮合酶)	NOS1	E－NOS	I－NOS
SHR(促激素受体)	LSHR	TSHR	FSHR

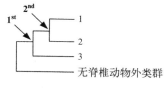

功能枝长

基因家族		b_F		
		集群 1	集群 2	集群 3
模式 I	ALDO	0.489	0.364	−0.22
	NOS	0.431	1.302	−0.085
	HH	−0.012 5	0.117	0.072
模式 II	ADRA1	−0.01	1.38	0.25
	ADRA2	0.533	0.056	0.267
	ADRB	−0.172	0.348	0.731
	CDX	−0.118	0.122	0.119
	Jun	1.063	−0.394	1.402
	Myb	0.74	0.034	0.478
	SHR	−0.066	0.386	0.609

图 4.9　脊椎动物发育基因家族功能距离分析摘要(详细讨论请见正文)。

4.2.3.1　模式 I：第一轮基因重复后一个拷贝保持了原有的功能

3 个基因家族（ALDO、HH、NOS）分享着共同的模式：基因簇 3 显示功能枝长几乎为零（图 4.9）。合理的推测是，经过第一轮的基因重复，一个拷贝（基因簇 3 的祖先）保留了祖先的功能。这可能导致其他拷贝（基因簇 1 和 2 的祖先）从选择约束中解放出来，允许其分歧，并在特定的组织或器官中承担新的职能。有趣的是，这三个家族均在第二轮基因重复后呈现功能分化的两种不同的子模式。

子模式 I_A　在 ALDO 基因家族中，基因簇 1（AldoA）和 2（AldoC）均具有长的功能枝长（分别为 0.489 和 0.364）。实验证据表明，AldoA 和 AldoC 是组织特异性的：AldoA 只表达在成纤维细胞中，而 AldoC 则只在大脑中起作用。同样，在 NOS 基因家族中，基因簇 1（NOS1）和 2（E-NOS）均表现出相当大的 b_F 值（分别为 0.431 和 1.302），这是符合其强大的组织特异性的：NOS1 在神经系统中表达，并独特地参与神经传导，而 E-NOS 则特异性地在血管内皮组织中表达。相比之下，I-NOS 具有几乎为零（-0.085）的功能枝长，它通常会在几种组织中表达，如心脏和肌肉。我们可以推测，ALDO 和 NOS 基因家族中的基因簇 1 和 2 的组织特异性功能可能是在受到强大选择压力的基因簇 3 的保护下发生的。

子模式 I_B　在 HH 基因家族中，不仅基因簇 3（DHH），而且还有基因簇 1（SHH）显示几乎为零的 b_F 值，而基因簇 2（IHH）的 b_F 值（0.117）显著大于 0。这与功能测定的结果是一致的：脊椎动物 SHH 基因通常在脊索和脊髓底板中表现保守性的表达，而 IHH 在脊椎动物不同组织中表现不同的表达模式。在第二轮基因复制后，拷贝数之一（在这种情况下为 SHH）必须保持祖先的功能，而 IHH 则可能获得一些新的功能，并逃逸纯化选择。

4.2.3.2　模式Ⅱ：第二轮基因重复后一个拷贝保持了原有的功能

对比表现为模式 I 的 3 个基因家族，其余 7 个基因家族表现出模式 Ⅱ：基因簇 3 的距离枝长明显大于 0，表明基因簇 3 可能代表两轮基因重复后的一些新功能；此外，第二轮基因重复（基因簇 1 或基因簇 2）后的一个基因拷贝显示几乎为零 b_F 值，而其他拷贝（基因簇 2 或基因簇 1）拥有长的功能枝长。大量证据已表明，虽然尚不清楚第一轮基因重复是否对功能分化产生可检测到的影响，但第二轮基因重复后，至少发生了一定程度的功能分化。

例如，在 myb 基因家族中，在首轮和第二轮基因重复后，有可能发生了显著的功能创新。myb 基因家族包括 3 个成员：A、B 和 c-myb，它们编码作为转录激活子的核蛋白。首轮基因重复产生 B-myb，而第二轮就产生了 A-myb 和 c-myb。有趣的是，A-myb 和 c-myb 在它们的转录激活功能上表现出负调节作用,而 B-myb 却发挥正调节蛋白的功能。这方面的证据支持我们的功能性距离分析的结果(B-myb 的 $b_F = 0.478$),暗示在首轮基因重复之后,可能已经发生了＋/－调节的变化(图 4.9)。此外,基因敲除实验的结果表明,A-myb 和 c-myb 在功能方面也是不同的。c-myb 功能缺失会导致胚胎的致死性。相比之下,A-myb 缺陷型小鼠是可以存活的,但却表现出生长异常。这方面的结果与我们的功能距离分析的推理是一致的。b_F 值为 0.034 的 A-myb 可能会代表了祖先的功能,而 c-myb($b_F = 0.740$)可能会呈现出在发育方面必不可少的新功能。直观地说,由于 A-myb 的存在,改变了的功能限制促使 c-myb 暂时逃离进化的压力。因此,myb 成员基因的功能进化表明,首轮基因重复产生了两种调控方式(＋/－),而第二轮基因重复则导致明显的负调控水平的差异。

类似于 myb 基因家族,Jun 基因家族也出现了基因重复后的＋/－调控模式变化。Jun 基因家族编码转录因子 AP-1(fos/Jun)的组成部分,其在造血干细胞的功能性发育和细胞凋亡(程序性细胞死亡)调控过程中发挥多重作用。基因簇 3(Jun-B)较大的 b_F 值(1.402)意味着沿着它的进化路径(即在首轮基因重复后),有大量的功能创新。这种推测受到实验证据的支持:Jun-B 对细胞凋亡表现出强烈的负调控,而 Jun-D 和 c-jun 均正调控细胞凋亡。改变的功能限制还出现在基因簇 1(对 Jun-D,$b_F = -0.394$)和基因簇 2(对 c-Jun,$b_F = 1.063$)。事实上,功能检测显示,与仅表现出正调控作用的 Jun-D 相比,c-Jun 具有双重功能作用:当它单独存在时,对细胞凋亡具有正调控作用,而与 Jun-B 同时存在时,却具有较强的负调控功能。我们可以推测,首轮基因重复可能有助于细胞凋亡＋/－调控的分化,而第二轮基因重复则在精细调控方面发挥作用。

另一个例子是 SHR(促激素受体)基因家族。虽然目前还不清楚基因簇 3(FSH)的详细功能,但基因簇 1(LSHR)和 2(TSHR)的表达模式可能提供了第二轮基因复制后功能分化的潜在机制。LSHR 的 $b_F = -0.066$,表明其低水平的功能分化,而 TSHR 的 $b_F = 0.386$,表明了高水平的功能变化。LSHR 和 TSHR 功能枝长的显著差异可能体现了它们的组织特异性:不同于 LSHR 在性腺细胞和甲状腺中的广泛表达,TSHR 只特异地地在甲状腺中表达。序列分析表明,在第二轮基因重复后,发生了组织特异性的剪接。

总之,在模式 Ⅱ 中,基因簇 3 在首轮基因重复后表现出显著的功能分化;此外,两个基因拷贝在基因重复后显示了不一样的功能限制,其中之一似乎继承了祖传基因的功能,而另一个则产生了一些新的功能。

4.3 Ⅰ-型功能分化的其他方法

4.3.1 Knudsen‑Miyamoto 法

Knudsen 和 Miyamoto(2001)建立了检测蛋白质特异性位点进化速率显著变化的似然性比率检验(LRT)。此方法对氨基酸位点进行逐个分析,以检验来自两个系统发育相关的序列组的位点是否以不同速率进化。零假设(H_0)指出,一个给定位点在不同亚家族中以不同速率进化。这种模式下的似然性采用 Felsenstein(1981)的方法计算。使用的速率矩阵是 Jones 等(1992)的 JTT 矩阵。在模型(L_0)下,两个进化速率是变化的,从而可得到最大似然(ML)值。相反,壹假设(H_1)指出,在两个亚家族中,位点以相同的速率进化。在该假设条件下仍根据 Felsenstein(1981)和 JTT 矩阵进行计算,但两个亚家族使用单一速率。得到这种模型(L_1)下的 ML 值,就可发现最佳速率。

使用 LRT 统计,我们可以评估 H_1。检验统计值可以写成

$$U = -2\log\frac{L_1}{L_0} \tag{4.10}$$

因为 H_1 是特殊情况下的 H_0(该假设是嵌套的),LRT 统计值 U 不应是负数。在 H_0 条件下有两种自由度,而在 H_1 条件下只有一种自由度。这表明,在 H_1 条件下,U 的分布近似自由度为 1 的卡方分布 $\chi^2(1)$。虽然在这些检验中往往选择 $P < 0.05$ 的显著性值,但问题是进行了多次检验。Knudsen 和 Miyamoto(2001)建议在任何速率下都使用这个阈值估计源于随机的预期位点数。

4.3.2 Gaucher‑Miyamoto‑Benner 法

Gaucher 等(2001)展示了两个单系类群之间蛋白质序列分歧进化的功能-结构分析。对于给定多重比对蛋白质序列,他们采用方法的关键步骤是在位点速率异质性模型下采用诸如贝叶斯估计的方法来估算每个类

群中各位点的替换率(Yang *et al*., 1996)。

采用 PAML 软件包,Gaucher 等(2001)估计了两个同源延伸因子 Tu(EF-Tu)和 1a(EF-1a)位点特异性的替换率,并证实相对于正态分布的期望值而言,EF-Tu 和 EF-1a 之间位点速率差异分布是峰态的。在两组序列中,约 50% 的位点拥有本质上相同的速率。然而,在 EF-Tu 中,17 个位点的进化速度比 EF-1a 的快 >2 SD(标准偏差),而在 EF-1a 中,19 个位点的变化速度比 EF-Tu 的快 >2 SD。这些位点代表了 10% 的比对位点,提示了在 EF-Tu/EF-1a 家族中的功能分化过程。

通过整合实验性的三维结构数据和速率差异数据,Gaucher 等(2001)将开始时的 36 个位点减少至一个子集,其中所包含的位点最有可能涉及 EF-Tu 和 EF-1a 之间的功能转换。例如,在结合 tRNAs 的区域内和周围,在 EF-Tu 或 EF-1a 中,均有 10 个位点的进化速度 >2 SD。这些速率变化可能与 EF-Tu 和 EF-1a 之间生化功能的差异有关。

4.3.3 基于密码子的方法

前面讨论的检测位点特异性进化速率差异的方法均是基于氨基酸序列,可适用于关系较远的基因。对于密切相关的基因而言,基于密码子的方法对研究基因重复或物种形成后的功能分化可能是有用的。

Forsberg 和 Christiansen(2003)在 Goldman 和 Yang(1994)的密码子模型中应用了 Gu(2001b)的功能分化模型,允许在系统发育树的两个不同部分出现选择压力位点特异性的变化。密码子模型的核心参数是非同义与同义的速率比(ω),这是蛋白质选择压力的一种量度,其中 $\omega = 1$、<1 和 >1 分别表示中性进化、纯化选择和正选择。Forsberg 和 Christiansen(2003)应用他们的密码子模型研究 A 型流感病毒核蛋白序列在从禽转移到人类宿主后选择压力的变化。由于缺乏任何关于这种变化方向的事先假设,他们假定,各位点之间的 ω 比率按照 3 个类别的离散分布变化,而如果发生这种变化,则两种宿主中的 ω 参数会彼此独立,这与 Gu(2001)的假设相似。他们采用 LRT 以检验 $p_d > 0$(选择压力改变的位点比例)的假设,同时采用了经验贝叶斯法来预测哪些位点经历了选择压力的转变。

后来,Bielawski 和 Yang(2004)提出了更完整的基于密码子的最大似然模型。该模型允许位点之间的 ω 变化,其中一部分位点的进化受歧化选择压力驱动。歧化选择表现为不同进化枝之间(如基因家族的旁系分支之间)具有不同的 ω 值。他们应用密码子模型分析重复并伴随功能分化基因,包括:① ε 和 γ 球蛋白基因,② 嗜酸性粒细胞阳离子蛋白(ECP)和嗜酸性粒细胞源性神经毒素(EDN)基因。在这两种情况下,似然比检验都表明了存在受歧化选择压力驱动而进化的位点。

4.3.4　Heterotachy 模型

由于功能限制,蛋白质不同位点(氨基酸残基)的替换率有差异,但通常假设特定位点的替换率在进化过程中保持不变(Yang,1993;Gu et al.,1995)。然而,许多有关位点特异性速率变异的研究令人信服地证明,给定位点的进化速率在整个时间过程中并不总是恒定的。与"homotachy"相反,Lopez 等(2002)称位点内的时序性进化速率差异为"heterotachy"(希腊语,意为"不同的扩展")。

此外,Lopez 等(2002)提议用卡方检验检验 heterotachy(Lopez et al.,1999)。对于两个单系群,设 x 或 y 为各类群中某一位点的变化数,X 或 Y 分别是各类群的变化总数(步骤)。如果位点替换率是恒定的,则 x/y 比率的期望值就会等于各类群进化时间的比率(T_x/T_y)。由于步骤比率 X/Y 的期望值也等于 T_x/T_y。一个 2×2 表可被用于检验这种零假设。因此,这种方法可以决定有多少位点明显拒绝 homotachous 的行为。

4.3.5　α 改变度量(ASM)法

为了能够自动检测亚家族功能分歧,Abhiman 等(2006)引入了一种用于大规模预测蛋白质家族内功能分化的方法。这种方法被称为 α 改变度量(ASM),因为它是基于检测替代率伽玛分布的形状参数(α)的改变。对于每个蛋白质亚家族对,他们采用基于 ML 的 GZ 法(Gu and Zhang,1997)分别估计两个亚家族的形状参数 α,表示成 α_1 和 α_2,以及包含两个亚家族的联合比对的 α,表示成 α_{12}。然后,计算每个蛋白质亚家族对的 ASM

$$ASM = \alpha_{12} - (\alpha_1 + \alpha_2)/2 \tag{4.11}$$

基于下列观点,ASM 度量可用于估计两个亚家族之间的功能转变。如果联合比对序列的 α 值远大于个别亚家族的值,表明亚家族之间存在功能转变(Gu,1999;Gaucher et al.,2001)。其原理是亚家族 α 参数值的降低,表明了它们已经分化成比祖先家族更加特异性的状态(如酶的底物特异性）。若 $\alpha_1 = \alpha_2 = \alpha$ 且两个亚家族之间总进化时间相同，从 Gu（1999）的附录中，我们可以验证 $\alpha_{12} = \alpha/(1-\theta/2) \geqslant \alpha$，其中 θ 是 I - 型功能分化系数。在这种情况下，我们显然可以得出下列关系

$$ASM = \alpha \frac{\theta}{2-\theta} \tag{4.12}$$

因此，只有当 $\theta = 0$ 时，才能得到 $ASM = 0$；而当 $\theta = 1$ 时，ASM 可达到最大值。应当指出的是，只有当用矩量法估算 α 时，这种关系才严格成立；对于其他估算方法，它仅是近似拟合的。

4.3.6 用于检测蛋白质结构域功能分歧的 Nam 等的方法

一种广泛使用的用于识别功能分歧的方法是通过结构域交换或定点突变来比较已知功能序列与新序列的差异。为了有助于这样的实验研究，Nam 等（2005）建立了一种统计方法来确定可能存在着功能分化的蛋白质结构域。在此方法中，对两个蛋白质序列（A 和 B）进行了比较，并应用了一个外类群序列（C）。为了确定表现显著速率差异的蛋白质区域，Nam 等（2005）采用了滑动窗口分析。设 n 为氨基酸位点总数，而 ω 为窗口大小（一个窗口包含的氨基酸数）。可采用每次移动一个氨基酸位置连续滑动窗口或每次跳过 s 氨基酸位置而滑动窗口的方法来进行滑动窗口分析。

对于每个窗口来说，对应基因 A 和 B 的分支上氨基酸的替换数 a 和 b 可分别估计如下

$$a = (d_{AB} + d_{AC} - d_{BC})/2$$
$$b = (d_{AB} + d_{BC} - d_{AC})/2 \tag{4.13}$$

其中，d_{AB}、d_{AC} 和 d_{BC} 分别是序列之间的进化距离。现在，我们关注于检验差异 $D = a - b$ 的显著性水平。设 Z 为 $Z = D/\sqrt{V(D)}$，只要窗口大小 $\omega \geqslant 30$，就近似正态分布。在这个情况下，可以确定显著性水平。已知获得的连续窗口的 Z 值是高度相关的。但从筛选和鉴定拟用于实验验证的蛋白质区域的角度考虑，任何显示出显著性 Z 值的连续窗户都可以被认为是生物学上重要的。这种方法已经被应用到控制植物花发育的 MIKC 型 MADS - box 蛋白质中。Nam 等（2005）研究了 23 对矮牵牛花的 MADS 框蛋白序列，发现 14 对的速率差异是显著的。这种显著的速率差异主要是在 K -结构域中观察到的，它对于 MADS 框蛋白之间二聚化是十分重要的。可以针对这些区域开展进一步的实验研究。

第五章　重复基因的系统发育
转录组学分析

微阵列技术能同时检测在多种实验或处理条件下成千上万个基因的表达水平(Brown and Botstein，1999；Eisen，1998；Eisen and Fraser，2003；Khaitovich *et al.*，2006b)，这为我们研究基因调控的进化模式提供了很好的机会(如 Wagner，2000a；Gu *et al.*，2002d；Enard *et al.*，2002；Gu and Gu，2003a；Rifkin *et al.*，2005；Caceres *et al.*，2003；Makova and Li，2003)。在本章中，我们主要探讨如何构建一个基因家族的表达进化模型，以实现 3 个目标：① 用统计方法，如似然比检验，探究基因表达的进化模式；② 用贝叶斯方法预测表达变化的进化踪迹；③ 用统计模型进行表达-基序间的关联分析。目前已开发了许多统计模型(Gu，2004；Gu *et al.*，2005b；Oakley *et al.*，2005；Khaitovich *et al.*，2005b；Guo *et al.*，2007)，其中大部分模型把基因表达视为连续特征数据，因此建模是基于随机游走(布朗)模型(Edward and Cavalli-Sforza，1964；Lynch and Hill，1986)。下面我们将讨论这些模型及其应用。

5.1　与布朗运动相关的随机模型

Gu(2004)开发出一种基于布朗模型的统计框架。当给定一个基于序列数据推断的基因家族系统发生树时，家族成员基因间的表达谱模式可看作是受潜在进化机制驱动的随机过程。

5.1.1　基于系统发育的表达似然

在微阵列(芯片)数据中，一个基因的表达水平 X 通常由标准化和纠偏后再经对数转换后获得的信号强度来度量。对双通道 cDNA 芯片来说，X 度量的是 mRNA 的相对丰度(与预先设定的对照条件相比)，而

Affymetrix 芯片中，X 则是很好的 mRNA 绝对丰度的度量值（Kerr and Churchill，2001；Quackenbush，2001）。

基本布朗模型（B-模型） 布朗模型假设在进化过程中，表达趋异主要是受小的加性遗传漂变（随机效应）所驱动。因此，给定初始表达水平 x_0，t 个进化时间单位后表达水平 $X = x$ 服从均值为 x_0、方差为 $\sigma^2 2t$ 的正态分布。具体方程式如下

$$B(x \mid x_0；\sigma^2 2t) = \frac{1}{\sqrt{2\pi t}\sigma}e^{-\frac{(x-x_0)^2}{2\sigma^2 2t}} \tag{5.1}$$

我们以简单的两个成员基因家族为例来阐述这个模型（图 5.1A）。已知 x_1 和 x_2 分别是两个基因的表达水平。我们的目的是得到 $P(x_1，x_2)$，也就是 x_1 和 x_2 的联合密度。给定根部 O 上（基因重复事件发生处）基因的初始表达值 x_0，x_1 的变化服从布朗模型 $B(x_1 \mid x_0；\sigma^2 2t)$，而 x_2 遵循 $B(x_2 \mid x_0；\sigma^2 2t)$。若这两个重复基因间的表达趋异是独立的（$E_0$ 假说），我们得到

$$P(x_1，x_2 \mid x_0) = B(x_1 \mid x_0；\sigma^2 2t)B(x_2 \mid x_0；\sigma^2 2t)$$

根部 O 上的初始表达值 x_0 通常是未知的。但是，如果把 x_0 看作是服从正态分布的一个随机变量，未知的问题即可解决，也即

$$\pi(x_0) = \frac{1}{\sqrt{2\pi}\rho}e^{-\frac{(x_0-\mu)^2}{2\rho^2}} \tag{5.2}$$

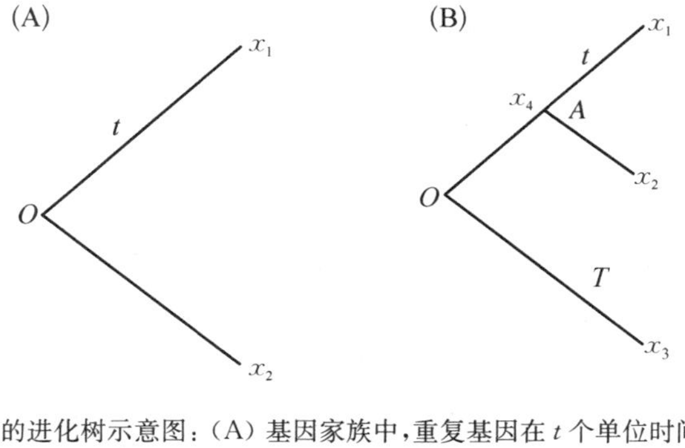

图 5.1 基因家族的进化树示意图：（A）基因家族中，重复基因在 t 个单位时间前从它们的祖先中趋异开来。给定一个生物条件，两个重复基因的表达水平分别用 x_1 和 x_2 表示；（B）具有 3 个重复基因的基因家族系统树。基因 1 和基因 2 在 t 个单位时间前复制，而基因 3 与基因 1 和基因 2 的祖先基因 **A** 是在 T 个单位时间前复制的。3 个重复基因的表达水平分别是 x_1、x_2 和 x_3。基因 1 与基因 2 的祖先基因的表达水平用 x_4 表示。

注意,方差 σ^2 也可以用表达谱的祖先成分来解释。于是,根据 $P(x_1, x_2) = \int_{-\infty}^{\infty} P(x_1, x_2 \mid x_0)\pi(x_0)\mathrm{d}x_0$ 我们得到联合密度为

$$P(x_1, x_2) = \int_{-\infty}^{\infty} [B(x_1 \mid x_0; \sigma^2 2t)B(x_2 \mid x_0; \sigma^2 2t)]\pi(x_0)\mathrm{d}x_0$$

(5.3)

在 3 个重复基因的例子里(图 5.1B),表达值 x_1、x_2 和 x_3 的联合密度可以用相同的方法获得。已知祖先节点 A 的表达水平用 x_4 表示,T 和 t 分别代表基因距离节点 O(根)和 A 的进化时间。给定 O 的初始值为 x_0,x_4 的变化服从 $B(x_4 \mid x_0; \sigma^2 2(T-t))$,而 x_3 遵循 $B(x_3 \mid x_0; \sigma^2 2T)$。相似地,给定基因 1 和基因 2 的祖先表达水平 x_4,x_1 和 x_2 的变化分别服从 $B(x_1 \mid x_4; \sigma^2 2t)$ 和 $B(x_2 \mid x_4; \sigma^2 2t)$。根据马尔可夫特性,得到的联合密度如下

$$P(x_1, x_2, x_3, x_4 \mid x_0) = B(x_3 \mid x_0; \sigma^2 2T)B(x_1 \mid x_4; \sigma^2 2t)B(x_2 \mid x_4; \sigma^2 2t)$$
$$\times B(x_4 \mid x_0; \sigma^2 2(T-t))$$

既然基因 1 与基因 2 的祖先表达值 x_4 是观测不到的,它应该被整合进去,如

$$P(x_1, x_2, x_3 \mid x_0) = \int_{-\infty}^{\infty} P(x_1, x_2, x_3, x_4 \mid x_0)\mathrm{d}x_4$$

结合式(5.2),得到的联合密度如下

$$P(x_1, x_2, x_3) = \int_{-\infty}^{\infty} \left[\int\int_{-\infty}^{\infty} B(x_3 \mid x_0; \sigma^2 2T)B(x_1 \mid x_4; \sigma^2 2t) \right.$$
$$\left. \times B(x_2 \mid x_4; \sigma^2 2t)B(x_4 \mid x_0; \sigma^2 2(T-t))\mathrm{d}x_4 \right]\pi(x_0)\mathrm{d}x_0$$

(5.4)

比较表达趋异与核苷酸替代之间的似然函数是一件比较有趣的事情。既然表达数据是连续的,所以可以用扩散模型,而这一模型是布朗模型里最简单的。相反,核苷酸因为有 4 种状态(A、T、C、G),所以用马尔可夫链模型更为合适。然而,因为它们都是基于马尔可夫特性构建的系统发生树,它们的似然结构是相似的。比如,如果表达趋异 $B(.)$ 的布朗过程用核苷酸替代的转换概率来代替,根部的 $\pi(x_0)$ 表示核苷酸频率,积分号表示核苷酸 4 种状态的总和,那么,式(5.4)的结构就与 3 种 DNA

序列的似然函数(Felsenetein，1981)相似。

常规表达似然函数的分析结果　给定有根树时，两个或三个基因的联合密度可以拓展到任意 n 个基因上。如果假设基因间的进化是独立的(E_0 假说)，Gu (2004)提出基于给定的进化树，$\mathbf{x} = (x_1, \cdots, x_n)$ 的联合表达密度服从均值为 μ、协方差为矩阵 $\mathbf{V}$ 的多变量正态分布，也就是

$$P(\mathbf{x}) = \frac{1}{(\sqrt{2\pi})^n \mid \mathbf{V} \mid^{1/2}} \exp\left\{ - \frac{(\mathbf{x} - \mu)' \mathbf{V}^{-1} (\mathbf{x} - \mu)}{2} \right\} \tag{5.5}$$

这一结果可以用数学归纳法的原理证明，具体见 Hansen 和 Martins (1996)。

协方差矩阵 $\mathbf{V}$ 是依赖系统发育树的，可以用表达枝长表示。对于系统发育树上的分支 k，根据 B-模型，我们定义表达枝长为 $E_k = \sigma^2 t_k$，t_k 是指进化时间。协方差矩阵 $\mathbf{V}$ 表示如下

$$V_{ij} = \begin{cases} \rho^2 + \sum_{k \in x_i} E_k & \text{当 } i = j \\ \rho^2 + \sum_{k \in (x_i, x_j)} E_k & \text{当 } i \neq j \end{cases}$$

$$\tag{5.6}$$

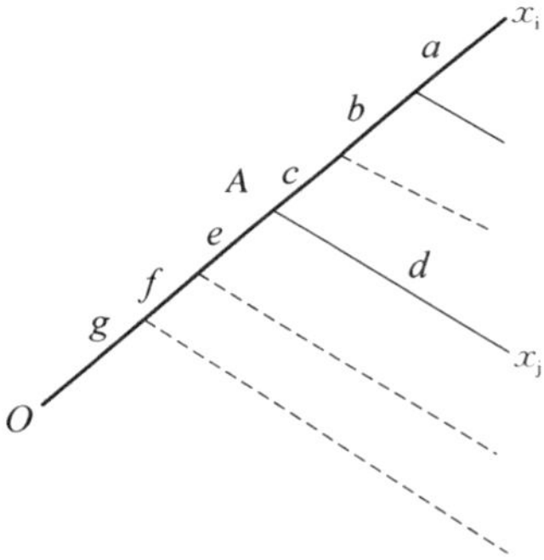

下标 $k \in x_i$ 表示在根部 O 到基因 x_i 这一枝上的所有分支上运行，而 $k \in (x_i, x_j)$ 则只在从根部到 x_i 和 x_j 共有的分支上运行(图 5.2)。例如，在两个基因($n = 2$)的例子里，协方差矩阵可以表示为

$$\mathbf{V} = \begin{bmatrix} \rho^2 + E_1 & \rho^2 \\ \rho^2 & \rho^2 + E_2 \end{bmatrix}$$

而 3 个基因($n = 3$)的情况表示为

$$\mathbf{V} = \begin{bmatrix} \rho^2 + E_1 + E_4 & \rho^2 + E_4 & \rho^2 \\ \rho^2 + E_4 & \rho^2 + E_2 + E_4 & \rho^2 \\ \rho^2 & \rho^2 & \rho^2 + E_3 \end{bmatrix}$$

图 5.2　基因家族进化树的示意图。y 表示节点 A (基因 i 和 j 的共同祖先)的表达水平。$k \in x_i = (a, b, c, e, f, g)$ 表示根部 O 到基因 i 这一枝上的所有分支，而 $k \in (x_i, x_j) = (e, f, g)$ 则表示从根部 O 到节点 A 上的分支；同时，$k \in (x_i, y) = (e, f, g)$ 也表示从根部 O 到节点 A 上的所有分支。

因此,似然函数的未知参数通常表示为 (ρ^2, E_k, s)。这里 ρ^2 是指基因家族的共同表达组分,而这些表达枝长度量的是系统发育树的表达趋异模式。显然,ρ^2 和进化树的总表达枝长 $E_T = \sum_k E_k$ 分别度量表达保守和表达趋异的程度。

高级模型和生物学解释　Gu(2004)提出的如式(5.5)的常规似然函数在一些高级模型下都是成立的,但表达枝长 E(简便起见,省略下标)的生物学解释是模型依赖的。既然 B-模型假设表达趋异主要受小的、加性的遗传漂变(随机效应)所驱动,它可以被视为基因表达的"中性进化"模型。在突变漂变模型下,σ^2 是突变方差(Lynch and Hill,1986;Felsenstein,1988)。在这个例子里,表达趋异率 σ^2 等同于突变方差(Lynch and Hill,1986),表达枝长用简单的表达趋异率和进化时间的乘积 $E = \sigma^2 t$ 表示。而且,在谱系特异模型(L-模型)里,进化速率 σ^2 在进化树的不同枝上是不同的。

定向趋势模型(D-模型)允许基因表达的漂移,也就是说,给定 $t = 0$ 时的初始值 x_0,进化过程中基因表达水平的变化遵循时间 t 的线性函数,如 $x_0 + \lambda t$。λ 表示定向选择的系数(Felsenstein,1988)。若把不能直接观测的 λ 看作是均值为 0、方差为 ω^2 的随机变量,Gu(2004)提出表达枝长可以表示为 $E = \sigma^2 t + \omega^2 t^2$。

在 D-模型中,基因表达是随时间 t 连续变化的(渐次进化)。而与之相反,在 S-模型中基因复制后不久基因表达即发生骤变(正向或负向),而后保持相对的稳定状态,也即间断平衡论(Hansen and Martins 1996)。因此,基因重复事件发生后,两个拷贝基因的表达分别经历了独立的 z 和 z' 单位的巨大变化。进一步假设这两个变换变量(z 和 z')分别是均值为 0、方差为 s^2 和 s'^2 的随机变量,那么它们的表达枝长即为 $E = s^2 + \sigma^2 t$ 和 $E' = s'^2 + \sigma^2 t$。

总之,基于 L-模型、D-模型、S-模型的表达枝长一般可以写成是进化时间 t 的二次形式

$$E = s^2 + \sigma^2 t + \omega^2 t^2 \tag{5.7}$$

这为检测用于基因组数据的这些模型提供了一种思路。显然,B-模型和 L-模型估计表达枝长 E 采用进化时间 t 的线性函数,D-模型是进化时间 t 的二次项函数,而 S-模型则预测表达枝长 E 不依赖于时间 t。

似然应用　一个基因家族的典型表达数据可以从微阵列技术中获得。数据的第 k 列表示第 k 个芯片实验中的基因家族的表达谱,而第 i 行表示基因 i 在所有芯片实验中的表达值。对于 N 个芯片实验,$\mathbf{x}_k = (x_{1,k}, \cdots, x_{n,k})$ 表示 n 个成员的基因家族在第 k 次实验中的表达谱。给定这个基因家族的系统发生树,基因表达的似然函数可以写成

$$L(\mathbf{V}, \boldsymbol{\mu} \mid \text{data}) = \prod_{k=1}^{N} P(\mathbf{x}_k; \boldsymbol{\mu}, \mathbf{V}) \tag{5.8}$$

参数的最大似然估计可以通过 Newton-Raphson 迭代法获得。每个参数的抽样方差用信息矩阵的转置近似估计。

必须注意的是,芯片数据通常包括不同组织的多种处理、不同的发育阶段,或者不同的环境或实验处理。显然,它们中的某些处理如两个邻近时间点的基因表达可能高度相关。因此,多芯片的似然应用仅在独立相似分布的假设下才可以近似。稍后再讨论这个问题。

5.1.2　表达距离的方法

加性表达距离的定义　对表达水平分别为 x_1、x_2 的重复基因 1 和 2,我们定义它们之间的表达距离(E_{12})是表达差异平方的期望值,也即 $E_{12} = \mathbf{E}[(x_1 - x_2)^2]$。$\mathbf{E}[.]$ 表示取期望值。假设 x_1、x_2 的均值是一样的,那么 $E_{12} = V_{11} + V_{22} - 2V_{12}$。$V_{11}$、$V_{12}$ 分别表示 x_1、x_2 的方差,而 V_{12} 是它们的协方差。从式(5.6)可以得出,两个基因的例子里,$V_{11} = \rho^2 + E_1$,$V_{22} = \rho^2 + E_2$,$V_{12} = \rho^2$,由此得到

$$E_{12} = E_1 + E_2$$

也就是说,表达距离 E_{12} 是表达枝长的总和,或者说 E_{12} 是可加的。而且,表达距离拓展至 n 个家族成员的可加性公式已在 Gu(2004)的研究中推导出来,即

$$E_{ij} = \sum_{k \in C_{ij}} E_k \tag{5.9}$$

或者说,系统树上任意两个基因的表达距离是连接它们的所有表达枝长的总和。

表达距离提供了一种研究基因家族表达趋异模式很有效的方法。对复制基因 1 和 2,x_{1k} 和 x_{2k} 分别表示它们在第 k 次芯片实验下的表达值,$k = 1, \cdots, m$。设 $\bar{x}_1$ 和 $\bar{x}_2$ 分别是基因 1 和 2 在所有实验中的表达均值。

那么,基因 1 和 2 的进化表达距离可以估计如下

$$\hat{E}_{12} = \sum_{k=1}^{m} \left[(x_{1k} - \bar{x}_1) - (x_{2k} - \bar{x}_2) \right]^2 / (m-1) \qquad (5.10)$$

这个公式很重要的一个特性就是表达距离仅跟无根系统树有关,而在无根系统树中凡是连接根(O)的分支必须整合成一枝。既然表达距离公式并不包含基因家族的共有方差分量 ρ^2,所以需要独立估计 ρ^2。

系统树的表达定位 给定多种条件下的芯片表达数据集,根据式(5.10)可以估计一个基因家族的表达距离矩阵 **E**。既然表达距离是可加的,如果进化树已知,或可从序列数据集可靠推断,那么表达枝长 E_k 可通过表达距离矩阵估计。

从文献的大量方法中,我们选择在分子系统发育分析中广泛使用的普通最小二乘法(LS)来估计表达枝长。给定 n 个基因的拓扑结构,我们使用 Rzhetsky 和 Nei(1992,1993)的方法来获得表达枝长的最小二乘法估计值,设 $\mathbf{d}_E = (E_{12}, E_{13}, \cdots, E_{n, n-1})'$ 是 $n(n-1)/2$ 对表达距离的向量,$\mathbf{b}_E = (E_1, \cdots, E_m)'$ 是 m 个表达长度向量,连接矩阵 **A** 定义如下:第一行表示表达距离 E_{12},如果第 k 枝是在连接基因 1 和 2 的路径上,$A_{1k} = 1$,否则 $A_{1k} = 0$;依次类推。然后通过常规的线性模型方法,表达枝长的估计值即可通过 $\hat{\mathbf{b}}_E = (\mathbf{A}'\mathbf{A})^{-1}\mathbf{A}'\mathbf{d}_E$ 获得。当基因数很大时,我们利用 Rzhetsky 和 Nei(1993)开发的快速算法,而不再使用矩阵代数的算法。最后,任意一个表达距离 E_{ij} 或表达枝长 E_k 的抽样方差可通过自展方法近似计算。

表达保守性度量 若表达枝长通过 LS 方法估计,系统树的总枝长可通过公式 $E_T = \sum_k E_k$ 计算。下标 k 对应所有的分支。一个基因家族的表达总方差(V_T)定义为是系统树上所有独立的方差分量的总和,也就是 $V_T = \rho^2 + E_T$。由于 ρ^2 是一个基因家族共有的方差分量,那么这个基因家族的表达保守性可通过如下的 Q 值来度量

$$Q = \frac{\rho^2}{\rho^2 + E_T} \qquad (5.11)$$

这是一个基因家族相对表达趋异的度量值。要计算 Q,必须知道 ρ^2,而这个值是依赖于有根树的。若某个基因家族进化树的根是不确定的,那么就需要比较系统树上所有可能的根来获得 ρ^2 的上下边界。

5.2 祖先基因表达推断

系统发育树上无论是形态还是分子性状的祖先状态重构是进化生物学比较方法学的中心问题（Harvey and Pagel，1991；Golding and Dean，1998；Yang *et al.*，1995；Schluter *et al.*，1997）。大量的芯片数据使得重构祖先基因表达模式成为可能，祖先基因表达模式重构对追溯基因调控的进化变化非常重要。与推断祖先基因序列类似，Gu（2004）开发了"经验"贝叶斯方法来推断祖先基因的表达谱。

单节点祖先推断 因为每处理一个祖先节点，它都会在整个进化树上运行，这个方法提供了快速的贝叶斯算法来推断祖先表达谱。设 $\mathbf{x} = (x_1, \cdots, x_n)$ 是观察到的表达模式，y 是感兴趣的祖先节点的表达值。根据贝叶斯规则，后验密度 $P(y \mid x_1, \cdots, x_n)$ 计算如下

$$P(y \mid x_1, \cdots, x_n) = \frac{P(x_1, \cdots, x_n, y)}{P(x_1, \cdots, x_n)}$$

根据式（5.5），$P(x_1, \cdots, x_n)$ 是 n 变量的正态密度。接下来，我们证明如何获得 3 个成员基因家族例子里的 $P(x_1, \cdots, x_n, y)$（图 5.1B），其中 $y = x_4$。根据马尔可夫特性，推算如下

$$P(x_1, x_2, x_3, x_4 \mid x_0) = B(x_3 \mid x_0)B(x_1 \mid x_4)B(x_2 \mid x_4)B(x_4)$$

和

$$P(x_1, x_2, x_3, x_4) = \int_{\infty}^{\infty} B(x_3 \mid x_0)B(x_1 \mid x_4)B(x_2 \mid x_4)B(x_4)\pi(x_0)\mathrm{d}x_0$$

与 $P(x_1, x_2, x_3)$ 的派生类似，$P(x_1, x_2, x_3, x_4)$ 是 4 个变量的正态密度。

一般情况下，$M = n+1$，祖先表达水平 y 被看作是额外的变量 x_{n+1}。已知 $P(x_1, \cdots, x_n, y)$ 是 $(n+1)$ 个变量的正态密度，表示成 $N(x_1, \cdots, x_n, y; \boldsymbol{\mu}, \mathbf{V_M})$。拓展的方差-协方差矩阵 $\mathbf{V_M}$ 的结构如下：若 $1 \leqslant i, j \leqslant n$，$\mathbf{V_M}$ 的第 ij 元素等同于式（5.6）中的 $\mathbf{V}$。对任意 i，第 $n+1$ 个元素，$i = 1, \cdots, n+1$，给定

$$V_{i,\,n+1} = \begin{cases} \rho^2 + \sum_{k \in y} E_k & \text{当} \quad i = n+1 \\ \rho^2 + \sum_{k \in (x_i,\,y)} E_k & \text{当} \quad i \neq n+1 \end{cases}$$

$V_{n+1,\,i} = V_{i,\,n+1}$，下标符号 $k \in y$ 对应从根部 O 到祖先节点 y 世系上的所有枝，而 $k \in (x_i, y)$ 对应从根部 O 开始为 x_i 和 y 共有的所有枝（图 5.2）。简单来说，我们假设均值向量 $\boldsymbol{\mu} = (\mu, \cdots, \mu)'$。

c_{ij} 表示 $\mathbf{C} = \mathbf{V}_M^{-1}$ 的第 ij 个元素。Gu（2004）提出后验密度 $P(y \mid x_1, \cdots, x_n)$ 是正态密度，经过一些代数运算后，我们得到

$$P(y \mid x_1, \cdots, x_n) = \frac{1}{\sqrt{2\pi}\sigma_{y|x}} \exp\left\{ -\frac{1}{2\sigma_{y|x}^2}\left[y - \mu \right.\right.$$
$$\left.\left. + \sum_{i=1}^{n} \frac{c_{i,\,n+1}}{c_{n+1,\,n+1}}(x_i - \mu) \right]^2 \right\} \tag{5.12}$$

$\sigma_{y|x}^2 = 1/c_{n+1,\,n+1}$ 是 y 的（后验）方差，给定条件 $\mathbf{x} = (x_1, \cdots, x_n)'$，$y$ 的后验均值即是

$$E[y \mid x_1, \cdots, x_n] = \beta_0 + \sum_{i=1}^{n} \beta_i x_i \tag{5.13}$$

$\beta_i = -c_{i,\,n+1}/c_{n+1,\,n+1}$，$\beta_0 = \mu\left(1 - \sum_{i=1}^{n}\beta_i\right)$。显然，祖先基因表达的后验均值预测是目前基因表达的线性函数。

联合祖先推断 为探索基因重复后表达变化的联合进化模式，单节点方法是不足够的。因此，我们开发了推断联合祖先基因表达的方法。对于具有 n 个成员基因的基因家族，给定系统树，那里就有 m 个祖先节点。$\mathbf{x} = (x_1, \cdots, x_n)'$ 和 $\mathbf{y} = (y_1, \cdots, y_m)'$ 分别表示现在和祖先基因表达水平的向量；$M = n + m$。$(\mathbf{y}', \mathbf{x}')$ 的（拓展）$M \times M$ 方差-协方差矩阵用 $\mathbf{V}_M$ 表示。已知 $P(\mathbf{y}, \mathbf{x})$ 是 M 维多变量正态密度，祖先节点 $\mathbf{y}$ 的联合后验密度为

$$P(\mathbf{y} \mid \mathbf{x}) = \frac{P(\mathbf{y}, \mathbf{x})}{P(\mathbf{x})} = \frac{N(\mathbf{y}, \mathbf{x}; \boldsymbol{\mu}, \mathbf{V}_M)}{N(\mathbf{x}; \boldsymbol{\mu}, \mathbf{V})}$$

也是 $m \times m$ 的多变量正态，也即 $P(\mathbf{y} \mid \mathbf{x}) = N(\mathbf{y}; \boldsymbol{\mu}_{y|x}, \sum_{y|x})$。而 $\boldsymbol{\mu}_{y|x} = (\mu_{y_1|x}, \cdots, \mu_{y_m|x})'$ 是祖先节点的后验均值向量；$\sum_{y|x}$ 是 $y_1, \cdots, y_m$ 的 $m \times m$ 的后验方差-协方差矩阵。

为了获得数据计算有用的分析结果,我们把矩阵 $\mathbf{V}_M$ 分割如下

$$\mathbf{V}_M = \begin{bmatrix} \mathbf{A} & \mathbf{H} \\ \mathbf{H}' & \mathbf{V} \end{bmatrix}$$

$\mathbf{H}$ 和 $\mathbf{A}$ 分别是 $m \times n$ 和 $m \times m$ 矩阵。矩阵 $\mathbf{H}$ 是祖先-现在的表达协方差,而 $\mathbf{A}$ 是祖先节点的方差-协方差矩阵,如此,矩阵 $\mathbf{V}_M$ 的转置可写成

$$\boldsymbol{\Lambda}_M = \begin{bmatrix} \mathbf{A} & \mathbf{H} \\ \mathbf{H}' & \mathbf{V} \end{bmatrix}^{-1} = \begin{bmatrix} \boldsymbol{\Lambda}_{yy} & \boldsymbol{\Lambda}_{yx} \\ \boldsymbol{\Lambda}'_{yx} & \boldsymbol{\Lambda}_{xx} \end{bmatrix}$$

其中,$\boldsymbol{\Lambda}_{xx}$、$\boldsymbol{\Lambda}_{xy}$、$\boldsymbol{\Lambda}_{yy}$ 分别是 $n \times n$、$m \times n$、$m \times m$ 矩阵,公式如下

$$\sum_{y|x} = \boldsymbol{\Lambda}_{yy}^{-1}$$
$$\boldsymbol{\mu}_{y|x} = \boldsymbol{\mu} - \boldsymbol{\Lambda}'_{yx} \boldsymbol{\Lambda}_{yy}^{-1} (\mathbf{x} - \boldsymbol{\mu}) \tag{5.14}$$

5.3　Oakley 等的模型

Oakley 等(2005)介绍了系统发育比较方法来研究基因表达进化模式。基于简单的布朗模型,他们首先考虑系统树上如何指定表达枝长的3 种类型(图 5.3)。第一种特定的模型(遗传距离模型)假设由基因序列数据计算获得的遗传距离来预测表达枝长;第二种模型(等价模型)(Mooers and Schluter,1999)假设表达枝长在每一个分支上都是相等的。在这种情况下,复制事件越多,表达变化越快;第三种特定的模型(自由模型)估计每个不受限制的表达枝长,而不用假设表达变化的速率是恒定的。

这3 种特定模型的每一种都有 3 种不同的常规情况,因此组成 9 种不同的模型(图 5.3)。第一种模型是"纯系统发育树"类型,它假设基因表达变化随基因家族的系统树增大而增加。第二种模型是"非系统发育树"类型,假设系统树内部枝上的基因表达不发生变化,实际上就如表达趋异的星型树模式。最后,"间断"类型则假设每一分支节点上,一个后代基因的表达发生变化,另一个则保持不变。

基于布朗框架,Oakley 等(2005)使用了系统树的似然函数(L),公式如下

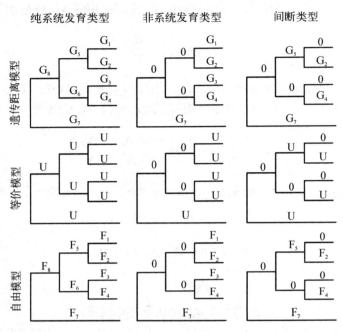

图 5.3 9 种构建基因表达进化的最大似然法模型(Oakley *et al.*，2005)。这些模型预测表达变化随变化内的"时间"单调递增。变化的时间在不同的模型里用不同的方法估计，如在假定的基因树枝上用不同的字母来标示，其可以通过基因家族的序列来估计。标有"G_i"的枝假设表达变化与枝的遗传距离等同；标有"U"的枝即假设变化的单位量(等价)；而标有"F_i"的变化时间直接从表达数据本身获得(自由)；标有"0"的枝表示没有变化发生。3 列表示 3 种不同的类型。纯系统发育类型假设表达变化在系统发育树的每一枝上发生；非系统发育类型假设表达变化仅在系统树的最终枝上发生；而间断类型则假设表达变化仅发生在每一对子代枝的其中一枝上。

$$L = \prod_{i,\,i'} \frac{1}{\sqrt{2\pi\beta t_{i'}}} \exp\left\{ -\frac{(x_i - x_{i'})^2}{2\beta t_{i'}} \right\}$$

其中，x_i 表示节点 i 的表达值；$x_{i'}$ 是节点 i 的派生节点 i' 的表达值；β 是表达变化速率；而 $t_{i'}$ 是节点 i 和 i' 之间的进化变化时间；乘积是指把树上所有枝的内容相乘。Oakley 等(2005)构建了 9 个不同的模型来研究基因表达进化，利用 AIC 可以比较具有不同数值的参数(P)的最大似然率模型(L)

$$AIC = -2\ln L + 2P$$

一般认为，具有最小 AIC 值的模型是最合适的，尽管没有严格的统计显著性检验。

Oakley 等(2005)分析了 10 个大型的酵母基因家族，并且发现重复基因的表达是基于"非系统发育树"模型而进化的,而且紧密相关的基因比距离相对较远的基因并不拥有更多相似的表达模式。在给出了一些可能的解释后,作者支持基因重复后基因表达经历快速进化的说法。

5.4　稳定选择下的表达趋异：Ornstein-Uhlenback（OU）模型

重复基因间的表达趋异是基于一些限制的,因此表达趋异的程度并不能无限制地随时间而不断增大。为描述对表达趋异的约束影响,我们采用数量性状的稳态选择模型（Lynch and Hill，1986）。对于一个表达的基因,表达水平 x 的稳态选择遵循高斯拟合函数

$$f(x) = e^{-\omega_e (x-\theta_e)^2} \tag{5.15}$$

其中,θ_e 是表达水平的最优值；ω_e 是基因表达的稳态选择系数。ω_e 越大表示选择压越强,反之亦然。

在式（5.15）的稳态模型下,表达趋异遵循 Ornstein-Uhlenback（OU）过程（Hansen and Martins，1996）。随机 OU 过程用极微小的均值 $-\beta_0 (x-\theta_e)$ 和方差 $\varepsilon^2/2N_e$ 来描述。其中,ε^2 是突变方差,N_e 是有效群体大小,$\beta_0 = \omega_e \varepsilon^2$ 度量的是偏离最优值的直接效力。给定最初的表达值 x_0,OU 模型主张 $x(t)$ 服从正态分布,均值和方差分别表示如下

$$E[x(t) \mid x_0] = e^{-\beta t} x_0 + (1-e^{-\beta t})\theta_e$$
$$V[x(t) \mid x_0] = \frac{\varepsilon^2 (1-e^{-2\beta t})}{2\beta} \tag{5.16}$$

其中,$\beta = 2N_e \beta_0$ 是表达趋异的衰变速率。

对于从 t 个时间单位前分化的两个重复基因（图5.1）,它们的表达距离可根据与 Gu（2004）类似的方法获得。我们以两个重复基因的简单例子来说明。x_1、x_2 分别表示重复基因 1 和 2 的表达水平。假设最初的表达是最优表达（$x_0 = \theta_e$）,然后基因重复后经历独立分化,那么表达方差可以表示为 $V(x_1) = V(x_2) = \varepsilon^2 (1-e^{-2\beta t})/2\beta + Var(\theta_e)$,协方差为 $Cov(x_1, x_2) = Var(\theta_e)$。$Var(\theta_e)$ 是多种条件下最优表达的方差。因此,两个重复基因的表达距离 $E_{12} = E[(x_1 - x_2)^2] = V(x_1) + V(x_2) - 2Cov(x_1, x_2)$ 可以表示为

$$E_{12} = \frac{\varepsilon^2 (1 - e^{-2\beta t})}{\beta} = \frac{(1 - e^{-2\beta t})}{W} \tag{5.17}$$

其中, $W = \beta/\varepsilon^2$ 是表达趋异的稳态选择强度。应该注意到, 基于稳态选择模型的表达距离有一些重要的特性: ① 当进化时间 t 很小时, 表达距离 E 随着 t 线性增加; 但当 $t \to \infty$, E 即接近一个饱和值。② 接近饱和水平的速率依赖于衰变速率 β, 这个值越大表示接近饱和值的速度越快, 反之亦然。③ 特别地, 当 $\beta = 0$ (无约束), 这一模型即简化为布朗(B)模型, 此时, 表达趋异与时间 t 是线性关系, 即 $E_{12} = 2\varepsilon^2 t$。④ 如期望的, E_{12} 与稳态选择强度 W 成负相关, 而 W 则决定表达趋异的饱和水平, 也即当 $t \to \infty$, $E_{12} = 1/W$。

5.5 实验相关性下的似然性 与距离方法

在芯片实验中, 在相似类型的条件或处理下的表达谱都是比较相近的, 如时间过程实验中两个相近采样点的值往往是高度相关的, 因为这些实验间的相关性, 独立、相似分布假说在这种时候显然是不成立的。也就是说, 基因家族的表达谱样本不仅仅是系统发育关系依赖的, 也与实验条件相关。

作为一阶的近似, Gu(2004)把芯片数据的实验相关性构建成是芯片实验总的相关性。$\mathbf{D}$ 表示实验相关性的 $m \times m$ 矩阵, 也即对角线值是 1, 非对角线值是任意两个芯片实验之间的相关系数。对于包含基因总数为 C 的芯片实验, $\mathbf{D}$ 可通过标准方法估计。经过均值为 0 的归一化处理后的基因家族的表达谱 $\mathbf{X} = (\mathbf{x}_1, \cdots, \mathbf{x}_m)'$ 服从 $[n \times m] \times [n \times m]$ 方差-协方差矩阵为 $\mathbf{V} \otimes \mathbf{D}$ 的多变量正态分布。因此, 似然函数表示为

$$L(\mathbf{V} \otimes \mathbf{D}, \boldsymbol{\mu} \mid \text{data}) = P(\mathbf{X}; \boldsymbol{\mu}, \mathbf{V} \otimes \mathbf{D})$$

显然, 当 $\mathbf{D} = \mathbf{I}$ 时, 模型可简化成式(5.8)。考虑两个重复基因的(集中)表达谱 $\mathbf{X} = (\mathbf{x}_1, \mathbf{x}_2)'$, 在这种情况下, 表达距离可定义如下

$$\begin{aligned} E_{12} &= [\mathbf{x}_1' \mathbf{D}^{-1} \mathbf{x}_1 + \mathbf{x}_2' \mathbf{D}^{-1} \mathbf{x}_2 - 2\mathbf{x}_1' \mathbf{D}^{-1} \mathbf{x}_2]/(m-1) \\ &= \sum_{i=1}^{m} (x_{1i} - x_{2i})^2 / (m-1) + R_{12} \end{aligned} \tag{5.18}$$

仅当 $\mathbf{D} = \mathbf{I}$ 时,实验相关性 $R_{12} = 0$。此时,简化成式(5.10)。前期分析发现,密集采样、时间过程、剂量依赖的处理数据,实验相关性的影响应该是不能忽略的。

5.6 一个例子:酵母 GlnS 基因家族

在酵母中,GlnS 家族(谷氨酰基-和谷氨酰胺酰基- tRNA 合成酶)有 3 个基因成员:YGL245w、YOR168w 和 YOL033w。系统发育分析显示 YGL245w 和 YOR168w 进化关系更接近(图 5.4)。我们用酵母细胞周期芯片数据来进行分析(Eisen *et al*.,1998)。

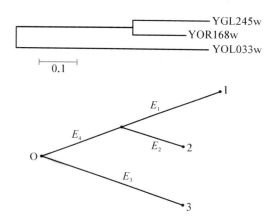

图 5.4 酵母 GlnS 基因家族的简化系统发育树。这一系统树是根据真核生物和原核生物的氨基酸多序列联配结果推断获得。使用的是邻接法构树。引自 Gu(2004),并做了少量修改。

基于 E_0 -模型,独立、相似分布假说下的似然分析获得最大似然估计值 $\hat{\rho}^2 = 0.053 \pm 0.014, \hat{E}_1 = 0.100 \pm 0.023, \hat{E}_2 = 0.062 \pm 0.020, \hat{E}_3 = 0.099 \pm 0.031$ 和 $\hat{E}_4 = 0.079 \pm 0.020$。最大对数似然值为 -146.19。接下来,考虑实验相关性的似然函数。我们首先计算芯片实验的矩阵 $\mathbf{D}$。使用独立、相似分布假说下的最大似然估计值作为最初值,得到 $\hat{\rho}^2 = 0.055, \hat{E}_1 = 0.112, \hat{E}_2 = 0.068, \hat{E}_3 = 0.104$ 和 $\hat{E}_4 = 0.061$。这似乎显示独立、相似分布假说下的似然处理对进行快速、大规模的数据分析是非常有帮助的。

运用分子钟方法,Gu(2004)粗略估计了第一次基因重复(YGL245w/

YOR168w 和 YOL033w 之间）的相对时间为 2.2（基于大肠杆菌/酵母的分歧时间），第二次重复时间为 1.27。如此，基于 B-模型，我们获得独立、相似分布假说下的最大似然估计为 $\hat{\rho}^2 = 0.057 \pm 0.015$ 和 $\hat{\sigma}^2 = 0.047 \pm 0.005$。$B$-模型下的最大对数似然值为 -154.13。显然，似然率检验显示 B-模型或"表达分子钟"在 0.001 的显著水平下被拒绝；$\chi^2_{[3]} = 2(154.13 - 146.19) = 15.88$。如图 5.5 显示，YGL245w-YOR168w 的祖先基因表达谱可通过贝叶斯方法推断。因此，基因重复后，从祖先基因的表达模式中很容易推断出谱系特定的基因表达变化。

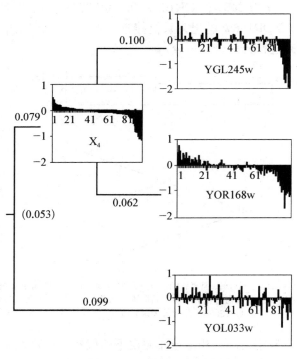

图 5.5 酵母 GlnS 家族的系统发育表达分析。表达枝长已在每枝上标出。推断出的 YGL245w 和 YOR165w 共同祖先的表达谱也在图中展示。引自 Gu(2004)，并做了少量修改。

5.7 基于大规模并行测序技术的表达趋异估计

一些被称作"二代测序"或"大规模并行测序"的新的测序仪器，正在逐渐影响着遗传和基因组学领域。具体参阅 Mardis（2008）和 Jacquier（2009）。简单来说，它们有 3 个特性：同一时间并行处理数以百万计的序列读数的能力；相对来说并不需要预先准备的序列库；比毛细血管测序仪（650～800 bp）更短的序列读长（35～250 bp，根据不同的平台）。除去这些一般特性，商业应用的测序仪更是种类繁多，具体可参阅 Mardis（2008）。

　　既然基因表达的基本度量是计量这些序列读数，这些样本即可用简单的泊松过程来建模。简略来讲，序列读数的丰度显示来自生物样品的基因表达的相对水平。尽管基于泊松过程的模型已用于 EST（表达序列标签）的研究（Audic and Claverie，1997；Ewing and Claverie，2000；Stekel *et al*.，2000；Ge and Epstein，2004），但因为技术平台和方法的不同都会影响到最后的数据处理（Balwierz *et al*.，2009），这些二代测序数据读数的原始数据处理和归一化依旧是个挑战。我们的兴趣是，开发一个统计框架进行基于二代测序技术的转录组（编码基因或 RNA）进化分析，特别是可以利用这一新的数据类型来重新度量两个同源基因之间的表达趋异距离，从而可以跟基于芯片数据的类似研究（Gu，2004）作一个有价值的交叉验证。为简便起见，我们假设原始序列读数已经用每百万一个标签（TPM）的方法进行了归一化（Balwierz *et al*.，2009）。

5.7.1　泊松-对数正态模型

　　序列读数计量和芯片信号强度都能度量基因的表达水平。这两种度量值的分布在基因间是高度不对称的。为研究这个问题，对数转换已经变成是芯片数据归一化的标准方法。然而，对数转换方法可能并不适用于包含 0 数据的 EST 数据。于是，一些研究（Audic and Claverie，1997；Ewing and Claverie，2000；Stekel *et al*.，2000；Ge and Epstein，2004；Balwierz *et al*.，2009）使用泊松模型来描述离散的采样过程。这一模型非常适合先前的 EST 数据和现今广泛使用的二代序列读数数据。

　　给定一个生物样本，$p(x)$ 表示在随机选择的基因上观察到 x 个序列读数的概率，它服从泊松分布

$$p(x \mid \lambda) = \frac{\lambda^x}{x!} e^{-\lambda} \tag{5.19}$$

$x = 0, 1, 2, \cdots$，其中 λ 是每百万读数基因序列读数（TPM）的期望值。泊松模型描述了实验过程中的采样误差。基于这个模型，重复基因的表

达趋异研究如下：假设泊松参数（λ）是一个随机变量，通过泊松-对数正态回归构建最简单的方程式如下

$$\ln\lambda = \mu + \gamma \tag{5.20}$$

其中，μ 是总均值，遗传效应 γ 是一个服从正态分布的随机变量。事实上，γ 描述的是样品间序列读数丰度的差异，表示的是潜在的基因调控谱。

5.7.2　表达趋异的 U-距离

我们的目标是基于序列读数丰度来估计重复基因间的表达趋异值。考虑两个从 t 个时间单位前分化的重复基因 X 和 Y，每个基因序列读数的采样过程服从泊松模型，基因 X 和 Y 的期望值分别为 λ_X 和 λ_Y。把 Gu（2004）构建的表达趋异模型应用到泊松模型上，λ_X 和 λ_Y 可以进一步分解如下

$$\begin{aligned}\ln\lambda_X &= \mu + \gamma_X = \mu + \alpha + \beta_X \\ \ln\lambda_Y &= \mu + \gamma_Y = \mu + \alpha + \beta_Y\end{aligned} \tag{5.21}$$

其中，遗传效应 $\gamma_X = \alpha + \beta_X$ 和 $\gamma_Y = \alpha + \beta_Y$ 表示重复基因间调控系统在进化上的相互关系。α 是重复基因 X 和 Y 共有的遗传分量，而 β_X 和 β_Y 是基因重复后两个基因特有的基因调控趋异的遗传效应。

根据 Gu（2004），α 服从均值为 0、方差为 ρ^2 的正态分布。在 B-模型下（中性表达进化），β_X 和 β_Y 遵循独立的布朗过程，并且具有高斯分布的特征，可分别表示为 $N(0, \sigma_X^2 t)$ 和 $N(0, \sigma_Y^2 t)$。σ_X^2 和 σ_Y^2 是表达趋异的中性速率，基因 X 和 Y 间的表达距离定义如下

$$U_{XY} = (\sigma_X^2 + \sigma_Y^2)t \tag{5.22}$$

接下来，我们发展了一个统计方法利用序列读数丰度来估计两个重复基因（X 和 Y）的表达距离（U_{XY}）。$E[X]$（$E[Y]$）和 $E[X^2]$（$E[Y^2]$）是基因 X（Y）序列读数丰度的一阶矩和二阶矩；$E[XY]$ 是 X 和 Y 的交叉矩。我们的方法是构建 U_{XY} 与这些读数丰度的统计度量之间的相互关系。基于泊松模型，条件期望值为：$E[X \mid \lambda_X] = \lambda_X$ 和 $E[X^2 \mid \lambda_X] = \lambda_X + \lambda_X^2$；同样，$E[Y \mid \lambda_Y] = \lambda_Y$ 和 $E[Y^2 \mid \lambda_Y] = \lambda_Y + \lambda_Y^2$。把这些整合起来，我们得到

$$E[\lambda_X] = E[X], \; E[\lambda_Y] = E[Y], \; E[\lambda_X, \lambda_Y] = E[XY]$$

和

$$E[\lambda_X^2] = E[X^2] - E[X], \ E[\lambda_Y^2] = E[Y^2] - E[Y]$$

从式（5.21）可看出，$\ln \lambda_X$ 或 $\ln \lambda_Y$ 分别服从均值为 μ、方差为 $V_X = \rho^2 + \sigma_X^2 t$ 或 $V_Y = \rho^2 + \sigma_Y^2 t$ 的正态分布。因为 λ_X 和 λ_Y 都服从对数正态分布，$\lambda_j (j = X$ 或 $Y)$ 的一阶矩和二阶矩分别为

$$E[\lambda_j] = e^{\mu + (\rho^2 + \sigma_j^2 t)/2}, \ E[\lambda_j^2] = e^{2\mu + 2\rho^2 + 2\sigma_j^2 t}$$

进一步，交叉乘积矩为

$$E[\lambda_X \lambda_Y] = E[e^{2\mu + 2\alpha + \beta_X + \beta_Y}] = e^{2\mu} \times e^{2\rho^2} \times e^{\sigma_X^2 t/2} \times e^{\sigma_Y^2 t/2}$$

因为 α、β_X、β_Y 间是独立的，于是得到如下关系

$$\frac{E^2[\lambda_X \lambda_Y]}{E[\lambda_X^2] E[\lambda_Y^2]} = e^{-(\sigma_X^2 + \sigma_Y^2)t} \tag{5.23}$$

假如 m 个组织样品上每个基因的序列读数值（TPM）分别表示为 $x_1, \cdots, x_m$ 和 $y_1, \cdots, y_m$。很显然，$E[X]$、$E[X^2]$、$E[Y]$、$E[Y^2]$ 和 $E[XY]$ 的最大似然估计值分别为 $\sum_{i=1}^m x_i/m$、$\sum_{i=1}^m x_i^2/(m-1)$、$\sum_{i=1}^m y_i/m$、$\sum_{i=1}^m y_i^2/(m-1)$ 和 $\sum_{i=1}^m x_i y_i/(m-1)$。进一步，我们分别定义 J_{XX}、J_{YY} 和 J_{XY} 3 个量如下

$$J_{XX} = \sum_{i=1}^m x_i^2/(m-1) - \sum_{i=1}^m x_i/m$$

$$J_{YY} = \sum_{i=1}^m y_i^2/(m-1) - \sum_{i=1}^m y_i/m$$

$$J_{XY} = \sum_{i=1}^m x_i y_i/(m-1) \tag{5.24}$$

基于泊松-对数正态模型，这 3 个量应该是正的，并且满足条件 $J_{XY}^2 \leqslant J_{XX} J_{XY}$。显然，基于独立样本的假设，$J_{XX}$、$J_{YY}$ 和 J_{XY} 分别是 $E[\lambda_X^2]$、$E[\lambda_Y^2]$ 和 $E[\lambda_{XY}]$ 的估计值。因此，两个同源基因 X、Y 间的表达距离可以估计为

$$\hat{U}_{XY} = -\ln \frac{J_{XY}^2}{J_{XX} J_{YY}} \tag{5.25}$$

具体实践中，若 $J_{XY}^2 \geqslant J_{XX} J_{YY}$，则 $\hat{U}_{XY} = 0$。

第六章 重复基因间的表达：
全基因组分析

重复基因间的表达趋异是遗传学家和进化生物学家长期关心的一个话题。Ohno(1970)提出重复基因间的表达趋异是其发生功能分化的第一步，从而提高这些重复基因在基因组中被保存下来的概率。接下来，在20世纪70年代和80年代，分子生物学的发展为更好的理解重复基因间的表达趋异提供了很好的分子基础。如今，基因组的完全测序、芯片基因表达和其他功能基因组学数据催生了对这些问题的更多研究（如Wagner，2000b；Gu *et al.*，2002d；Zhang *et al.*，2004；Blanc and Wolfe，2004；Gu *et al.*，2005b；近期综述见 Li *et al.*，2005）。在本章中，我们将介绍这些研究成果。

6.1 编码序列分化与表达趋异

物种分化或者基因重复后，编码序列分化与表达趋异间的相对关系是发育过程进化研究中重要但一直存在争议的问题。酵母重复基因来自于1亿年前发生的全基因组重复（Wolfe and Shields，1997），并加上大量更为古老（或年轻）的片段重复基因。Wagner(2000b)第一个在酵母全基因组水平考虑重复基因间编码序列的进化与表达趋异之间是否存在相关性。在研究了114对重复基因序列以及5种生理条件下的芯片数据后，他发现蛋白质序列的分化与其表达趋异之间没有显著的相关性。于是，他提出蛋白质序列与基因表达这两者间的进化是不相关联的。然而，使用同义替换速率进化(K_S)作为重复基因间分化时间的度量，再利用更大的数据量，Gu 等（2002d）发现表达趋异与 K_S 之间存在正相关（图6.1A），同时还发现具有很小 K_S 值的很多重复基因对的基因表达都已发生分化。因此作者推断，重复基因间的表达趋异发生地非常迅速。与此同时，他们还观察到表达趋异与数值小于 0.30 的非同义替换速率(K_A)进化之间也存在正相关(图 6.1B)，暗示着表达趋异与蛋白质序列分化在一开始就是关联的。同样，基于酵母重复基因的系统进化分析，Zhang 等(2004)也发现表达趋异与重复基因的年代的确存在正相关。

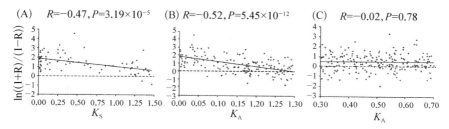

图 6.1　重复基因间的 K_S(或 K_A)与所有数据点基因表达相关系数(R)间的相互关系。(A) 基因对间 $\ln[(1+R)/(1-R)]$ 与 K_S 间存在显著相关，这暗示着 K_S 与表达趋异之间存在正相关，因为 $1-R$ 即表示表达趋异的程度。(B) 对 $K_A < 0.3$ 的基因对，$\ln[(1+R)/(1-R)]$ 与 K_A 也存在显著负相关。(C) 在 $K_A > 0.3$ 的基因对上却未发现这一相关性。引自 Gu 等(2002d)，并做了少量修改。

　　在人类重复基因的分析中也得到了与酵母类似的结论。利用人类 25 个组织的 Affymetrix 表达数据，Makova 和 Li(2003)发现组织间表达的趋异与 K_S(或 K_A)存在正相关关系。Blanc 和 Wolfe(2004)研究了约 2 千 4 百万～3 千万年前发生全基因组重复的拟南芥重复基因对的表达趋异式样，他们观察到拟南芥重复基因对间的序列相似度与表达趋异之间也存在很弱但显著负相关的关系。

6.2　重复基因间调控基序 分化与表达趋异

　　与编码序列间的分化相比，重复基因间的顺式调控序列分化很可能对表达趋异具有更为直接的影响。因此，研究重复基因的顺式调控基序如何进化是一件非常有趣的事情。Papp 等(2003)发现在酵母年轻的重复基因上，重复基因间共有的顺式调控基序的数目随重复基因发生的年代(用 K_S 度量)而逐渐减少。这一结论的获得主要来自大规模计算预测的调控基序。Zhang 等(2004)用已知的酵母调控基序也进一步证实了这一结论。

　　既然重复基因更有可能共享顺式调控基序，那么可以预期重复基因比两个随机选择的基因拥有更强的共表达模式。Zhang 等（2004）发现对酵母基因确实是这么一回事。同时，重复基因间的表达趋异与它们共享调控基序的程度理论上是成负相关关系。Zhang 等（2004）的确发现了它们间的弱负相关关系，但同时发现仅有很低比率（约 2‰～3‰）的重复基因间的表达模式能用它们共有的顺式调控基序所解释。也就是说，重复基因间除顺式调控基序结构的差异外，表达模式更多地可能受一些未知因子的影响：① 上述分析并未包含重复基因所有顺式调控基序，正如 Papp 等（2003）指出的，酵母基因里顺式调控基序也不是完全已知的；② mRNA的稳定性和染色质结构也可能影响重复基因间表达水平的差异；③ 基因网络中未知的反式调控因子也强烈地影响重复基因间的表达趋异。当然，至于反式调控因子到底是如何影响两个重复基因间的表达差异，目前依旧是不清楚的。

总之，虽然其他因素如 mRNA 的稳定性、染色质结构等可能影响重复基因间的表达差异，重复基因间的表达分化与顺式调控基序进化之间的确是存在正相关关系的。

6.3　基因重复与表达多样化

亚功能化（Force *et al.*，1999）理论预测基因重复变得更专一于不同的组织和发育阶段。考虑一组亲缘关系很近的物种，经历基因重复的基因在不同物种间往往比单拷贝基因具有更为多样化的表达谱。为验证这一想法，Gu 等（2004）利用 3 个黑腹果蝇（*Drosophila melanogaster*）亚种开始变形时的基因表达数据来研究基因重复事件对基因表达的影响。他们首先利用 ANOVA 统计方法检测出在特定谱系内和谱系间变形开始时具有差异表达的基因。它们发现在某一谱系里发生显著差异表达的重复基因比率要显著高于单拷贝基因；同时，基因组间比较研究显示重复基因在不同物种或同一物种不同品系具有更高的表达趋异程度（表 6.1）。作者还检测了重复基因在两个酵母品系间的表达差异，发现也具有类似模式（表 6.1）。他们因此提出，重复基因无论在基因组内还是基因组间都比单拷贝基因具有更为分化的表达谱。

近来，Huminiecki 和 Wolfe（2004）研究了人类和小鼠同源基因的表达谱。他们把目标锁定在近来发生谱系特异性基因重复并在人或者小鼠

表 6.1 果蝇和酵母不同品系/物种间单
拷贝基因与重复基因的分布

（引自 Gu *et al.*，2004）

表 达 差 异	单拷贝基因	重复基因
果蝇不同品系/物种间比较（$\chi^2 = 97.6$, d. f. = 1, $p \approx 0$）		
差异表达[a]	1 201	1 593
相似表达[b, c]	2 155	1 745
总和	3 356	3 332
酵母不同品系间比较（$\chi^2 = 54.5$, d. f. = 1, $p < 10^{-12}$）		
差异表达	541	392
相似表达	2 252	925
总和	2 793	1 317

[a] 至少在不同物种或同一物种不同品系间差异表达的基因；
[b] 在不同物种间或同一物种的不同品系对间相似表达的基因；
[c] 如果仅考虑在变形开始时发生差异表达的基因,物种/品系间具有不同表达模式的倍增基因的比率依旧显著高于单拷贝基因。

内产生旁系同源基因对（重复基因）的那些基因位点,同时这些新产生的重复基因对在另一个物种上有与之同源的单拷贝基因。在人和小鼠的同源组织内,谱系特异性重复基因的出现提高了人和小鼠同源组织内基因表达谱的分化程度,而且具有多次谱系特异性基因重复事件的同源基因甚至具有更高的表达谱差异度。他们解释,由于人和小鼠的同源基因具有相同的年龄（来自同一个最近共同祖先）,基因表达间增加的趋异程度主要是受谱系特异性基因重复事件的影响。

6.4 表达趋异与重复基因的保留

重复基因进化研究中的一个中心问题就是：一般来说,冗余的重复基因最可能的命运是无功能化,但为什么还是有这么多的重复基因在基因组中被保留下来。在谈到重复基因的命运时,新功能化（Ohno,1970）和亚功能化（Force *et al.*，1999）是两个经常被考虑的模型。新功能化模型假定新功能的获得是重复基因的两个拷贝在基因组中被保留下来的主要因素；而亚功能化模型,一般以复制-退化-互补（DDC）模型为大家所熟悉,它假设两个重复基因经历了顺式调控基序的互补和退化,因此两个拷贝需要产生互补的祖先基因全套的顺式调控基序（图6.2）。这个模型预测：① 两个重复基因总的顺式调控基序数目随着进化时间不断下降(图 6.2);② 具有多个旁系同源基因的基因应该具有更少的调控基序数目,因为这些基因经历了多轮的基因重复事件和基序的互补丢失。

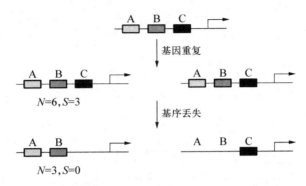

图 6.2 基因重复后调控区域进化的退化互补模型。A、B、C:调控基序;N:重复基因内总的基序数;S:两个重复基因间共有的基序数。跟祖先状态相比,每个基因仅保留了部分的启动子元件。结果,S、N 都随进化时间不断下降。引自 Papp 等(2003),并做了少量修改。

使用酵母的基因组数据,Papp 等(2003)检验了 DDC 模型的上述两个预测。他们发现,尽管重复基因的共有基序数量随进化时间不断下降,但总的基序数是恒定的(图 6.3)。而且,酵母基因组中具有多个旁系同源基因的基因并不具有特别少的顺式调控基序数。对于这些现象,作者解释,无论是从原有调控基序中获得具有新功能的调控基序还是丢失调控基序,都能通过获得新的调控基序这一机制来平衡,从而保持总数目的恒定。他们认为,仅仅 DDC 模型并不能完全解释酵母中重复基因的进化,而新功能的获得在酵母基因组中对重复基因的保留发挥了很重要的作用。

传统观点认为,基因重复后基因往往倾向于组织特异性的表达。Huminiecki 和 Wolfe(2004)确实发现重复基因的表达模式更为专一化,表现为随着基因家族成员增多,它们的表达宽度下降,表达的特异性增加。另一方面,他们还发现一些具体例子表明的确有很多基因家族的重复基因发生了新功能化,而只有一个基因家族其成员呈现亚功能化的趋势。由于新功能化有可能是一个晚期的过程,而在早期往往发生亚功能化,从而降低重复基因变成假基因的可能性(Force *et al.*,1999;Papp *et al.*,2003;Wrag *et al.*,2003;He and Zhang,2005)。因此,上述现象还有待深入分析。

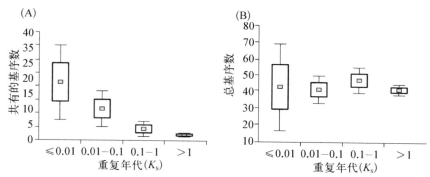

图 6.3　（A）重复基因共有的不同基序数与其年代间的负相关性。（B）两个拷贝基因的年代与其含有的总基序数无相互关系。引自 Papp 等（2003）。

6.5　表达趋异的进化距离

为方便表达数据的进化分析，我们（Gu *et al.*，2005b）定义了重复基因间的可加表达距离（ *E* ）。这一距离可用表达差异平方的均值来度量。对任意两个重复基因 1 和 2， x_{1k} 和 x_{2k} 分别表示第 k 个芯片实验的表达水平， $k = 1, \cdots, m$ ； $\bar{x}_1$ 和 $\bar{x}_2$ 分别是其表达均值。那么，我们定义基因 1 和 2 间的进化表达距离如下

$$E_{12} = \sum_{k=1}^{m} \left[(x_{1k} - \bar{x}_1) - (x_{2k} - \bar{x}_2) \right]^2 / (m-1) \tag{6.1}$$

换句话说，进化表达距离就是用样本大小归一化的（集中）欧氏度量的平方。

在前面的章节里，我们提到式（6.1）定义的表达距离满足可加性要求，也就是说， $E_{12} = E_1 + E_2$ ， E_1 和 E_2 是表达枝长（图 6.4A）。可加性确保：给定两个重复基因的进化时间 t ，表达分化速率即为 $\lambda_E = E_{12}/2t$ ，也是两个谱系的平均速率。对于比较大的基因家族，可加性允许最小二乘法计算系统发育树上成对的表达距离（Gu，2004）。如此这样，表达分化的平均速率可用 $\lambda_E = E_T/T$ 估计， E_T 是表达枝长的总和，而 T 是基因家族的总进化时间。

表达距离与速率的生物学意义　Gu（2004）（见前面的章节）开发了基于布朗过程的表达进化的统计框架。最简单的 B-模型假设基因家族

117

的表达趋异主要是由具有恒定速率 σ^2（突变方差）的微小的可加的遗传漂变（随机效应）所驱动。在两个基因的例子中，B-模型保证 $E_1 = E_2 = \sigma^2 t$。因此，表达距离为 $E_{12} = E_1 + E_2 = 2\sigma^2 t$。同时，表达趋异的进化速率等于突变方差，也即 $\lambda_E = E_{12}/2t = \sigma^2$。因此，B-模型被认为是基因表达的"中性进化"模型。依次类推，在经典中性模型下，DNA 序列的进化速率也即等于突变速率。

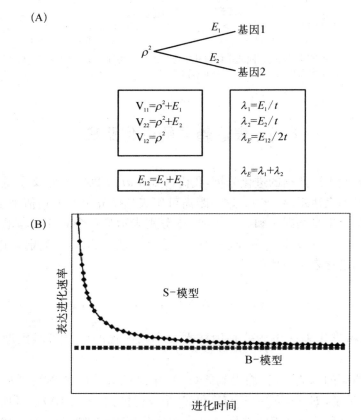

图6.4 （A）两基因有根树的示意图。E_1、E_2 表示基因重复后那一枝上的表达距离；ρ^2 表示共有表达方差。表达距离 E_{12} 是 E_1 和 E_2 的和。（B）S-模型下时间依赖的表达进化速率的分布示意图。引自 Gu 等（2005），并做了少量修改。

Gu（2004）还研究了可能由选择压参与的一些进化机制。如基于快速转变（S）模型，表达枝长是 $E_1 = \sigma^2 t + S_1^2$ 和 $E_2 = \sigma^2 t + S_2^2$，其中 S_1^2 和 S_2^2 分别度量的是两个谱系间重复依赖的快速转变率。基于 S-模型，表达距离即为 $E_{12} = 2\sigma^2 t + S_1^2 + S_2^2$，从而使得 $\lambda_E = E_{12}/2t = \sigma^2 + S^2/t$，而

$S^2 = (S_1^2 + S_2^2)/2$。因此，表达趋异的加快速率（时间依赖）反映了基因重复后表达趋异的非中性进化模式（图 6.4B）。

相对表达速率检验　在外类群基因（基因 3）存在的情况下，我们使用相对速率检验来检测基因重复后基因表达是否是非对称进化的（图 6.8A）。无效假说是 $E_1 = E_2$，也即基因重复后两个拷贝基因的表达以同等速率趋异（对称进化）。基于表达距离的可加性特性，也即 $E_{13} = E_1 + E_3$，$E_{23} = E_2 + E_3$，基因表达的相对速率检验即计算统计量

$$\delta_E = E_{13} - E_{23} \qquad (6.2)$$

δ_E 的生物学解释可以在 S-模型下进行阐述。在这一模型里，$\delta_E = E_{13} - E_{23} = S_1^2 - S_2^2$，是用于检测哪一个谱系（重复依赖的）具有更多的表达变化。在无效假说下，$\delta_E = 0$，P 值根据经验通过自展方法计算。因此，如果 $P < \alpha$，对称表达进化的无效假说即在显著水平 α 下被拒绝。

芯片实验因子效应　σ_ϵ^2 表示总的实验因子（非生物因素）影响基因表达的方差分量。因此，由式（6.1）定义的表达距离的期望值如下

$$E_{ij}^* = E_{ij} + 2\sigma_\epsilon^2$$

也就是说，表达距离以及与实验差异相关的进化速率往往是高估的。然而，因为 $\delta_E^* = E_{13}^* - E_{23}^* = E_{13} - E_{23} = \delta_E$，式（6.2）中的相对表达速率检验统计上并不受这些实验因子的影响。

ANOVA 模型　Gu 等（2005b）利用方差分析（ANOVA）模型来考虑芯片数据中导致表达差异的各种因素（Kerr and Churchill，2001）。以酵母孢子形成过程的 cDNA 芯片数据为例，y_{ijkg} 是第 k 个处理、第 i 张芯片、第 j 个染料（$j=1$ 是绿色，$j=2$ 为红色）里基因 g 经对数转换后的表达信号值，y_{ijkg} 的 ANOVA 模型如下

$$y_{ijkg} = \mu + A_i + D_j + T_k + G_g + (AG)_{ig} + (TG)_{kg} + e_{ijkg} \qquad (6.3)$$

其中，μ 是总均值；误差项 e_{ijkg} 是均值为 0、方差为 ϵ^2 的独立相似分布；芯片效应 A_i 考虑不同芯片间表达的平均差异；染料效应 D_j 考虑每个染料平均信号的差异；时间点效应 T_k 则表示不同时间点的总表达差异；基因效应 G_g 考虑的则是点在芯片上的单个基因表达的平均水平；芯片-基因互作 $(AG)_{ig}$ 表示点在芯片 i 上的基因 g 的效应；而基因-处理间的互作 $(TG)_{kg}$ 则考虑归因于处理 k 和基因 g 特定组合的总平均差异。简短来说，实验方差 σ_ϵ^2 包括染料效应 D_j、芯片-基因互作效应 $(AG)_{ig}$ 和误差项 e_{ijkg} 的方差 ϵ^2。

6.6 酵母重复基因的表达分化速率

酵母基因重复的年代分布 我们（Gu *et al.*，2005b）研究了 434 个酵母（*S. cerevisiae*）基因家族，包括 201 个 2-成员、113 个 3-成员、39 个 4-成员、18 个 5-成员和 63 个 6 或更多成员的基因家族。对每个基因家族，我们推断系统发育树并估计每个基因重复事件的年代。我们检测到的 1 369 个基因重复事件的年代分布见图 6.5。这一研究中使用的时间标尺是原核生物与真核生物的分化时间，大约 14 亿～20 亿年前。使用氨基酸距离表示基因重复的时间也得到类似的结果。在酵母基因组的年代分布中出现有两个峰。最近一次频繁出现的重复事件可用大约发生在 1 亿年前的酵母全基因重复假说（多倍体化事件）来解释。此外，还有一个峰显示在非常古老的年代大约是原核生物与真核生物分歧的时代也发生了很多次的基因重复事件。来自细菌（*Escherichia coli* K12）和古细菌（*Thermoplasma acidophilum*）的年代分布也显示有很多非常古老的重复基因（数据未呈现）。这些发现提出了一个有趣的问题，就是基因重复可能在 3 个主要生物界的出现过程中起了很重要的作用。

基因重复后表达趋异的进化速率 对于具有两个或三个重复基因的酵母基因家族，我们基于 276 个酵母芯片数据估计了任意两个重复基因 i 和 j 的表达距离（E_{ij}）。给定基于蛋白质多重比对序列推断出的系统发育树，利用拓扑结构上的表达距离的最小二乘法定位方法估计总的表达枝长（E_T）。因为基因家族的总进化时间可从估计出的基因重复时间中获得（图 6.5），我们估计每个基因家族表达趋异的进化速率为 $\lambda_E = E_T/T$。

总的来说，被研究的酵母基因家族的平均速率为每个时间单位（细菌/酵母分化时间）0.977；95% 分位数（0.09～6.50）显示表达速率的大量变异。如果考虑细菌/酵母的分化时间约为 20 亿年前，那么酵母基因重复后表达分化的平均进化速率约为 0.49×10^{-9}/年。有趣的是，基因重复后表达的进化速率（λ_E）是时间依赖的（图 6.6A）；对数-对数回归分析显示，λ_E 与基因家族的总进化时间 T 是成负相关的（$R = -0.75$，$P < 10^{-8}$）。图 6.6B 显示，在基因重复后的进化早期，表达趋异的最初平均速率可高达每个时间单位 5.8，约 2.9×10^{-9}/年，比基准表达速率（$0.14 \times$

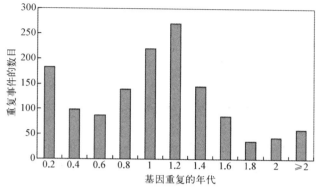

图 6.5　估计的酵母重复基因的年代分布柱状图。进化时间单位根据细菌/酵母的分化时间（大约 20 亿年前）定义。引自 Gu 等（2005b），并做了少量修改。

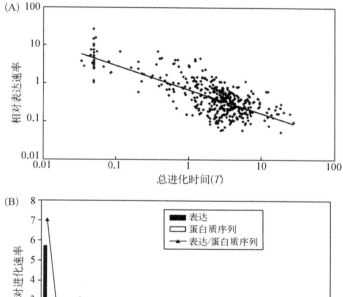

图 6.6　（A）基因表达的进化速率 λ_E 与基因家族的总进化时间 T 的对数-对数回归。（B）每个单元内（0.2 个时间单位）平均后的基因表达进化速率、蛋白质序列进化速率以及表达/序列速率比与 T 的关系。进化时间单位用细菌/酵母的分化时间来定义，大约 20 亿年前。引自 Gu 等（2005b），并做了少量修改。

121

10^{-9}/年)高出了 20 多倍。我们的发现支持基因重复后没多久基因表达即进行迅速分化假说,而且这一速度比重复基因的序列进化还要快速。确实,蛋白质序列在年轻基因家族中快速进化的只占 20% 左右($R=-0.18$, $P<0.01$)。结果,对于年轻的重复基因,表达速率与蛋白质序列进化速率的相对比非常高,约为 7.1,而随着进化时间的推进,这一相对比快速下降(图 6.6B)。

转录因子-基因间调控互作的进化速率 基因重复后的进化早期快速的表达分化预示着快速的调控网络的进化。我们使用大规模染色质免疫共沉淀(ChIP)的转录因子(TF)-靶标基因互作数据(Lee *et al.*,2002)来检验这个预测。这一技术并不需要正确识别蛋白质结合位点而来检测调控网络。我们利用简约法推断调控互作的进化事件。由于在很多情况下基因家族树的根是不确定的,我们在分析中使用的是调控互作的变换事件(如获得或丢失)。我们估计调控互作的平均进化速率 $\lambda_R \approx 0.722$ 每个时间单位,大约 0.36×10^{-9}/年。与表达趋异速率相似,我们把具有相似重复年代(0.2 个时间单位为一个单元)的重复基因归为一类,估计每类基因的平均进化速率。如图 6.7 显示,年轻重复基因的调控进化速率约是古老重复基因的 10 倍。每个年代组里的相等进化速率的无效假说被拒绝($P<10^{-5}$)。

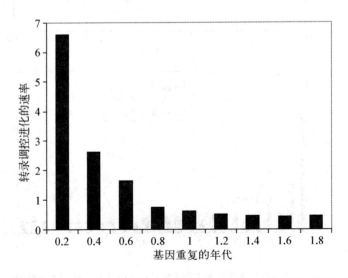

图 6.7 每个单元内(0.2 个时间单位)经平均后的转录调控变异的进化速率与基因重复年代的关系。进化时间单位用细菌/酵母的分化时间定义,大约 20 亿年前。引自 Gu 等(2005b),并做了少量修改。

6.7　基因重复后的不对称表达进化

　　基因重复后表达的不对称进化观点预测重复基因的一个拷贝会在重复后不久经历快速的表达进化（高速的表达分化），而另一个拷贝很大程度保持祖先的表达模式（低速的表达分化）。我们使用相对表达速率检验研究 111 个酵母重复基因对（图 6.8A），外类群重复基因通过系统发育分析决定。总的来说，60 个基因家族（54％）显示无效假说（相等表达分化，

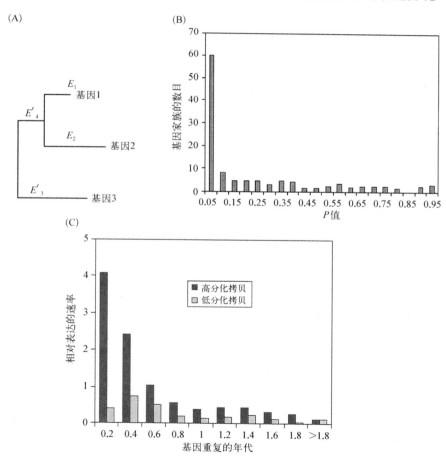

图 6.8　（A）相对表达速率检验的示意图，$E_3 = E_{3'} + E_{4'}$。（B）每个检验里利用自展方法获得的 P 值分布柱状图。（C）每个时间单元内（0.2 单位）平均的基因重复后高分化拷贝与低分化拷贝的表达速率与总进化时间（相对于细菌/酵母的分化时间）的关系。引自 Gu 等（2005b）。

$E_1 = E_2$)在 0.05 的显著水平被拒绝;47 个家族(42%)在 0.01 的水平被拒绝。在多次检验的情况下控制 I-型错误的有效度量是错误发现率(FDR)。给定 P 值的柱状分布图(图 6.8B),我们估计在 0.05 的显著水平下 FDR=11.8%,也就是说,约 7 个例子是假阳性的。这一结果显示重复基因对的表达进化是高度不对称的。我们暂时把重复基因分成高(H)或低(L)表达速率两组。图 6.8C 显示 H 组重复基因在年轻重复基因里的平均表达速率要明显高于古老重复基因,而对 L 组来说,在年轻和古老基因组里两者没有差异。

实验噪音校正过的表达距离 一个依旧遗留的问题是我们的结果可能受到来自非生物因素的实验因子的影响。Gu 等(2005b)用 ANOVA 方法研究酵母孢子形成过程的芯片数据,获得 $\sigma_\varepsilon^2 \approx 0.275$。然后,我们重新计算基因重复后表达趋异的进化速率。表达分化的最初平均速率降到 1.7×10^{-9}/年,比原先的估计要低约 41%。然而,依旧要比基准表达速率高 10 多倍。换句话说,相对比较高的实验噪音并不能改变我们的主要结果。

6.8 结 论

尽管我们对重复基因表达趋异(分化)模式的理解已经有了很大的提高,但还是有好多内容值得更进一步的研究。如必须注意的是,由于受到芯片数据噪音和重复基因间基因转换的影响,表达分化的速率可能是被高估的。另一个值得进一步研究的方向是,基因表达分化对重复基因在基因组中保存过程中所起的作用。在酵母中,我们观察到基因重复后没多久,表达和调控进化的最初速率提高了至少 10 倍,而对蛋白质序列来说,在重复后的早期,进化速率提高的基因只占 20%。而且,相对表达速率检验暗示重复基因的表达倾向于不对称进化。也就是说,一个拷贝的表达进化非常迅速,而另一个拷贝则还保留祖先的表达谱。目前这方面的研究主要集中在酵母上。而酵母只是一个具有巨大有效群体大小的单细胞生物,所以我们需要把研究进一步拓展到其他真核生物上。检验基于酵母数据得出的这些结论是否同样适用于其他物种将是一件有趣的事情。从基因网络角度探索基因重复的表达分化将是未来值得关注、并充满挑战的领域。

第七章　基因组进化的组织驱使假说

　　理解潜在的调控机制是探索基因组复杂性形成的一个关键步骤（King and Wilson，1975）。其中一个重要的议题就是在基因组进化过程中组织特异性因子的作用。一些研究已经表明，组织特异性限制会造成人和黑猩猩之间基因表达分化在不同组织间的变异（Enard *et al*.，2002；Gu and Gu，2003a；Khaitovich *et al*.，2004a，2004b，2005a，2005b，2006c）。在人和小鼠间（Gu and Su，2007），或是在果蝇间（Rifkin *et al*.，2005）也发现同样的现象。Duret 和 Mouchiroud（2000）研究表明，蛋白质分化速率和基因表达谱的宽度呈负相关。在本章中，我们首先讨论组织驱使假说（Gu and Su，2007），基于一个明晰的进化模型，提供可检验的预测。这一理论声称对基因表达和序列分化起作用的稳定化选择可能同时受到共同的组织因子的影响。在第二部分，我们介绍一个关于人和黑猩猩分化后，在人脑中基因表达进化的有趣的问题（Enard *et al*.，2002；Gu and Gu，2003a，2004；Jordan *et al*.，2005；Yang *et al*.，2005；Zhang and Li，2004）。

7.1　基因组进化的组织驱使假说

7.1.1　在稳定化模型下的基因表达趋异

　　我们（Gu and Su，2007）援引质量性状的稳定化选择模型（Hansen and Martins，1996）来描述对表达分化的组织特异性的限制。对于一个在某一特定组织表达的基因（ti），其表达水平 x 的稳定化选择服从高斯适应度函数

$$f_{ti}(x) = e^{-wti(x-\theta_e)^2} \tag{7.1}$$

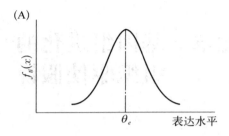

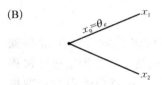

图 7.1 （A）在基于稳定选择情况下，适合度函数对表达量作图；θ_e 是最优的表达量。（B）在两个直系同源基因间物种间表达分化的示意图。我们假定祖先表达量处于最优值（$x_0 = \theta_e$）。

其中，θ_e 是最优表达量，w_{ti} 是组织 ti 中基因表达的稳定选择系数；较大的 w_{ti} 代表较强的选择压，反之亦然（图 7.1）。

根据式（7.1）的稳定选择模型，我们已经说明表达分化服从一个 Ornstein-Uhlenbeck（OU）过程。这种随机 OU 过程是以无限小的平均值 $-\beta_0(x-\theta_e)$ 和方差 $\epsilon^2/2Ne$ 为特征的，其中，ϵ^2 是突变方差，N_e 是有效群体大小，而 $\beta_0 = w_{ti}\epsilon^2$ 则度量了偏离最优值后所受到的反向直接压力。给定初始表达值 x_0，根据 OU 模型 $x(t)$ 服从一个正态分布，其均值和方差分别为

$$E[x(t) \mid x_0] = e^{-\beta t}x_0 + (1 - e^{-\beta t})\theta_e$$

$$V[x(t) \mid x_0] = \frac{\epsilon^2(1 - e^{-2\beta t})}{2\beta} \tag{7.2}$$

其中，$\beta = 2N_e\beta_0$ 为表达分化的衰变速率。

对于两个基因组，如人和小鼠，两者在 t 时间单位前分化（图 7.1B），表达距离可以由如下方式给出。x_1 和 x_2 分别为两个直系同源基因 1 和 2 的表达量。假定初始值处于最优值（$x_0 = \theta_e$），从式（7.2）我们得到 $E[x_1 \mid x_0] = E[x_2 \mid x_0] = \theta_e$。如果基因表达独立分化，我们有 $Cov(x_1, x_2) = Var(\theta_e)$，也就是说，$x_1$ 和 x_2 间的协方差等于祖先表达量的方差。同样，可以表示 $V(x_1) = V(x_2) = \epsilon^2(1 - e^{-2\beta t})/2\beta + Var(\theta_e)$。因此，在组织 ti 中，对于任何基因对 g 之间的（欧式）距离可以定义为 $E_{ti,g} = E[(x_1 - x_2)^2]$，由下式给出

$$E_{ti,g} = \frac{\epsilon_g^2(1 - e^{-2\beta_g t})}{\beta_g} = \frac{(1 - e^{-2\beta_g t})}{W_{ti,g}} \tag{7.3}$$

与式（7.1）及式（7.2）类似，ϵ^2 表示突变的方差，β_g 是表达分化的衰变速率，而 $W_{ti,g} = \beta_g/\epsilon_g^2$ 代表对基因对 g 的表达分化的稳定选择的强度。式（7.3）显示，$E_{ti,g}$ 是和 $W_{ti,g}$ 方向相关的；当 $t \to \infty$，$E_{ti,g} = 1/W_{ti,g}$。

7.1.2 蛋白质进化速率的组织依赖性

Gu(2007a)基于一个多维稳定选择模型研究了蛋白质序列的进化速率。下面简单介绍这一模型；关于这一主题的详细讨论请见下一章。对一个只有单一功能的蛋白质，假定用一个称为"分子表型"（y）的变量表示其功能，作用于 y 的稳定选择服从一个简单的高斯分布（图 7.2）

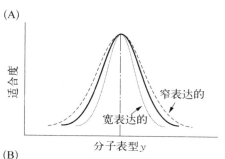

$$f(y) = e^{-(y-\theta_g)^2/2\sigma_g^2} \quad (7.4)$$

其中，一个较小的 σ_g^2 代表较强的稳定选择，而 θ_g 是最优分子表型。因此，作用于 y 的选择系数由 $s(y) = f(y) - 1 \approx -(y-\theta_g)^2/2\sigma_g^2$ 给出。另一方面，编码区的随机（非同义）突变基于一个具有均值为 θ_g、突变

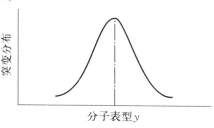

图 7.2 （A）适合度函数对在稳定选择下的蛋白质功能分子表型（y）作图。（B）影响分子表型 y 的随机突变的分布。

方差为 σ_m^2 的分布影响分子表型 y。因此，平均选择系数由 $\bar{s} = -E[(y-\theta_g)^2]/2\sigma_g^2 = -\sigma_m^2/2\sigma_g^2$ 给出，选择强度为 $S_g = 4N_e\bar{s} = 2N_e\sigma_m^2/\sigma_g^2$。对于一个具有多个（$K$）分子表型的蛋白质，Gu(2007a)已经证明

$$S_g = -2N_e \sum_{i=1}^{K} \frac{\sigma_{m,i}^2}{\sigma_{g,i}^2} \quad (7.5)$$

下标 i 指定参数 σ_m^2 和 σ_g^2 为第 i 个分子表型的参数。

分子表型的稳定选择可能是组织特异性的。这一概念可以被模型化为 $\sigma_{g,i}^2 = a_{g,i}^2/Z_g$：当 $a_{g,i}^2$ 是依赖分子表型的却独立于组织，Z_g 度量组织对基因进化的累积影响；较大的 Z_g 表示较强的组织影响，反之亦然。总之，在式（7.5）中的基因的平均选择强度可以写成

$$S_g = S_0 \times Z_g \quad (7.6)$$

其中，S_0 是独立于组织的组分。根据分子进化理论（Kimura，1983），基因 g 的进化速率由 $\lambda_g \approx vS_g/[1-e^{-S_g}]$ 给出，v 是进化速率。从式（7.6）可以得出

$$\lambda_g = v \frac{S_0 Z_g}{1 - e^{-S_0 Z_g}} \qquad (7.7)$$

式(7.7)把蛋白质序列的进化速率与组织影响联系在一起,预测了进化速率与累积的组织影响 Z_g 间具有相反的关系。

7.1.3 组织驱使假说

基因组进化的组织驱使假说以组织因素对基因组进化速率的功能制约具有重要的作用为出发点,因为基因通过在特定组织中受调控的表达影响表型特性。调控和编码序列中的遗传变化对表型的影响均受到共同的组织微环境的影响。如下所述,组织驱使假说预测了一些有趣的基因组相关性。

组织表达距离(E_{ti}) 为了度量两个物种间某一组织的表达差异,我们定义 E_{ti} 为在组织 ti 中基于 N 个直系同源基因的平均表达距离,也就是说,$E_{ti} = \sum_{g=1}^{N} E_{ti, g}/N$,其中,$E_{ti, g}$ 由式(7.3)给出。Gu 和 Su(2007)已经表明,E_{ti} 可以近似地由下式表示

$$E_{ti} \approx (1 - e^{-2\bar{\beta}t})/W_{ti} \qquad (7.8)$$

其中,平均组织因子 W_{ti} 是(调和)平均组织因子,β 是指表达分化的平均衰变率,t 代表物种形成的时间。式(7.8)表明组织表达距离随着时间 t 增加而增加,随着平均组织因子 W_{ti} 增加而减小。当 β 接近于 0(接近中性)或 t 很小(非常接近的物种),式(7.8)可以简化为 $E_{ti} \approx 2\varepsilon^2 t$,趋向于布朗模型(Gu, 2004; Gu *et al*., 2005b),ε^2 是所有基因的平均突变方差。在亲缘关系较远的基因组的情况下,当表达分化达到稳定状态,式(7.8)的时间依赖性的特性消失,导致 $E_{ti} \approx 1/W_{ti}$。

组织表达和序列距离:$E_{ti} - D_{ti}$ 相关性 对一组(N_{ti})在组织 ti 中表达的基因,平均的进化距离用 D_{ti} 表示。根据一些适度的假设,Gu 和 Su(2007)显示

$$D_{ti} \approx 2vt \times \frac{\bar{S}_{ti}}{1 - e^{-\bar{S}_{ti}}} \qquad (7.9)$$

其中,组织(ti)中表达基因的平均选择强度由下式给出

$$\bar{S}_{ti} \approx \bar{S}_0 \times Z_{ti}$$

Z_{ti} 是所有表达基因累积的组织(ti)因子的平均值,而 $\bar{S}_0$ 是平均的组织不相关组分。

根据组织驱使假说,两个平均组织因子,式(7.8)中的 W_{ti} 和式(7.9)中的 Z_{ti} 应该具正相关性,因为它们分别代表共同的组织(ti)微环境对表达分化和蛋白质序列分化的影响。这一论点预测了组织表达距离(E_{ti})与组织序列距离(D_{ti})间的正相关性。

物种间和重复基因间的组织表达分化:$E_{ti} - T_{dup}$ 相关性　此外,组织驱使假说也预测了组织因子可能影响重复基因间的表达分化。为清楚起见,我们用 $Q_{ti, g}$ 表示影响重复基因对(g)间表达分化的组织因子。对一组重复基因,令 T_{dup} 为重复基因对间的平均进化距离,可称为组织(ti)重复距离。类似于式(7.8),我们得到

$$T_{dup} \approx (1 - e^{-2\bar{\gamma}\bar{\tau}})/Q_{ti} \tag{7.10}$$

其中,Q_{ti} 是组织 ti 中重复基因间表达分化的平均组织因子,γ 是表达分化的平均衰变率,而 $\bar{\tau}$ 是平均重复时间。因此,基于组织驱使假说的 W_{ti} 和 Q_{ti} 间的正相关关系,我们可以推测 E_{ti} 和 T_{dup} 间具有正相关性,这是一个可检验的推测。

组织宽度和偏好　因为一个基因 g 可能在多个组织中表达,组织影响会随着组织数量的增加而累积(L_g)。因此,式(7.6)所得的累积的组织影响可以进一步写成

$$Z_g = L_g \times Z_0 \tag{7.11}$$

其中,Z_0 是基因 g 的平均组织因子,它度量了组织偏好性对表达分化的影响。简言之,累积的组织影响(Z_g)可以分解成两个因子:组织宽度(L_g)和组织偏好性(Z_0)。式(7.9)和式(7.11)表明,如果基因在更多的组织中表达,或者在具有更严格的功能约束的组织中表达,蛋白质序列会变得更保守。

尽管许多研究已经表明组织宽度的影响(如 Duret and Mouchiround,2000),Gu 和 Su(2007)通过将基因根据相同组织宽度(L_g)分组的方法研究了组织偏好性的影响。当 L_g 相同时,如果有较大的 Z_0 值,就有更大的选择强度 S_g,同样也就有更低的进化速率 λ_g。这一预测也是可以检验的,如后文所示。

7.2　检验组织驱使假说

7.2.1　基因组距离的估算

基于 29 个人和小鼠的直系同源组织(图 7.3),Gu 和 Su(2007)利用

大量基因组数据检验由组织驱使假说预测得到的基因组相关性。为此，我们必须从各种功能基因组数据中估算一些进化距离。

组织表达距离(E_{ti}) 考虑物种 1（人）和物种 2（小鼠）间的一组（N）直系同源基因，令 $x_{g1,\,ti}$ 和 $x_{g2,\,ti}$ 分别为第 g 个直系同源基因在组织 ti 中的表达量（log2 -变换）。前面已经说明，由式(7.8)定义的组织(ti)表达距离可以估算为

$$\hat{E}_{ti} = \sum_{g=1}^{N} (x_{g1,\,ti} - x_{g2,\,ti})^2 / N \qquad (7.12)$$

组织蛋白序列距离(D_{ti}) 在组织 ti 中表达的蛋白质的平均进化距离可以通过传统的方法，如泊松模型来估算。显然，D_{ti} 取决于用于确定一个组织中基因是否表达的阈值。Gu 和 Su（2007）考虑了一个基因在组织 ti 中的两种表达状态，即高表达状态和正常表达状态。

表达分化的组织重复距离(T_{dup}) 考虑有一组（N_{dup}）重复基因对。对第 j 个重复基因对，在一个给定组织（ti）中两个重复基因的表达量分别表示为 x_j 和 y_j。类似于式(7.12)，T_{dup} 可以估算为

$$\hat{T}_{dup} = \sum_{j=1}^{N_{dup}} (x_j - y_j)^2 / N_{dup} \qquad (7.13)$$

一般来说，一个较大的 T_{dup} 值反映了组织特异性的发育约束的可塑性，它允许重复基因间更大的表达分化，反之亦然。

组织宽度和偏好性的估算 表达基因 g 的组织数量（L_g），或者说组织宽度，可以用统计方法推断(Gu and Su，2007)。对在 L_g 个不同组织中表达的基因 g，令 $E_j (j = 1, \cdots, L_g)$ 为人和小鼠间第 j 个组织的表达距离。因为较大的 E_j 表示对表达分化的较大的组织约束，我们提出以下的指数来度量组织偏好性的影响

$$t_g = \sum_{j=1}^{L_g} E_j^{-1} / L_g \qquad (7.14)$$

组织表达距离 E_j 可由式(7.12)估算得出。特别是，当表达分化接近于稳定状态，我们有 $E_j \approx 1/W_j$，因此

$$t_g \approx \sum_{j=1}^{L_g} W_j / L_g$$

也就是说，t_g 是基因 g 的平均组织因子的一个估计。如组织驱使假说所预测的，$W_j \approx Z_j$，t_g 是组织偏好性 $\bar{Z}_g = \sum_{j=1}^{L_g} Z_j / L_g$ 对序列保守性影响的一个近似值，显示 t_g 与蛋白质序列进化距离（d_g）的负相关性。

7.2.2　人和小鼠间的组织表达分化

基于 8 936 个人和小鼠的直系同源基因，我们（Gu and Su，2007）对 29 个组织分别估算了组织表达距离 E_{ti}。图 7.3 显示组织间 E_{ti} 具有较大的变化。确实，从最低的 $E_{ln} = 0.85$（淋巴结，ln）到最高的 $E_{pc} = 0.206$（胰腺，pc）组织表达距离有 2.4 倍的差异。

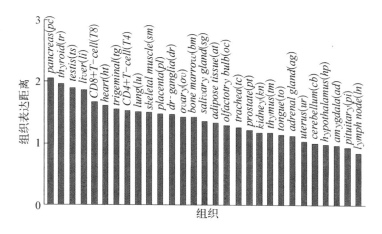

图 7.3　人和小鼠间 29 个组织的组织表达距离（E_{ti}）的变化（括号内表示这些组织的缩写）。修改并引自 Gu 和 Su（2007）。

Khaitovich 等（2005a，2005b）发现，在灵长类中，大脑相比其他 4 种组织（睾丸、心脏、肝脏和肾脏）可能更具有表达保守性。更广泛地，Gu 和 Su（2007）在一些神经相关组织中，如垂体（pi）、扁桃体（ad）、丘脑下部（hp）和小脑（cb）（图 7.3），也发现总体的表达保守性。相反，睾丸（ts）可能有一个快速的物种间表达分化。一个可能的原因是，在睾丸中总体上较宽松的发育约束可能有利于物种分化后性选择的作用。此外，一些激素相关的组织，如胰腺，可能通过进化过程中与环境信号的相互作用，从而具有较大的发育可塑性以允许快速的表达分化。简言之，组织间 E_{ti} 相当大的变化可能暗示了在哺乳动物基因组进化过程中组织特异性因子的作用。

7.2.3 组织表达和序列分化之间的相关性(E_{ti}—D_{ti})

对每个组织 ti,我们计算人和小鼠间的组织蛋白质距离(D_{ti})。由于组织特异性发育约束力对组织表达分化和所表达蛋白质的序列分化都有影响,组织驱使假说预测 E_{ti} 和 D_{ti} 间有一正相关性。根据 29 个人和小鼠组织(图 7.4),我们确实发现在 E_{ti} 和 D_{ti} 间存在极显著的相关性。在高表达的例子中(图 7.4A),(皮尔森)相关系数 $R = 0.55(P < 0.001)$,而在正常表达的例子中 $R = 0.66(P < 0.001)$(图 7.4B)。因此,E_{ti}—D_{ti} 相关性的显著性提供了统计上有说服力的证据支持组织驱使假说。

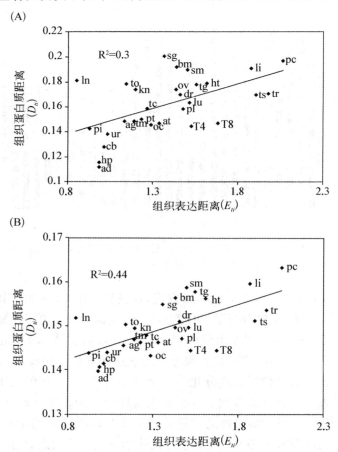

图 7.4 高表达蛋白质(A)和正常表达蛋白质(B)的组织表达距离(E_{ti})与组织蛋白质距离(D_{ti})之间的相关性(组织名缩写的介绍请见图 7.3)。在两个例子中相关性都是统计极显著的($P < 0.001$)。修改并引自 Gu 和 Su (2007)。

7.2.4　种间和重复基因间表达分化的组织相关性(E_{ti}—D_{ti})

E_{ti}—T_{dup}正相关性暗示当一个组织允许更多物种间表达分化时,它应该也承受更广泛的重复基因间表达分化。基于1 312对在人和小鼠分化前复制的重复基因,我们估算了在每个组织ti中的重复组织距离(T_{dup})。图7.5显示一个组织表达距离(E_{ti})和T_{dup}间极显著的相关性($P < 0.001$)。这一结果支持组织驱使假说,也就是说,在一个具有较宽松的发育约束力的组织中,重复基因倾向于拥有更多的表达分化,反之亦然。

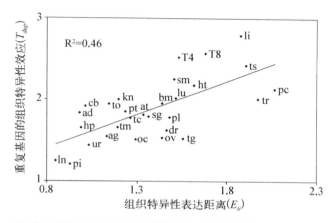

图7.5　组织表达距离(E_{ti})和组织重复距离(T_{dup})间的相关性。T_{dup}是人和小鼠间重复基因的平均值。相关性是统计极显著的($P < 0.001$)。修改并引自Gu和Su(2007)。

7.2.5　受多个组织约束的蛋白质序列进化速率

我们进一步根据表达的组织数量(L_g)将8 936个人和小鼠的直系同源基因分组,如$L_g = 1$, 2, …, 29。在每个组中,我们计算人和小鼠对每个基因组织偏好性的影响(t_g)。值得注意的是,在每个组中,我们都发现蛋白质距离(d_g)和t_g间存在负相关性(图7.6A)。有25个例子相关性是统计显著的($p < 0.05$);尤其是,有15个例子显示统计极显著($P < 0.000\,1$)。例如,图7.6B显示的是,在$L_g = 5$时d_g与t_g的相关性。

正如组织驱使假说所预测的,给定相似的组织宽度,压倒性的d_g—t_g负相关性表明在具有更强约束力的组织中表达的基因(如神经相关组织)

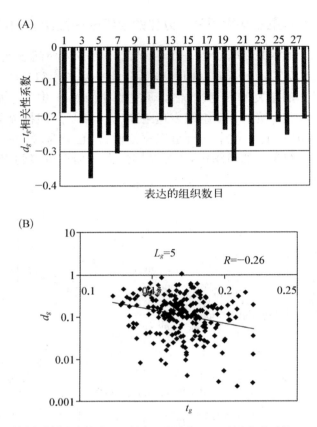

图 7.6 （A）具有相同的组织宽度（L_g）的各组基因内 t_g—d_g 的负相关系数。（B）在 $L_g = 5$ 的情况下，t_g 对 d_g 作图。修改并引自 Gu 和 Su(2007)。

比在那些具有较弱约束力的组织中表达的基因在序列水平倾向于更慢的进化。另一方面，如果一个蛋白质在数个不同组织中表达，则蛋白质序列的进化可能受到多个组织特异性的约束。这解释了为什么表达宽度较大的基因倾向于在序列水平上进化较慢。

7.2.6 一些注解

尽管一些研究（Yanai *et al*.，2004，2006）声称，相似的基因表达谱并不意味着相似的组织功能，组织表达距离（E_{ti}）和组织序列距离（D_{ti}）间，以及 E_{ti} 和组织重复距离（T_{dup}）间极显著的相关性支持表达模式的进化和蛋白质序列进化可能都受相同的组织因子的约束这一观点。此外，对具有相同表达宽度的基因，我们发现那些在更严格的组织中表达的基

因倾向于比在宽松的组织中表达的基因进化更慢。这些发现一起勾画出
"组织驱使假说",并为理解上层生理系统如何影响基因组进化提供了新
的视角。

组织驱使假说的一个基本假设是基因组进化在很大程度上受到功能
制约,这一功能制约由从细胞生理到发育等多个水平上的稳定选择所维
持。在有些情况下,片段性的适应选择可能对表达模式或蛋白质功能产
生影响(Enard *et al*.,2002;Gu and Gu,2003;也请参见下文)。

7.3 表达进化的复合泊松模型

Khaitovich 等(2005b)提出了一个随机模型,该模型把基因表达随着
进化时间的中性变化描述为一个复合泊松过程。形式上,设随机变量 M
(t) 为在时间间隔 t 内发生在调控区的突变的数量。此外,突变 i 对表达
水平的影响用 X_i 表示,它服从一个具有零平均值的给定分布。因此,表
达水平 $Y(t)$ 在经过 t 时间单位后可以由 $Y(t) = Y(0) + \sum_{i=1}^{M(t)} X_i$ 给出,
这定义了一个复合泊松过程。令 Z_{12} 描述一个基因在两个物种间相同组
织内的表达差异,这是在长度为 t_1 和 t_2 的分支上从一个共同祖先独立进
化而来的。那么,我们有

$$Z_{12} = Y_1(t_1) - Y_2(t_2) = \sum_{i=1}^{M(t_1)} X_i - \sum_{j=1}^{M(t_2)} X_j \tag{7.15}$$

因为共同祖先意味着 $Y_1(0) = Y_2(0)$。虽然对 Z_{12} 的密度函数不存在一个
闭合公式,矩可以用特征函数得到。令 $\mu(X)$ 表示平均值,$\mu_k(X)$ 为随机
变量 X 的第 k 个(中心的)矩,定义它的偏斜系数和峰度分别为 $\gamma_1(X) = \mu_3(X)/[\mu_2(X)]^{3/2}$ 和 $\gamma_2(X) = \mu_4(X)/[\mu_2(X)]^2$。Khaitovich 等(2005)
提出根据以下关系估算表达距离 $(t_1 + t_2)$

$$t_1 + t_2 = \frac{\gamma_2(X)}{\gamma_2(Z_{12}) - 3} \tag{7.16}$$

尽管 $\gamma_2(Z_{12})$ 可以从数据中计算得出,但必须指定 X 的分布以确定
$\gamma_2(X)$。Khaitovich 等(2005b)研究了两种类型的分布:一个是对应对称
情况的正态分布,其中一个随机突变导致基因表达增加或降低的可能性
相等,在这种情况下,$\gamma_2(X) = 3$。另外一个是针对极端值分布的特定形

式,这里一个突变更容易降低基因的表达,导致 $\gamma_2(X) = 5.4$。Khaitovich 等(2005b)应用这一模型分析了人和黑猩猩间基因表达分化。

7.4　人脑中的表达改变

7.4.1　人脑的进化

人类遗传进化的一个未解之谜是人和黑猩猩在很多表型、行为和认知方面如何产生那么巨大的差异,而他们的基因组 DNA 序列只有大约百分之四的差异。利用基因芯片技术来检测人和黑猩猩的基因表达,Enard 等(2002)推断自从人和黑猩猩分化后,人脑中基因表达相对于黑猩猩有更显著的改变。这一假说已经引起了很多关注,因为这一结果支持一个长期以来的观点,也就是人和黑猩猩差异的遗传基础是基因表达而不是编码序列的差异(King and Wilson, 1975)。后来,Gu 和 Gu(2003a)进行了一个详细的统计分析,并且发现一些新的有趣的结果。

7.4.2　Enard 等的分析

在定义了一个表达距离的统计度量后,Enard 等(2002)检测了 12 600 个基因(在一张 Affymetrix 芯片上)在人、黑猩猩和猩猩的大脑和肝脏中的表达量。通过分析人、黑猩猩和猩猩的 Affymeteix 芯片表达样本,得到了每个谱系的总表达距离(图 7.7)。Enard 等(2002)估算,对于脑的样本,人与黑猩猩表达距离比大约为 3.8。对于肝脏样本,这一比率更低,大约为 1.7。因为表达距离被解释为基因表达变化的度量,因此他们认为人脑而不是肝脏在基因表达方面经历了一个巨大的变化。

7.4.3　Gu 和 Gu 的分析

我们(Gu and Gu, 2003a)对 Enard 等(2002)的 Affymetrix 芯片数据进行了深入的分析。给定一个组织样本(脑或者肝脏),我们采用一个统计方法来选择人和黑猩猩间在一个给定显著水平(α)下表达有显著差异的基因。为此,我们首先为每个基因指定一个 P 值(t 检验)。对一个给定的显著水平(α),如果 $P < \alpha$,我们说这个基因在人和黑猩猩大脑(或肝脏)间是差异表达的。例如,在大脑样本的例子中,我们发现有

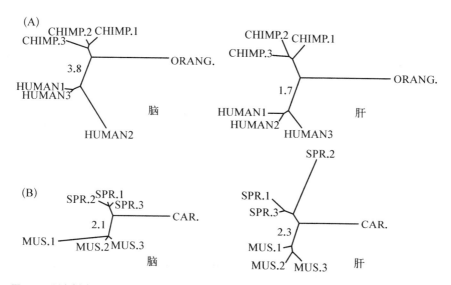

图 7.7 距离树表示在 3 个黑猩猩（A）和 3 个小鼠（B）中脑和肝脏内基因表达变化的相对程度（MUS. 小鼠；SPR. 地中海小家鼠；CAR. 卡氏小鼠）。数字分别指人（HUMAN）和黑猩猩（CHIMP）间、小鼠和地中海小家鼠间共有的变化的比率。引自 Enard 等（2002）。

1 988、1 087、670 和 131 个基因分别对应 $\alpha = 0.05$、0.02、0.01 和 0.001。对每个选择出的基因，我们然后利用猩猩作为一个参照来推断：第一，表达变化发生的系统发育位置（例如：是发生在人类谱系或是黑猩猩谱系），第二，表达改变的趋势（例如：被诱导或是被抑制）。在一个给定的显著水平（α）下，我们最终将所选择的基因分成了 4 个组（图 7.8）。

（1）多样化的表达模式：在猩猩（O）中的基因表达水平与在黑猩猩及人（分别用 C 和 H 表示）中的表达水平都显著不同。

（2）黑猩猩谱系（L_C）特异性事件：O 显著和 C 但不是和 H 不同，暗示表达变化发生在人和黑猩猩分化后的黑猩猩谱系中。

（3）人谱系（L_H）特异性事件：O 显著和 H 但不是和 C 不同，暗示表达变化发生在人和黑猩猩分化后的人谱系中。

（4）未分类的：O 和 C 及 H 都没有显著不同。

图 7.8 清楚地显示，在脑组织中，在人谱系中的基因表达变化显著地比在黑猩猩谱系中更频繁，正如人和黑猩猩谱系间表达变化比率 L_H/L_C 所度量的。然而，肝脏中则是另外一种情况。不管用哪个显著水平（α）来选择人和黑猩猩间差异表达的基因这一结果始终保持正确。事实上，当

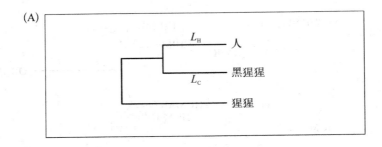

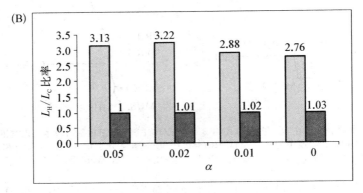

图 7.8 （A）人-黑猩猩-猩猩系统发生关系示意图,显示人谱系特异性的表达变化(L_H)和黑猩猩谱系特异性的表达变化(L_C)。（B）在不同显著性水平的情况下（$\alpha = 0.05, 0.02, 0.01$ 和 0.001),脑(浅色)和肝脏(深色)中人谱系特异性的表达变化和黑猩猩谱系特异性的表达变化的比率(L_H/L_C)。在所有情况下,脑组织表达基因的 L_H/L_C 比率都显著大于 1,而肝脏表达基因的 L_H/L_C 则不是。修改并引自 Gu 和 Gu (2003a)。

$\alpha = 0.05$ 到 0.001,脑表达基因的 L_H/L_C 比率范围是 2.76 到3.22;在每种情况下,$L_H/L_C = 1$ 的零假设都被拒绝（$P < 0.001$）。相反,对肝脏表达的基因,L_H/L_C 比率在各种情况下都大体上等于 1。因此,我们的结果为人脑基因表达显著变化的观点提供了统计学上的支持（Enard *et al.*,2002）。

对于黑猩猩谱系特异性或人谱系特异性的基因表达变化,如上述（2）和（3）的情况,我们可推断进化方向的变化;也就是说,表达水平从低到高（诱导,以 I 表示）,或表达水平从高到低（抑制,以 R 表示）。在人谱系中,脑组织诱导/抑制（I/R）比率的范围为 2.21 到 5.9;在每一种情况下,这一比率都大于 1（$P < 0.001$）。相反,没有证据表明人肝脏表达基因 I/R 比率显著大于 1（图 7.9）;但是在黑猩猩中则不是这一情况。

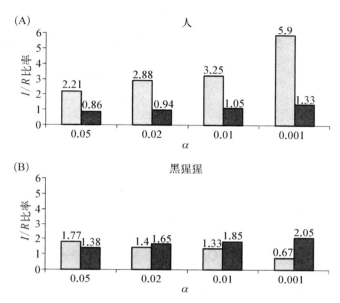

图 7. 9　基因的诱导/抑制（I/R）比率显示物种特异性的表达模式。（A）在人脑组织（浅色）和肝脏（深色）中，脑组织表达基因的 I/R 比率显著大于 1，而肝脏组织表达基因的 I/R 比率则没有显著性。（B）在黑猩猩的脑（浅色）和肝脏（深色）中，脑组织表达基因以及肝脏组织表达基因的 I/R 比率相对一致，而且对显著性水平敏感。修改并引自 Gu 和 Gu（2003a）。

7. 4. 4　结论

Enard 等（2002）以及 Gu 和 Gu（2003）的分析提供了很强的证据表明，在人和黑猩猩分化后，人脑组织中表达模式的变化比在黑猩猩中的变化更显著。此外，在人脑组织中的表达变化中，诱导（基因表达增加）比表达抑制更频繁。这一模式并没有在黑猩猩的脑组织中被发现，也没有在人和黑猩猩的肝脏中被发现。自从和黑猩猩分化后，人脑组织中基因表达的增加可能对人类的出现具有重要的作用，这无疑应该得到进一步的研究。

第八章　基因多效性与蛋白质序列进化

基因多效性的概念在发展蛋白质进化综合理论的过程中起着关键的作用(Pal *et al.*，2006a)。虽然一个基因具有影响多个表型特征的能力已经被用来解释很多生物学现象(Fisher，1930；Wright，1968；Barton，1990；Waxman and Peck，1998；Wagner，1989；Zhang and Hill，2003；Welch and Waxman，2003；Otto，2004；MacLean *et al.*，2004；Dudley *et al.*，2005；Martin and Lenormand，2006；He and Zhang，2006)，但是对基因多效性在基因组水平的范围还知之甚少(Wagner *et al.*，2007)。基于基因多效性和生物适合度维度之间的联系，Gu(2007a)提出一个可行的估计基因多效性程度的统计学框架。本章将讨论这个问题。

8.1　蛋白质序列进化模型

8.1.1　Fisher 模型与分子表型

我们把一类表型-基因型模型称为 Fisher 相关模型，包括 Fisher 的原始几何模型(Fisher，1930)和各种多变量模型(如 Lande，1980；Turelli，1985；Waxman and Peck，1998)。最初提出 Fisher 几何模型(Fisher，1930)是为了推进适应的微突变观点，该观点认为向适合度峰值的适应进化过程多半是由一些小步骤组成的。有两种类型的模型：一种模型认为一个表型性状受多个基因影响，另一种模型则认为一个基因可以影响多个表型。

在抽象层面上，一个基因的多种功能或多效性可以用 K 个不同的适合度组分来表示，称为分子表型。在 Fisher 模型中，所有 K 个分子表型可被看作是一个 K 维空间。基因的随机突变导致产生 K 个分子表型的突变分布。在理论上，用 $(y_1, \cdots, y_K)$ 表示分子表型，每个 y_i 表示由特定(未知)生物学过程所引起的与适合度相关联遗传变异的一个非平凡组分(图 8.1)。在极端情况下,分子表型可能对应于蛋白质功能的亚组分,而不用考虑生物学过程。在另一种极端情况下,分子表型可以被各种组织的不同生理过程所确定。由于这些内在的生物学过程通常很复杂,分子表型的概念可以避免分析时的困难。

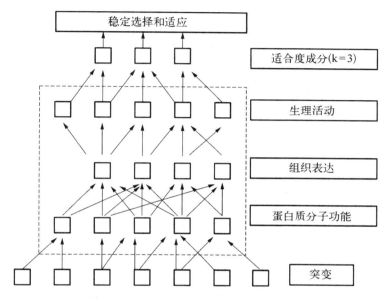

图 8.1　影响生物适合度的分子表型的概念示意图。引自 Gu(2007a)。

下面介绍基因多效性模型,有关数学符号可参见表 8.1。对于一个基因的 K 个分子表型 $\mathbf{y} = (y_1, \cdots, y_K)'$,通常假设它的适合度函数是一个类高斯分布,即

$$w(\mathbf{y}) = \exp\left[-\frac{(\mathbf{y}-\mu)' \sum\limits_w^{-1} (\mathbf{y}-\mu)}{2}\right] \tag{8.1}$$

其中,μ 是最优适合度,$\sum\limits_w$ 是一个(正定)对称矩阵,用来刻画 K 个分子表型之间稳定选择的相关性。第 i 个对角元 $\sigma_{w,i}^2$ 反映第 i 个分子表型的稳定选择强度,第 ij 个非对角元 $\sigma_{w,ij}$ 反映分子表型 y_i 和 y_j 之间稳定选择的互相关性。显然,当 $K = 1$ 时,式(8.1)简化为

$$w(y) = e^{-(y-\mu)^2/2\sigma_w^2}$$

设 $\mathbf{y}_0$ 表示基因分子表型的(当前)群体平均值,分子表型 $\mathbf{y}$ 的选择

141

系数可以定义为

$$\rho(\mathbf{y} \mid \mathbf{y}_0, \mu) = w(\mathbf{y})/w(\mathbf{y}_0) - 1 \tag{8.2}$$

接下来,我们讨论两种重要的情况。

8.1.2 稳定选择

在稳定模型中(Turelli,1985;Waxman and Peck,1998),分子表型的群体均值 $\mathbf{y}_0$ 总是固定在最优值 μ 上,所以 $w(\mathbf{y}_0) = 1$。不失一般性,假设 $\mathbf{y}_0 = \mu = \mathbf{0}$。在 $K = 1$ 时,可以得到

$$\rho(y) = e^{-y^2/2\sigma_w^2} - 1 \approx -y^2/2\sigma_w^2$$

通常,从式(8.2)可以得到(假设 $\mathbf{y}_0 = \mu = \mathbf{0}$)

$$\rho(\mathbf{y}) \approx -\mathbf{y}' \sum_w^{-1} \mathbf{y}/2 \leqslant 0$$

表 8.1　分子进化多效性模型中的数学记号

记　　号	解　　释
$\mathbf{y} = (y_1, \cdots, y_K)'$	基因的 K 个分子表型,每一个表示遗传变异的一个非平凡的生物适合度成分
$\rho(\mathbf{y} \mid \mathbf{y}_0, \mu)$	在给定群体均值 $\mathbf{y}_0$ 和最优值 μ 时,分子表型的稳定选择系数
$\rho(\mathbf{y})$	对随机变化的最优值 μ 积分后的稳定选择系数
$p(\mathbf{y})$	对分子表型的突变效应的多变量正态分布
$S(\mathbf{y})$	选择强度,定义为 $S(\mathbf{y}) = 4N_e \rho(\mathbf{y})$;$N_e$ 是有效群体大小
$\sum_w$	$\sum_w$ 的对角元反映分子表型的稳定选择强度;非对角元反映分子表型之间的互相关性
$\sum_m$	$\sum_m$ 的对角元反映分子表型的突变效应的强度;非对角元反映分子表型之间的互相关性
$\sum_\mu$	$\sum_\mu$ 的对角元反映分子表型的适合度最优值的改变幅度;非对角元反映分子表型之间的互相关性
$U = \left[\sum_w^{-1} - \sum_w^{-1} \sum_\mu \sum_w^{-1} \right]^{-1}$	描述对分子表型的稳定选择和微适应效应的矩阵
$A = \sum_m^{-1} U$	该矩阵的维度和特征值反映稳定选择和微适应对进化速率和功能重要性的影响强度
K	基因多效性:适合度成分或分子表型的数目
K_e	有效基因多效性:受到随机突变强烈影响的适合度成分或分子表型的数目
S	基因的平均选择强度
B_0	分子表型的平均选择强度:基础选择强度

这反映出稳定（纯化）选择会抑制偏离最优值的有害突变。根据这个模型，序列进化受控于轻微有害突变在群体中固定的过程（Ohta，1973；Kimura，1983）。下面经常会用到选择强度 $S(\mathbf{y})$

$$S(\mathbf{y}) = 4N_e\,\rho(\mathbf{y}) = -2N_e\left(\mathbf{y}'\sum{}_w^{-1}\mathbf{y}\right)$$

其中，N_e 是有效群体大小。

8.1.3　微适应

考虑这样一种稳定选择的情况，在进化过程中，适合度最优值（μ 值）不再固定。事实上，μ 值可能随着环境改变或内在生理波动而发生改变（Hartl and Taubes，1996，1998；Poon et al.，2000；Sella and Hirsh，2005；West-Eberhard，2005a，2005b；Orr，2005）。μ 值的每一次改变都会导致向新最优值的微适应，参见示意图 8.2。因此，把这个模型称为微适应的稳定选择（SM）模型。

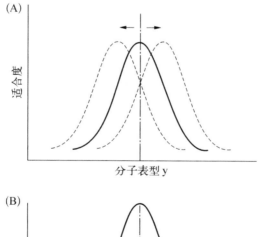

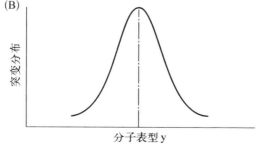

图 8.2　（A）单个分子表型带微适应的稳定选择模型。（B）对分子表型的突变效应分布。为简单起见，设 $K = 1$。引自 Gu（2007a）。

与此相类似,假设群体均值 $\mathbf{y}_0 = \mathbf{0}$。因为 μ 值的改变方向和强度都难以观测,所以把 μ 看成是服从均值为 $\mathbf{0}$、协方差阵为 $\sum_\mu$ 的多维正态分布 $\phi(\mu)$ 的 K 维随机变量。Gu(2007a)已经表明在 SM 模型下,$\mathbf{y}$ 的选择系数可由 $\rho(\mathbf{y}) \approx -\mathbf{y}' \mathbf{U}^{-1} \mathbf{y}/2$ 给出,其中矩阵 $\mathbf{U} = \left[\sum_w^{-1} - \sum_w^{-1} \sum_\mu \sum_w^{-1} \right]^{-1}$ 刻画在稳定选择和微适应后分子表型的相关性。于是选择强度 $S(\mathbf{y}) = 4N_e\rho(\mathbf{y})$ 可以写成

$$S(\mathbf{y}) = -2N_e\mathbf{y}'\mathbf{U}^{-1}\mathbf{y} \tag{8.3}$$

显然,稳定选择模型是 $\sum_\mu = \mathbf{0}$ 时的特殊情况,此时 $\mathbf{U} = \sum_w$。而且,与稳定选择模型总是保持 $S(\mathbf{y}) \leqslant 0$ 不同,在 SM 模型下,当 μ 值改变很大时,会导致一个强适应过程,选择强度 $S(\mathbf{y})$ 有可能是正的。

用 $K = 1$ 来举例说明。给定群体均值 $y_0 = 0$,从式(8.2)可知,$\rho(y \mid \mu) = w(y)/w(0) - 1 = e^{\mu y/\sigma_w^2 - y^2/2\sigma_w^2} - 1$。利用 Taylor 展开到 y^2 阶,得到

$$\rho(y \mid \mu) \approx (\mu y/\sigma_w^2 - y^2/2\sigma_w^2) + \frac{1}{2}(\mu y/\sigma_w^2 - y^2/2\sigma_w^2)^2$$

$$\approx \mu y/\sigma_w^2 - \frac{y^2}{2\sigma_w^2}\left(1 - \frac{\mu^2}{\sigma_m^2}\right)$$

于是,如果适合度最优值 μ 服从均值为 0、方差为 σ_μ^2 的正态分布,则有

$$\rho(y) = -\frac{y^2}{2\sigma_w^2}\left(1 - \frac{\sigma_\mu^2}{\sigma_w^2}\right)$$

8.1.4 突变效应的分布

下面考虑突变对分子表型的影响。基因编码区的随机突变会影响到相关的分子表型。突变效应可以用一个多维正态分布来描述

$$p(\mathbf{y}) = N\left(\mathbf{y}; \mathbf{y}_m, \sum_m\right) \tag{8.4}$$

其中,$\mathbf{y}_m$ 是突变对分子表型的平均效应,协方差阵 $\sum_m$ 刻画突变效应的相关性。选择系数 $\rho(\mathbf{y}|\mathbf{y}_0, \mu)$ 和突变效应分布 $p(\mathbf{y})$ 通过分子表型 $\mathbf{y}$ 把生物适合度与蛋白质序列进化联系起来。为方便起见,不妨假设式(8.4)中的突变分布 $p(\mathbf{y})$ 以群体均值为中心,即 $\mathbf{y}_m = \mathbf{y}_0 = \mathbf{0}$。

8.1.5　S 分布

突变对分子表型的效应分布 $p(\mathbf{y})$ 把选择和突变联系起来。根据概率论,选择强度的分布 $f(S)$(简称为 S 分布)可以唯一确定。但是,$f(S)$ 的解析形式只能在一些特殊情况下获得,例如在 W 模型中,其假设稳定选择和突变在分子表型之间具有非常相似的相关结构,即 $\sum_w = \sigma_w^2 \mathbf{W}$,$\sum_m = \sigma_m^2 \mathbf{W}$,其中 $\mathbf{W}$ 是正定对称阵。然后,经过适当变换,变换后的分子表型则一致地独立于稳定选择和突变。在这种特殊情况下,$f(S)$ 服从负伽玛分布(Gu,2007a)

$$f(S) = \frac{(2B_0)^{-K/2}}{\Gamma(K/2)}(-S)^{K/2-1} e^{S/2B_0} \tag{8.5}$$

对于 $S \leqslant 0$,其中 $B_0 = 2N_e \sigma_m^2 / \sigma_w^2$ 是单个分子表型的平均选择强度(基础选择强度)。事实上,已经有人将类伽玛分布特定地用于选择强度(如 Piganeau and Eyre-Walker,2003;Nielsen and Yang,2003)。W 模型为理论研究(Kimura,1979)和突变效应研究(Keightley,1994;Imhof and Schlotterer,2001;Shaw *et al.*,2002;Eyre-Walker,2006;Loewe *et al.*,2006)提供了一种生物学解释。

8.2　选择强度与模型分类

虽然 S 分布在一般情况下不容易处理,但平均选择强度 $\bar{S}$ 却可以精确地推导出来。而且,$\bar{S}$ 可以用来对 SM 模型进行分类,这对于开发估计 K(基因多效性)的统计方法是十分关键的。

8.2.1　选择强度的均值

由式(8.3)和式(8.4),可计算得到 S 的均值

$$\bar{S} = \int S(\mathbf{y}) p(\mathbf{y}) d\mathbf{y} = -2N_e \int \mathbf{y}' \mathbf{U}^{-1} \mathbf{y}\, p(\mathbf{y}) d\mathbf{y}$$

其中,$p(\mathbf{y})$ 是分子表型突变效应的分布函数。记矩阵 $\mathbf{A} = \mathbf{U}^{-1}\sum_m$,它可以刻画出在 SM 模型下相关突变对适合度的净效应。包括选择、微适应和突变协方差的联合效应可以被简化为矩阵 $\mathbf{A}$ 的 K 个特征值(Gu,

2007a）：α_1，$\cdots$，α_K，得到

$$\bar{S} = -2N_e \sum_{i=1}^{K} \alpha_i = -\sum_{i=1}^{K} B_i \tag{8.6}$$

其中，第 i 个基础选择强度 $B_i = 2N_e\alpha_i$ 对应于一个独立的分子表型方向，在这个方向上，突变、微适应和稳定选择对基因的平均选择强度 $\bar{S}$ 贡献平均效应 (B_i)。

下面把 $\bar{S}$ 的结果表达成能更好地用生物学解释的形式。注意在 SM 模型中，这 3 个矩阵 $\sum_w$、$\sum_\mu$、$\sum_m$ 决定了选择强度 S 的分布。由于原本的 K 个分子表型的任意性，可以不失一般性地选取一个方便的坐标系统。此处，为了定义独立的稳定选择，选取一种 K 个分子表型的典范形式，从而使得 $\sum_w$ 是一个对角阵；对角元 $\sigma_{w,i}^2$ 反映第 i 个（典范）分子表型独立的稳定选择。设 $\sigma_{m,i}^2$ 是矩阵 $\sum_m$ 的第 i 个对角元，或者说是第 i 个（典范）分子表型的突变方差。选择强度均值的典范表示可以由下式给出（Gu，2007a）

$$\bar{S} = -2N_e \sum_{i=1}^{K} \frac{\sigma_{m,i}^2}{\sigma_{w,i}^2}(1-\gamma_i) \tag{8.7}$$

参数 γ_i 表示微适应在第 i 个（典范）分子表型上的净效应。换句话说，第 i 个基础选择强度 (B_i) 可被写成

$$B_i = 2N_e\alpha_i = \frac{\sigma_{m,i}^2}{\sigma_{w,i}^2}(1-\gamma_i) \tag{8.8}$$

因此，在第 i 个（典范）分子表型上的效应依赖于 $\sigma_{m,i}^2$ 和 $\sigma_{w,i}^2$，$\sigma_{m,i}^2$ 刻画表型变异受随机突变影响的大小，$\sigma_{w,i}^2$ 则刻画有害效应对表型变异影响的严重性。比值 $\sigma_{m,i}^2/\sigma_{w,i}^2$ 决定了稳定选择的强度，由分子表型最优值的随机漂移而引起的微适应能减少该分子表型的平均选择强度。

特殊情况下的 $\bar{S}$ 的推导 作为示例，将在两种特殊情形下推导出 $\bar{S}$ 的典范形式。第一种情形是不带微适应的稳定选择。因为对典范分子表型的稳定选择是独立的，所以适合度函数可简化为

$$w(\mathbf{y}) = \exp\left[-\sum_{i=1}^{K} y_i^2/2\sigma_{w,i}^2\right] \approx 1 - \sum_{i=1}^{K} y_i^2/2\sigma_{w,i}^2$$

而稳定选择系数为 $\rho(\mathbf{y}) = w(\mathbf{y}) - 1$。于是，得到选择强度为

$$S(\mathbf{y}) = 4N_e\,\rho(\mathbf{y}) = -2N_e \sum_{i=1}^{K} y_i^2 / \sigma_{w,\,i}^2$$

因为突变效应的分布 $p(\mathbf{y})$ 对每个（典范）分子表型具有零期望，所以得到二阶矩 $E[\,y_i^2\,] = \sigma_{m,\,i}^2$，从而有

$$\bar{S} = -2N_e \sum_{i=1}^{K} E[\,y_i^2\,] / \sigma_{w,\,i}^2 = -2N_e \sum_{i=1}^{K} \frac{\sigma_{m,\,i}^2}{\sigma_{w,\,i}^2}$$

第二种情形，微适应在典范分子表型间是独立的。在这种情形下，式（8.8）中参数 γ_i 可由下式给出

$$\gamma_i = \sigma_{\mu,\,i}^2 / \sigma_{w,\,i}^2$$

其中，$\sigma_{\mu,\,i}^2$ 是第 i 个分子表型的最优值变化的方差。

突变和最优值变化的平均效应　在上面的分析中，一般假设分子表型的群体均值 $\mathbf{y}_0$，最优值变化的均值 μ 和突变效应均值 $\mathbf{m}_0$ 都是相同的。不失一般性，可以假设 $\mathbf{y}_0 = \mu = \mathbf{m}_0 = \mathbf{0}$。如果没有以上假设，考察在 $K = 1$ 这种特殊情形下的结果如何。假设适合度最优值 μ 的变化服从均值为 μ_0 和方差为 σ_μ^2 的正态分布，可以证明

$$\rho(y) = \mu_0 y / \sigma_w^2 - \frac{y^2}{2\sigma_w^2}\Big(1 - \frac{\sigma_\mu^2 + \mu_0^2}{\sigma_w^2}\Big)$$

而且，如果突变效应服从均值为 m_0 和方差为 σ_m^2 的正态分布，通过简单代数运算可得

$$\bar{\rho} = \frac{\mu_0 m_0}{\sigma_w^2} - \frac{1}{2}\Big(\frac{\sigma_m^2 + m_0^2}{\sigma_w^2}\Big)\Big(1 - \frac{\sigma_\mu^2 + \mu_0^2}{\sigma_w^2}\Big)$$

设 $q = 1 - (\sigma_\mu^2 + \mu_0^2)/\sigma_w^2$，则有以下结论：① 对于给定的 μ_0，在 $m_0 = \mu_0/q$ 处，$q > 0$ 时 $\bar{\rho}$ 达到最大值，$q < 0$ 时 $\bar{\rho}$ 达到最小值。② 对于给定的 m_0，在 $\mu_0 = -m_0/q^*$ 处，$\bar{\rho}$ 达到最小值，$q^* = (\sigma_m^2 + m_0^2)/\sigma_w^2$。③ 如果 $2\mu_0 m_0 < \sigma_w^2 q \times q^*$，则 $\bar{\rho} < 0$。这些结果对于分子进化的意义还有待进一步的研究。

8.2.2　模型分类

因为稳定选择抵制核苷酸替换（负选择），微适应也许提供一个相反的力量（正选择）来提高进化速率。式（8.6）和式（8.7）给出的平均选择强

度可以用来对 SM 模型中的序列保守模式进行分类。

（1）带弱微适应的强稳定选择（SM_W）：在这种情形下，相对于稳定选择的强度，进化过程中分子表型的 μ 改变量很小。这表明在蛋白质序列进化中纯化选择起主导作用。如果矩阵 **A** 是正定阵，它的每个特征值 $\alpha_i > 0$ 或 $B_i > 0$，从而有 $\bar{S} < 0$，则称该模型为 SM_W 模型。在式（8.7）给出的典范形式中，对于 $i = 1, \cdots, K$，都有 $\gamma_i < 1$。单纯稳定选择是 $\gamma_i = 0$ 的特殊情形（没有微适应）。此外，$\bar{S} < 0$ 意味着非同义替换与同义替换的比值 $(d_N/d_S) < 1$。因此，SM_W 模型可以描述通常的蛋白质序列进化模式。

（2）强稳定选择下的片段式微适应（SM_E）：某些基因也许在少数分子表型上经历了片段式微适应过程，从而使得矩阵 **A** 的某些特征值 $\alpha_i < 0$（$B_i < 0$），但是选择强度的均值仍保持为负 $\left(\bar{S} = -\sum_{i=1}^{K} B_i < 0 \right)$。也就是说，矩阵 **A** 不再是正定阵，但仍保持迹为正 $\left(\sum_{i=1}^{K} \alpha_i > 0 \right)$。在典范形式下，这意味着虽然 $\bar{S} < 0$，但有些 γ_i 会大于 1。显然，在 SM_E 模型下，比值 d_N/d_S 会由于片段式微适应而增大，但仍保持 $d_N/d_S < 1$。当 $\sum_{i=1}^{K} \alpha_i \approx 0$ 时，蛋白质序列进化会出现类中性行为，消除片段式微适应和稳定选择的影响，从而导致对适合度的零净效应。

（3）强稳定选择下的强微适应（SM_S）：对于少数基因，正选择和适应在分子表型的进化中起着主导作用。在这种情形下，$\sum_{i=1}^{K} \alpha_i < 0$，从而 $\bar{S} > 0$，比值 $d_N/d_S > 1$。如果对于 $i = 1, \cdots, K$，都有 $\alpha_i < 0$ 或 $\gamma_i > 1$（典范形式），则会出现极端情形。在这种情形下，矩阵 **A** 是负定阵，说明对几乎所有替换适应力量占绝对主导地位。

8.3　蛋白质序列的进化速率

一个基本问题是基因多效性程度如何影响蛋白质序列的进化速率。比如，多效性程度高的基因是否进化得慢。在本节中，将推导基因多效性程度 K 与进化速率 λ 之间关系的解析结果。

8.3.1　通用公式

首先简要介绍分子进化的基本理论（Kimura，1983），分子进化理论

提出蛋白质进化速率（λ）可由下式给出

$$\lambda = v \frac{S}{1 - e^{-S}}$$

其中，v 是突变率，$S = 4N_e s$ 是选择强度；N_e 是有效群体大小，s 是选择系数。当 $S = 0$ 时（中性选择）$\lambda = v$，当 $S < 0$ 时（纯化选择）$\lambda < v$，当 $S > 0$ 时（适应选择）$\lambda > v$。换句话说，对表型进化的中性选择过程，会进一步影响序列进化，这个过程可以只用单个参数 S 来刻画。

分子进化的基因多效性模型（Gu，2007a）提出，一个基因的选择强度由分子表型的均值决定。因此，影响分子表型（$\mathbf{y}$）的突变的进化速率可以写成

$$\lambda(\mathbf{y}) = v \frac{S(\mathbf{y})}{1 - e^{-S(\mathbf{y})}}$$

所以，当给定导致分子表型 $\mathbf{y}$ 发生变化的突变效应的密度 $p(\mathbf{y})$ 后，一个基因的（平均）进化速率就是

$$\bar{\lambda} = v \int \frac{S(\mathbf{y})}{1 - e^{-S(\mathbf{y})}} p(\mathbf{y}) \mathrm{d}\mathbf{y} \tag{8.9}$$

显然，作为蛋白质功能的理论上的表示，分子表型 $\mathbf{y}$ 实际上在式（8.9）中是隐性变量，为分子进化中蛋白质功能的定义提供注解：它们是由于随机突变而导致的分子特异性的表型变量，是对稳定选择和适应的反应（图 8.1）。

为了计算式（8.9）中的进化速率 $\bar{\lambda}$，Gu（2007a）利用以下近似公式

$$S/(1 - e^{-S}) \approx e^{-|S|}(1 + c \mid S \mid)$$

其中，$c \approx 0.577\,2$，是 Euler 常数（图 8.3A）。可以验证，这个公式在 $S \leqslant 0$ 时有满意的数值近似。在 SM_w 模型（带弱微适应的稳定选择）中，总是假设 $S(\mathbf{y}) = -2N_e \mathbf{y}' \mathbf{U}^{-1} \mathbf{y} < 0$，所以可近似地得到进化速率 $\bar{\lambda}$

$$\bar{\lambda} = v \prod_{i=1}^{K} [1 + 2B_i]^{-1/2} \left(1 + c \sum_{i=1}^{K} \frac{B_i}{1 + 2B_i}\right) \tag{8.10}$$

其中，$B_i = 2N_e \alpha_i$（Gu，2007a）。这说明基因的进化速率取决于突变率（v）、度量分子表型个数的基因多效性（K），以及一些分子表型的基础选择强度（B_i）。值得注意的是，在 SM_w 模型中，所有的 $B_i \geqslant 0$。

(A)

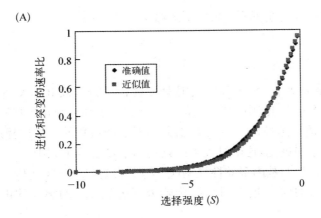

(B)

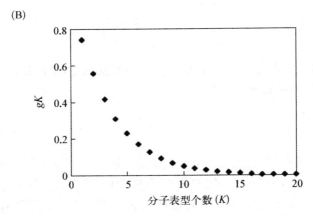

图 8.3　(A) 分别用准确公式和近似公式表示的 $\lambda/v-S$ 关系图(进化速率和突变率之比关于选择强度的函数)。(B) 估计分子表型的有效个数的 $g_K - K$ 图。引自 Gu(2007a)。

　　相同的基础选择强度　　如果所有的基础选择强度都相同,即对于 $i = 1, \cdots, K$, $B_i = B_0$,在这种最简单的情形下,容易证明

$$\bar{\lambda} = v(1 + 2B_0)^{-K/2}\left[1 + c\left(\frac{B_0 K}{1 + 2B_0}\right)\right]$$

平均选择强度 $\bar{S} = -K \times B_0$。当 $B_0 = 0$ 时,则有 $\bar{\lambda} = v$,这就是中性进化的情形。

8.3.2　蛋白质进化速率的 K 模式和 B 模式

　　已有大量证据证明,基因之间突变率差异会影响蛋白质序列的进化速率,比如 C_pG 突变热点。因为我们的关注点在于蛋白质功能限制,所

以这里不讨论这个问题,感兴趣的读者可以参见 Li (1997)。

蛋白质进化的速率由两个与基因功能重要性(限制)有关的参数所决定:一是基因多效性 K,与其在生物网络中重要性有关;二是基础选择强度 B_0,或者更一般地说是所有 B_i 的均值,与蛋白质序列的局部生化性质有关,比如蛋白质的稳定性(Dean *et al.*,2002;Koehl and Levitt,2002;DePristo *et al.*,2005;Parisi and Echave,2005)、可设计性或可突变性(Bloom *et al.*,2005;Guo *et al.*,2004),以及翻译效率(Sharp and Li,1987;Akashi and Gojobori,2002)。因此,这说明有两种基本模式来解释为什么蛋白质进化的速率会在基因之间有相当大的变化。

(1) K 模式宣称基因多效性 K 在基因之间变动很大,而基础选择强度 B_0 会保持相对不变。所以,基因的功能重要性主要取决于它在生物系统和网络中的作用。

(2) B 模式宣称 B_0 在基因之间变动很大,而 K 保持相对不变,所以蛋白质序列的生化结构性质是蛋白质序列进化速率的主要决定因素。

简而言之,有关 K 模式和 B 模式的理论提供了一种新颖的方法来考察基因的进化速率和功能重要性之间的相反关系。

8.3.3　B_i 变异对进化速率的效应

在式(8.10)中,基础选择强度 B_1,$\cdots$,B_K 在分子表型之间变动,但是凭经验总是未知的。为了考察 B_i 变异对进化速率的效应,一种可行的方法是假设每个 B_i 都是服从均值为 B_0 和方差为 $V(B)$ 的共同分布 $\psi(B)$ 的随机变量 B 的一次独立实现值。

把式(8.10)中 $\bar{\lambda}$ 的一般公式改写成

$$\bar{\lambda}/v = (1 + cK/2) \prod_{i=1}^{K} [1 + 2B_i]^{-1/2}$$
$$- cK/2 \sum_{i=1}^{K} \Big(\prod_{j=1, j \neq i}^{K} [1 + 2B_j]^{-1/2} \Big) (1 + 2B_i)^{-3/2}$$

假设所有 B_i 独立同分布,则蛋白质进化速率的均值为

$$\bar{\lambda} = vE_0^K \Big[1 + \frac{c}{2} K \Big(1 - \frac{E_1}{E_0} \Big) \Big] \tag{8.11}$$

两个参数分别定义如下

$$E_0 = \int_0^\infty (1 + 2B)^{-1/2} \psi(B) \mathrm{d}B$$

$$E_1 = \int_0^\infty (1+2B)^{-3/2} \psi(B) \, \mathrm{d}B$$

所以,可以定义有效基础选择强度 $(\widetilde{B}_0)$ 使得 $E_0 = (1+2\widetilde{B}_0)^{-1/2}$ 成立。即

$$(1+2\widetilde{B}_0)^{-1/2} = \int_0^\infty (1+2B)^{-1/2} \psi(B) \, \mathrm{d}B$$
$$\approx (1+2B_0)^{-1/2} \left(1 + \frac{3}{2}\eta^2\right)$$

参数 η^2 由下式给出

$$\eta^2 = \frac{V(1+2B)}{(1+2B_0)^2} = \frac{4V(B)}{(1+2B_0)^2}$$

它能反映出基础选择强度在基因的分子表型之间的变异情况。显然,$\widetilde{B}_0 \geqslant B_0$,且当 $\eta \to 0$ 时,$\widetilde{B}_0 \to B_0$。

下面定义另一种有效基础选择强度 B_0^* 使得 $E_1 = (1+2B_0^*)^{-3/2}$ 成立。与此相类似,有

$$(1+2B_0^*)^{-3/2} = \int_0^\infty (1+2B)^{-3/2} \psi(B) \, \mathrm{d}B$$
$$\approx (1+2\bar{B})^{-3/2} \left(1 + \frac{15}{2}\eta^2\right)$$

结合所有这些参数和式(8.11),可以得到

$$\bar{\lambda} = v(1+2\widetilde{B}_0)^{-K/2} \left[1 + \frac{c}{2}K\left(1 - \frac{\delta_B}{1+2\widetilde{B}_0}\right)\right] \tag{8.12}$$

其中,δ_B 由下式给出

$$\delta_B = \left(\frac{1+2\widetilde{B}_0}{1+2B_0^*}\right)^{3/2} \approx \frac{1+7.5\eta^2}{(1+1.5\eta^2)^3} \tag{8.13}$$

因此,我们得出结论:不管 B_i 是相同的还是不同的,都有 $0 \leqslant \delta_B \leqslant 1$。数值分析表明,分子表型之间 B 变异对蛋白质进化速率的效应总是轻微的。

8.4 基因多效性和选择强度的估计

上面描述的基因多效性模型涉及一些未知的参数,这些参数难以从

序列数据中估计出来。但是，Gu（2007a）发展了一种有效的方法，主要是估计两个重要的参数：① 分子表型的数目 K，它对于理解基因多效性和多功能性是十分关键的。② $\bar{S} = -\sum_{i=1}^{K} B_i$，度量所有序列的保守性，或者更确切地度量基础选择强度 $B_0 = \sum_{i=1}^{K} B_i/K$。

8.4.1　进化速率的二阶矩

除了在式（8.9）（译者注：原文为 8.10）中给出的进化速率均值之外，我们还考虑进化速率的二阶矩 $\overline{\lambda^2}$。较合理的近似来自通用公式

$$\overline{\lambda^2} = v^2 \int \left[\frac{S(\mathbf{y})}{1 - e^{-S(\mathbf{y})}} \right]^2 p(\mathbf{y}) \mathrm{d}\mathbf{y}$$

Gu（2007a）推导出 λ 的二阶矩如下

$$\overline{\lambda^2} = v^2 \prod_{i=1}^{K} \left[1 + 4B_i \right]^{-1/2} \left[\left(1 + c \sum_{i=1}^{K} \frac{B_i}{1+4B_i} \right)^2 \right.$$
$$\left. + c^2 \sum_{i=1}^{K} \frac{2B_i^2}{(1+4B_i)^2} \right] \tag{8.14}$$

其中，$c \approx 0.5772$。

8.4.2　有效基因多效性（K_e）

通常，进化速率的均值 λ 和二阶矩 $\overline{\lambda^2}$ 依赖于不同 B_i 的 K 值，特别在 K 未知时是难以估计的。为了解决这个问题，我们首先利用数值分析和仿真，当 B_i 取值在一个较大的范围内时，都可将式（8.10）和式（8.14）分别近似表示如下

$$\frac{\bar{\lambda}}{v} \approx \prod_{i=1}^{K} \left[1 + 2B_i \right]^{-1/2} (1 + cK/2)$$
$$\frac{\overline{\lambda^2}}{v^2} \approx \prod_{i=1}^{K} \left[1 + 4B_i \right]^{-1/2} (1 + cK/2 + c^2K/8 + c^2K^2/16) \tag{8.15}$$

Gu（2007a）认识到用突变率规化的进化速率的二阶矩和均值之比，即 $g_K = [\overline{\lambda^2}/v^2]/[\bar{\lambda}/v]$ 对于估计基因多效性是十分关键的，可由下式得到

$$g_K = 2^{-K/2} \left[\prod_{i=1}^{K} \left(1 + \frac{1}{1+4B_i} \right)^{1/2} \right] \left[1 + \left(\frac{c}{4} \right)^2 \frac{K(K+2)}{1+cK/2} \right]$$

$$\tag{8.16}$$

我们把有效基因多效性（K_e）定义为经过强稳定选择即具有大的基础选择强度的分子表型的有效数目。因此，K_e 小于分子表型的真实数目。可以断言，对所有有效分子表型而言，总有 $B_i \geqslant a > 0$。如果下界 a 足够大，满足 $1+1/(1+4a) \approx 1$，则可以近似得到

$$g_{K_e} = 2^{-K_e/2}\Big[1 + \Big(\frac{c}{4}\Big)^2 \frac{K_e(K_e+2)}{1+cK_e/2}\Big] \tag{8.17}$$

上式仅依赖于 $K_e(c \approx 0.5772)$。如图 8.3B 所示，g_{K_e} 随着 K_e 的增加而减少；当 $K_e = 0$ 时 $g_{K_e} = 1$；当 $K_e \to \infty$ 时，$g_{K_e} \to 0$。式(8.17)说明，如果能从蛋白质序列中估计出 g_K 的值，则有效基因多效性（K_e）就能被估计出来。为此，我们利用广泛使用的度量 $\bar{\lambda}/v$，即非同义替换与同义替换之比（d_N/d_S）。二阶矩 $\overline{\lambda^2}/v^2$ 与反映不同位点之间进化速率变异的 H 值(Gu *et al.*，1995)有关，H 定义如下

$$H = 1 - (\bar{\lambda})^2 / \overline{\lambda^2}$$

在 0 到 1 范围内变化，H 值越高，说明位点之间进化速率的变异越大；反之亦然。于是，进化速率的一阶矩和二阶矩可分别写成

$$\bar{\lambda}/v = d_N/d_S$$
$$\overline{\lambda^2}/v^2 = (d_N/d_S)^2/(1-H)$$

g_K 的估计值，记为 $\hat{g}$，可写成

$$\hat{g} = \frac{d_N}{d_S}/(1-H) \tag{8.18}$$

8.4.3　估计步骤

Gu（2007a）发展了一种估计分子表型有效数目（K_e）的简便计算步骤，包括如下几步：

（1）从同源蛋白质序列的多序列比对中得出系统树。

（2）从近缘编码序列中估计非同义替换与同义替换的比率（d_N/d_S）。

（3）估计反映不同位点之间进化速率变异的 H 值：采用 Gu 和 Zhang(1997)方法，利用已有的系统树来推导每个位点上的变化数（纠偏）。分别用 $\bar{x}$ 和 $V(x)$ 记位点上变化数的均值和方差。假设每个位点的变化都是泊松过程，可得到进化速率的均值 $\bar{\lambda} = \bar{x}/T$，其中 T 是系统树的总进化时间。类似地，各位点间进化速率的方差为 $V(\lambda) = [V(x) -$

$\bar{x}]/T^2$。则 H 被估计为

$$\hat{H} = \frac{V(\lambda)}{V(\lambda) + (\bar{\lambda})^2} = \frac{V(x) - \bar{x}}{V(x) + \bar{x}(\bar{x} - 1)} \tag{8.19}$$

（4）基于式（8.17）和式（8.18）估计 K_e。

（5）K_e 的样本方差可以用 Delta 方法来近似计算。从式（8.17）可知，有形式上的 $K_e = f(g)$。根据 Delta 方法得到

$$Var(K_e) \approx [f(g)']^2 Var(\hat{g}) = \frac{V(\hat{g})/\hat{g}^2}{[(\ln 2/2)(1 - a_1)]^2}$$

其中，$a_1 = (2/\ln 2)\phi'/(1 + \phi)$，$\phi = (c/4)^2 K_e (K_e + 2)/[1 + cK_e/2]$，$\phi' = [2(K_e + 1) + cK_e^2/2]/(1 + cK_e/2)^2$。进一步地，方差 $Var(\hat{g})$ 可以写成

$$V(\hat{g}) \approx \hat{g}^2 \left[\frac{V(d_N/d_S)}{(d_N/d_S)^2} + \frac{V(H)}{(1 - H)^2} \right]$$

综合起来有

$$Var(K_e) \approx \left[\frac{V(d_N/d_S)}{(d_N/d_S)^2} + \frac{V(H)}{(1 - H)^2} \right] / \left[(\ln 2/2)(1 - a_1) \right]^2 \tag{8.20}$$

d_N/d_S 的方差可用传统方法估计，H 的方差 $V(H)$ 可用自展法来计算。

8.4.4　有效选择强度

平均选择强度 $\bar{S}$ 可写成 $\bar{S} = -K \times B_0$，其中 B_0 是（平均）基础选择强度。用 d_N/d_S 代替式（8.15）中的 $\bar{\lambda}/v$，用 K_e 代替 K，则有

$$\frac{d_N}{d_S} = \prod_{i=1}^{K_e} (1 + 2B_i)^{-1/2} (1 + cK_e/2)$$

这表明 $\prod_{i=1}^{K_e}(1 + 2B_i)$ 是可估计的。因此，我们定义有效基础选择强度（$\tilde{B}_0$）使得 $(1 + \tilde{B}_0)^{K_e} = \prod_{i=1}^{K_e}(1 + 2B_i)$，于是可得 $\tilde{B}_0$ 的估计式如下

$$\widetilde{B}_0 = \frac{1}{2}\left\{\left[\prod_{i=1}^{K_e}(1+2B_i)\right]^{1/K_e} - 1\right\}$$

$$= \frac{1}{2}\left\{\left[\frac{1+cK_e/2}{d_N/d_S}\right]^{2/K_e} - 1\right\} \tag{8.21}$$

利用 Delta 方法,可近似得到样本方差 $\widetilde{B}_0$

$$Var(\widetilde{B}_0) = (1+2\widetilde{B}_0)^2\left[aVar(d_N/d_S) + bVar(K_e)\right]$$

其中, $a = (K_e d_N/d_S)^2$, $b = \left[(\ln d_N/d_S)^2 + (1-h)^2\right]/K_e^4$, $h = 1/(1+cK_e/2) + \ln(1+cK_e/2)$ 。于是,有效选择强度的估计式为 $\widetilde{S} = -K_e \times \widetilde{B}_0$,其样本方差近似为

$$Var(\widetilde{S}) \approx K_e^2 Var(\widetilde{B}_0) + \widetilde{B}_0^2 Var(K_e)$$

8.4.5 有效基因多效性的纠偏估计

虽然 K_e 已经提供了一个对基因多效性程度的保守估计,我们还是希望在不引入额外假设的前提下纠正低估的偏差。为此,我们考虑以下问题:当函数 g 给定后, K_e 和真实的 K 之间差异是多少? 简便起见,设 $\phi(K) = (c^2/4)K(K+2)/(1+cK/2)$, $\phi(K_e)$ 也同样定义。让式(8.16)与式(8.17)相等,得到

$$2^{-K/2}\left[\prod_{i=1}^{K}\left(1+\frac{1}{1+4B_i}\right)^{1/2}\right][1+\phi(K)] = 2^{-K_e/2}[1+\phi(K_e)]$$

经过简单的代数运算,可得到 K_e 和真实的基因多效性 K 之间的关系如下

$$K_e = K - \sum_{i=1}^{K}\log_2\left(1+\frac{1}{1+4B_i}\right) + 2\log_2\frac{1+\phi(K)}{1+\phi(K_e)}$$

因此,我们提出一种关于有效基因多效性($\widetilde{K}$)的纠偏估计,用有效基础选择强度 $\widetilde{B}_0$ 代替 B_i ,于是得到

$$K_e = K(1-\eta_0) + 2\log_2\frac{1+\phi(K)}{1+\phi(K_e)} \tag{8.22}$$

其中, η_0 由下式给出

$$\eta_0 = \log_2\left(1+\frac{1}{1+4\widetilde{B}_0}\right) \tag{8.23}$$

在数字上,可以设计简单的迭代来得到 $\tilde{K}$。我们已经做了大量的计算机模拟(Huang and Gu,未发表),发现利用以下的近似就足够了。忽略式(8.22)右边第三项,得到 K 与 K_e 的简单关系式 $K = K_e/(1 - \eta_0)$。我们定义第二个修正项

$$\varepsilon_0 = \frac{2}{K_e}\log_2 \frac{1 + \phi[K_e/(1 - \eta_0)]}{1 + \phi(K_e)}$$

然后,用 $K_e\varepsilon_0$ 替代式(8.22)右边第三项,得到 $K_e(1 - \varepsilon_0) = \tilde{K}(1 - \eta_0)$,进而得到一个简单的有效基因多效性的纠偏估计

$$\tilde{K} = \left(\frac{1 - \varepsilon_0}{1 - \eta_0}\right)K_e \tag{8.24}$$

8.5 基因多效性的初步分析

基于 300 多种脊椎动物的基因,我们(Su *et al.*,2010)做了初步的分析来研究基因多效性的模式。脊椎动物的基因数据包括 8 个基因组(人、小鼠、狗、牛、鸡、蟾蜍、河豚、斑马鱼)(图 8.4)。在人和小鼠的直系同源基因之间,每个同义位点的同义替换数目(d_S)和每个非同义位点的非同义替换数目(d_N)可以用 PAML 软件包(Yang,1997)的似然法来估计。每个同源基因组的蛋白质多序列比对由 Clustal W (Thompson *et al.*,1994)产生,系统树的构树方法采用邻接法(Saitou and Nei,1987)。在系统树的基础上,我们利用 Gu 和 Zhang(1997)的方法来估计参数 H。

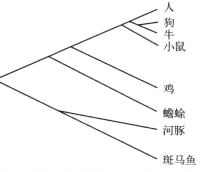

图 8.4 数据分析中用到的脊椎动物的系统树。

8.5.1 基因多效性的范围

我们分析了 321 种脊椎动物的蛋白质。对那些 $d_N/d_S \ll 1$ 的脊椎动物基因,d_N/d_S 的均值为 0.098,H 的均值为 0.517。对于所有能获得 d_N/d_S 和 H 值的脊椎动物基因,我们估计得到有效基因多效性(K_e)。如

表 8.2 所示,大多数基因有相当高的多效性程度($K_e > 3$),证实了基因多效性是一种普遍的特性。另外,有效基因多效性的均值 $K_e = 6.52$,也就是说,基因的随机突变通常会影响 $6 \sim 7$ 个分子表型,或者对应地影响 $6 \sim 7$ 个适合度成分。

为了检验 d_N/d_S 估计带来的潜在影响,我们考察了另外 4 种哺乳动物的成对组合。如表 8.3 所示,估计的有效基因多效性有变化,但变化的幅度并不大。另外,我们还发现当每个位点的变化数目用简约法来估计时,H 指标会被低估,从而导致基因多效性程度倾向于被高估(表 8.3)。不管什么速率,$5\% \sim 10\%$ 的估计差异不会影响基因多效性的程度的一般模式。举例来说,表 8.4 和表 8.5 分别列出了多效性较高($K_e > 10$)的基因和多效性较低($K_e < 3$)的基因。正如所期望的一样,多效性较高的基因在序列水平上进化得慢一点,而多效性较低的基因则进化得快一点。

8.5.2 生物学相关性

Su 等(2010)做了一些分析来考查有效基因多效性是否有生物学意义上的解释。直观地,我们可以把分子表型的概念看作是典范生物学过程,其将编码蛋白质的生化特性与生物的适合度联系在一起。因此,多效性模型预测多效性高的基因倾向于参与更多的生物学过程。虽然具体的生物学过程资料还很缺乏,基因本体(GO)已提供解决这个问题的初步近似。借助于 GO 数据库的生物学过程(BP)分类,我们统计了每个基因的生物学过程的 GO 注释项的数目。尽管 GO 库中 BP 分类的 BP 项远非完整,它还是反映出基因的有意义的部分,基因会参与两到三个生物学过程(表 8.2)。事实上,我们发现 BP 数目与 K_e 是正相关的($P < 0.01$)。

类似地,多效性模型预测多效性高的基因倾向于在多个组织中表达,即表达宽度。这意味着相同的基因生化功能(酶或结合活性)能与几个不同的生物适合度成分关联,在多种细胞类型或组织中表达;还发现有效基因多效性(K_e)与基因高表达组织的个数有显著相关性($P < 0.001$)。因此,表达组织的个数增加会提高基因参与多个表型性状的可能性,从而影响多个适合度成分。所以可以猜测,许多与蛋白质进化速率有关的基因组的度量也许是由基因多效性引起的,但速率和表达之间的关系(Pal *et al.*, 2001, 2003;Wyckoff *et al.*, 2005)也许是复杂的。

表 8.2　脊椎动物基因多效性分析概要　　　　　　　　　　　　　　　　（引自 Su et al., 2010）

K_e	Num	d_N/d_S	d_N	d_S	H	S	B_0	BP	EB
<3	26	0.269±0.022	0.161±0.018	0.609±0.033	0.482±0.033	−6.89±0.76	3.38±0.49	1.62±0.28	6.10±2.61
3—4	29	0.184±0.010	0.112±0.008	0.607±0.030	0.496±0.025	−7.14±0.24	2.08±0.06	1.76±0.35	5.73±2.76
4—5	47	0.134±0.006	0.090±0.006	0.651±0.029	0.492±0.022	−8.30±0.23	1.83±0.05	1.53±0.23	2.26±0.55
5—6	63	0.103±0.003	0.072±0.004	0.684±0.031	0.483±0.016	−9.03±0.12	1.65±0.02	1.70±0.27	8.64±2.05
6—7	42	0.065±0.002	0.045±0.004	0.678±0.042	0.557±0.016	−10.59±0.14	1.62±0.02	1.74±0.31	8.36±2.41
7—8	37	0.051±0.002	0.034±0.003	0.651±0.043	0.537±0.018	−11.42±0.15	1.53±0.02	2.08±0.38	6.82±2.79
8—9	27	0.036±0.002	0.022±0.002	0.609±0.046	0.570±0.023	−12.63±0.20	1.50±0.02	2.85±0.80	10.70±3.77
9—10	19	0.026±0.002	0.018±0.002	0.668±0.062	0.559±0.031	−13.75±0.25	1.44±0.03	2.00±0.48	10.57±4.03
>10	31	0.010±0.001	0.006±0.001	0.579±0.044	0.611±0.027	−18.03±0.61	1.36±0.02	2.26±0.62	13.36±3.24

注：基于人类和小鼠直系同源基因之间的 d_N/d_S 有效基因多效性（K_e）的估计和利用 Gu 和 Zhang（1997）方法估计的 H_o 生物学过程 GO 注释中统计得到。表达宽度是基因组织织织的数目，基于 Su 等（2010）的方法。

表 8.3　蛋白质序列分析对基因多效性估计的影响效果

(引自 Su *et al.*，2010)

	d_N/d_S	H	K
(1) d_N/d_S 估计的影响			
人-鼠	0.098	0.525	6.52
人-牛	0.112	0.525	6.25
人-狗	0.118	0.525	6.14
鼠-牛	0.096	0.525	6.56
鼠-狗	0.097	0.525	6.54
牛-狗	0.120	0.525	6.11
(2) H 估计的影响			
简约法	0.098	0.468	6.75

表 8.4　高多效性基因 $(K_e > 10)$ 列表(BP：生物学过程；EB：表达宽度)

(引自 Su *et al.*，2010)

描　　　述	d_N/d_S	H	K_e	S	B_0	BP	EB	SWISSPROT (human)
A4 型 β-淀粉样蛋白前体（APP）（ABPP）	0.0187	0.521	10.89	14.68	1.347	2	0	P05067
γ-可溶性 NSF 附着蛋白（SNAP-gamma）	0.0181	0.531	10.93	14.77	1.352	0	8	Q99747
转录延伸因子 B 结合蛋白	0.0236	0.383	10.97	14.09	1.284	1		NP_065746
核仁蛋白 10	0.0214	0.429	11.04	14.36	1.301	2	55	〔Q9BSC4
C4orf8 蛋白（Protein IT14）	0.0148	0.605	11.05	15.36	1.390	0	3	P78312
NF-κB 活化 A20 结合抑制子 2	0.0144	0.614	11.05	15.43	1.396	0		NP_077285
蛋氨酸合成酶还原酶，线粒体前体	0.0088	0.736	11.42	16.88	1.479	0	6	Q9UBK8
核孔蛋白 p58/p45（类核孔蛋白 1）	0.0127	0.610	11.49	15.84	1.379	4	0	Q9BVL2
蛋白质二硫键异构酶 A6 前体(EC 5.3.4.1)	0.0120	0.571	11.98	16.08	1.342	7		Q15084
纤毛内转运同源蛋白 140	0.0124	0.504	12.35	16.07	1.301	2	2	Q96RY7
组织蛋白酶 B 重链	0.0051	0.796	12.37	18.58	1.502	14	22	P07858

续表

描　　述	d_N/d_S	H	K_e	S	B_0	BP	EB	SWISSPROT (human)
丝氨酸/苏氨酸蛋白激酶 PRP4	0.003 1	0.872	12.41	20.08	1.617	0	0	Q13523
核孔蛋白 Nup98	0.014 2	0.360	12.74	15.83	1.242	14	2	P52948
T-复合蛋白 epsilon 亚基	0.010 6	0.490	12.97	16.63	1.282	1	6	P48643
内收蛋白 1(α)异构体 d	0.006 6	0.674	13.05	17.90	1.372	2	0	NP_789771
钠依赖性谷氨酸/天冬氨酸转运体 3	0.007 6	0.622	13.08	17.53	1.340	1	1	P43005
Rho 相关蛋白激酶 2 (EC 2.7.1.37)	0.001 9	0.884	13.78	21.64	1.570	3	28	O75116
ATP 酶 I 类 8A 成员 2 (ML-1)	0.005 1	0.599	14.52	18.83	1.297	3	0	Q9NTI2
锌指蛋白 294	0.005 1	0.440	15.59	19.07	1.224	0	24	O94822
类四环素转运蛋白	0.001 0	0.886	15.83	23.63	1.493	2	45	NP_001111
磷酸丙糖异构酶	0.001 0	0.777	17.77	23.61	1.329	1	60	P60174
膜相关环指蛋白 (C3HC4)6	0.001 0	0.738	18.34	23.77	1.296	1		NP_005876
类 HN1 蛋白	0.000 8	0.754	18.75	24.34	1.298	2	30	Q9H910
N-糖苷酶/DNA 裂解酶	0.001 1	0.544	19.98	24.03	1.203	0	2	O15527
核仁复合体蛋白 14	0.001 0	0.507	20.40	24.27	1.189	1	0	P78316

表 8.5　低多效性基因 ($K_e < 3$) 列表(BP：生物学过程；EB：表达宽度)

(引自 Su et al.，2010)

描　　述	d_N/d_S	H	K	S	B_0	BP	EB	SWISSPROT (human)
抗细胞凋亡蛋白 1 (DAD-1)	0.309	0.595	0.911	10.052	11.03	1	1	P61803
PolyA 结合蛋白 II (PABII)	0.605	0.189	0.977	2.270	2.32	0		Q86U42
SDR 家族成员脱氢酶/还原酶 4	0.269	0.626	1.108	9.808	8.85	2	4	Q9BTZ2
白三烯 B4 受体(LTB4-R 1)	0.444	0.364	1.202	3.807	3.16	1	0	Q15722

描述	d_N/d_S	H	K	S	B_0	BP	EB	SWISSPROT (human)
突触融合蛋白结合蛋白 6	0.260	0.573	1.670	6.712	4.01	2	17	Q8NFX7
RNA-结合蛋白 Nova-1	0.363	0.378	1.810	4.406	2.43	4	58	P51513
类突触融合蛋白结合蛋白 1(Sly1p)	0.340	0.403	1.901	4.690	2.46	2	0	Q8WVM8
Cochlin 蛋白前体 (COCH-5B2)	0.277	0.484	2.103	5.596	2.66	0	0	O43405
C14orf125 蛋白 (Fragment)	0.109	0.785	2.297	12.324	5.36	3	9	Q86XA9
Pho-GTP 酶激活蛋白 5 (p190-B)	0.301	0.383	2.423	5.052	2.08	0	5	Q13017
神经元 PAS 结构域蛋白 3(Neuronal PAS3)	0.317	0.347	2.446	4.845	1.98	4		Q8IXF0
E2F 相关磷蛋白 (EAPP)	0.046	0.904	2.475	22.959	9.27	2	3	Q56P03
丝切蛋白 2(Cofilin, muscle isoform)	0.235	0.485	2.654	6.060	2.28	2	6	Q9Y281
ATP 参与的染色质组装和重构因子 1 (hACF1)	0.188	0.586	2.681	7.162	2.67	4	1	Q9NRL2
信号识别颗粒 S4kDa 蛋白(SRP54)	0.281	0.368	2.746	5.292	1.92	2		P61011
蛋白酶体亚基 α6 型	0.352	0.201	2.775	4.498	1.62	1	0	P60900
NF-κB 抑制剂 α	0.210	0.520	2.800	6.519	2.32	1		P25963
类乳腺癌转移抑制因子 1	0.176	0.598	2.804	7.394	2.63	5	0	NP_115728
MAP3K12 结合抑制蛋白 1	0.224	0.477	2.879	6.204	2.15	1	0	Q9NS73
同源框蛋白 Nkx-2-1 (Homeobox protein NK-2 homolog A)	0.274	0.355	2.904	5.386	1.85	1	2	P43699
SMN 相互作用蛋白 1	0.176	0.583	2.914	7.285	2.50	0	0	O14893
运输蛋白粒子复合体亚基 6B	0.181	0.568	2.940	7.135	2.42	0	22	Q86SZ2
核蛋白 SDK3	0.282	0.318	2.988	5.282	1.76	1	0	Q9H307

8.6　基因多效性评述

在这一章中,我们介绍了分子进化的多效性模型(Gu, 2007a)。进而在这个模型下,我们发展了一种统计方法,用来估计基因能显著影响不同适合度成分的能力,即有效基因多效性 (K_e)。这个工作首次提供了一种估计基因多效性的计算方法。另外,对基因多效性的概念进行建模可以填补分子进化和表型进化之间的鸿沟。

毋庸置疑,多效性模型和估计 K_e 的方法需要一些假设,这些假设还有待将来解决。首先,多效性模型涉及几个正态假设。我们可以参考文献(Martin and Lenormand, 2006)以得到全面的总结,包括支持理由和批评意见。正态假设意味着只有单个适合度最优值。在这个条件下,模型实际假设在适应过程后,偏向不同最优值的歧化选择在分子水平上很少发生。Lande(1980)指出当群体均值接近最优值时,类高斯函数可以作为大多任意适合度函数的局部近似核函数。要注意分子表型突变的类正态效应也许并不足以引起致死突变。此外,我们应该优化估计程序来提高 K_e 和 B_0 估计值的统计性质,特别是我们假设基因多效性在分子进化中是一个常数,但实际上可能并不成立。因此,当基因多效性程度在进化过程中变化时,如何分析数据就是一个挑战。最后,分子适应和基因多效性之间的关系还需要大量的研究。

第九章　基于基因含量的基因组进化模型

全基因组分析，比如基因家族在多个基因组中是否存在，已经成为获取大量系统发生信号以及探索基因组进化式样的重要方法（Snel *et al.*，1999；Lin and Gerstein，2000；Korbel *et al.*，2002；Natale *et al.*，2000；Clarke *et al.*，2002；Fitz-Gibbon and House，1999；House and Fitz-Gibbon，2002；Gu and Zhang，2004；Huson and Steel，2004；Zhang and Gu，2004；Hahn *et al.*，2005）。在本章中，我们将介绍相关的统计模型。

9.1　基因含量进化的生灭模型

9.1.1　基因家族的联合大小分布

多基因组比较分析显示不同物种间基因家族的大小存在着较大差异，因为基因家族在基因组进化过程中会发生基因家族生成、扩增、缩减以及丢失等现象。因此，基因组中基因家族的联合大小分布在系统发育基因组学研究中具有广泛的应用。

基于生灭过程的随机理论，我们（Gu and Zhang，2004）开发了一个广义随机模型。基因丢失（包括去功能化或缺失）和基因扩增（复制）是两个影响基因家族大小的主要进化过程。设 μ 为基因丢失的进化速率，λ 为基因扩增的进化速率。若每个基因丢失或复制的概率相同，对于 $t = 0$ 时含有 r 个基因成员的基因家族，其在 t 时间单位后的成员数量 X_t，符合以下分布

$$P(X_t = k \mid X_0 = r)$$
$$= \sum_{j=0}^{\min[r,\,k]} \binom{r}{j}\binom{r+k-j-1}{r-1} \beta^{r-j} \alpha^{k-j} (1-\alpha-\beta)^j,\ k \geqslant 1$$

$$P(X_t = 0 \mid X_0 = r) = \beta^r \tag{9.1}$$

其中，扩增参数 α 和丢失参数 β 分别定义如下

$$\alpha = \lambda \, \frac{1 - e^{(\lambda - \mu)t}}{\mu - \lambda e^{(\lambda - \mu)t}}$$

$$\beta = \mu \, \frac{1 - e^{(\lambda - \mu)t}}{\mu - \lambda e^{(\lambda - \mu)t}} \tag{9.2}$$

式（9.2）显示，$\alpha/\beta = \lambda/\mu$，定义为 P/L 比。由于生灭模型下基因家族大小预期为 $X_0 e^{(\lambda - \mu)t}$，通常 $\alpha > \beta$（或 $P/L > 1$）表明基因家族大小在进化过程中不断增加；反之亦然。

设两个基因组分化于 t 时间单位前（图 9.1）。对于给定的基因家族，设 $t = 0$ 时（共同祖先基因组中）基因家族含有 r 个成员基因，在两个基因组中分别含有 X_i 个成员基因（$i = 1, 2$）。基于不同谱系间独立进化的假设，（条件）联合概率 $P(X_1, X_2 \mid X_0 = r) = P(X_1 \mid X_0 = r) \times P(X_2 \mid X_0 = r)$。由于祖先基因组中基因家族大小未知，假定 $X_0 = r$ 的先验分布，表示为 $\pi(r)$。则 X_1 和 X_2 的联合分布可表示为

$$P(X_1, X_2) = \sum_{r=1}^{\infty} \pi(r) P(X_1, X_2 \mid X_0 = r)$$

$$= \sum_{r=1}^{\infty} \pi(r) P(X_1 \mid r) P(X_2 \mid r) \tag{9.3}$$

$P(X_i \mid r)$ 为 $P(X_i \mid X_0 = r)$ 的简写，由式（9.1）定义。

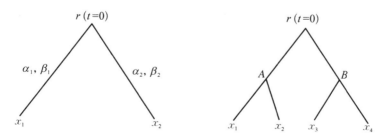

图 9.1 两基因组（左）和四基因组（右）模型的基因组进化示意图。祖先基因组中基因家族含有 r 个成员基因。在 t 进化时间单位后，基因组 1 和基因组 2 中基因家族成员数分别为 x_1 和 x_2。四基因组中，基因家族成员数分别为 x_1, x_2, x_3 和 x_4。

对于一般的 n 基因组模型，X_i 表示第 i 个基因组中基因家族大小（$i = 1, \cdots, n$）。基因家族的联合大小分布 $\mathbf{X} = (X_1, \cdots, X_n)$ 可以根据马尔可夫链模型获得，类似于 DNA 序列进化（Felsenstein，1981）。例如，

四基因组模型(图 9.1)中可以表示为

$$P(\mathbf{X}) = \sum_{r_0} \sum_{r_A} \sum_{r_B} \pi(r_0) P(r_A \mid r_0; \alpha_5, \beta_5) P(r_B \mid r_0; \alpha_6, \beta_6)$$
$$\times P(X_1 \mid r_A; \alpha_1, \beta_1) P(X_2 \mid r_A; \alpha_2, \beta_2)$$
$$\times P(X_3 \mid r_B; \alpha_3, \beta_3) P(X_4 \mid r_B; \alpha_4, \beta_4) \qquad (9.4)$$

$P(. \mid . ; \alpha_i, \beta_i)$ 为分支 i 的转移概率,由式(9.1)定义。

9.1.2 基因组距离及基因含量信息

给定联合大小分布,比如针对四基因组的式(9.4),可以通过最大似然法进行系统发生分析。但是,转换概率的复杂性[式(9.1)]使得基因组水平的分析难以进行。因此,距离法的引入便很有必要,首先需要定义一个可加的基因组距离。对式(9.2)进行必要的代数转换,扩增度量 d_λ 和丢失度量 d_μ 分别表示为

$$d_\lambda = \frac{\alpha}{\beta - \alpha} \ln \frac{1-\alpha}{1-\beta} = \lambda t$$
$$d_\mu = \frac{\beta}{\beta - \alpha} \ln \frac{1-\alpha}{1-\beta} = \mu t \qquad (9.5)$$

对于两基因组模型(图 9.1),设 $\lambda_i, \mu_i, \alpha_i, \beta_i, d_{\lambda_i}$ 和 d_{μ_i} 为各谱系($i = 1, 2$)的相应参数,见式(9.2)和式(9.5)。然后,我们定义两个基因组间的扩增基因组距离(P 距离)为 $G_P = d_{\lambda_1} + d_{\lambda_2} = (\lambda_1 + \lambda_2)t$;根据式(9.5),则

$$G_P = \sum_{i=1, 2} \frac{\alpha_i}{\beta_i - \alpha_i} \ln \frac{1-\alpha_i}{1-\beta_i} \qquad (9.6)$$

同样,两个基因组间的丢失基因组距离(L 距离)定义为 $G_L = d_{\mu_1} + d_{\mu_2} = (\mu_1 + \mu_2)t$,则

$$G_L = \sum_{i=1, 2} \frac{\beta_i}{\beta_i - \alpha_i} \ln \frac{1-\alpha_i}{1-\beta_i} \qquad (9.7)$$

基因组距离定义为 $G = G_P + G_L$,即

$$G = \sum_{i=1, 2} \frac{\alpha_i + \beta_i}{\beta_i - \alpha_i} \ln \frac{1-\alpha_i}{1-\beta_i} \qquad (9.8)$$

显然,这些基因组距离度量是可加的,以及 $G_P/G_L = P/L$。式(9.6)—(9.8)体现了基因组距离与概率模型[式(9.1)—(9.3)]中参数之间的联

系。为了计算基因组距离，我们需要开发参数估计（α_i 和 β_i）的高效计算方法。

基因含量的概念是在研究通用基因组树时由几位科学家引入的（如 Snel *et al.*，1999）。对于两基因组 $i = 1, 2$，设 Y_i 为基因家族的基因含量指数：$Y_i = 1$ 表示基因家族在第 i 个基因组至少含有 1 个成员基因；否则 $Y_i = 0$。因此，基因含量模式是最为退化的基因家族大小分布。下面我们将证明其不适合估计基因组距离。

根据式（9.3），Y_1 和 Y_2 的联合分布为

$$P(Y_1, Y_2) = \sum_{r=1}^{\infty} \pi(r) P(Y_1 \mid r) P(Y_2 \mid r) \qquad (9.9)$$

由于 $P(Y_i = 0 \mid r) = \beta_i^r$ 和 $P(Y_i = 1 \mid r) = 1 - \beta_i^r$，$i = 1, 2$，因此在假定几何先验分布时，如 $\pi(r) = (1 - f)^{r-1} f$，我们便可以获得 $P(Y_1, Y_2)$。为求简洁，设 $P(i, j) = P(Y_1 = i, Y_2 = j)$。然后，将 $\pi(r)$ 代入式（9.9），我们得到

$$P(1, 1) = 1 - Q(\beta_1) - Q(\beta_2) + Q(\beta_1 \beta_2)$$
$$P(1, 0) = Q(\beta_2) - Q(\beta_1 \beta_2)$$
$$P(0, 1) = Q(\beta_1) - Q(\beta_1 \beta_2)$$
$$P(0, 0) = Q(\beta_1 \beta_2) \qquad (9.10)$$

函数 $Q(\beta)$（$\beta = \beta_1$，β_2 或 $\beta_1 \beta_2$）定义如下

$$Q(\beta) = \sum_{r=1}^{\infty} \pi(r) \beta^r = \frac{\beta f}{1 - (1 - f)\beta} \qquad (9.11)$$

由于式（9.10）只依赖于丢失系数 β_1 和 β_2，我们无法顾及扩增系数（α_1 和 α_2）。

9.1.3 扩展的基因含量及基因组距离估计

上述分析表明，由式（9.6）—（9.8）定义的加性基因组距离通常不能通过基因含量来估计。然而，Gu 和 Zhang（2004）发现了一个可能的解决方法，将成员基因数非零的情况进一步分为两种状态：单拷贝（单一成员）或多拷贝（两个或两个以上的成员）。于是，该扩展的基因含量分析考虑如下 3 种可能状态：无成员基因（$Z = 0$）、单拷贝基因（$Z = 1$）及多拷贝基因（$Z = 2$）。根据式（9.1），其概率 $P(Z = 0 \mid X_0 = r) = P(X_t = $

$0 \mid X_0 = r)$，$P(Z = 1 \mid X_0 = r) = P(X_t = 1 \mid X_0 = r)$ 和 $P(Z = 2 \mid X_0 = r) = \sum_{k \geqslant 2} P(X_t = k \mid X_0 = r)$ 分别为

$$P(Z = 0 \mid X_0 = r) = \beta^r$$
$$P(Z = 1 \mid X_0 = r) = r\beta^{r-1}(1-\beta)(1-\alpha)$$
$$P(Z = 2 \mid X_0 = r) = 1 - \beta^r - r\beta^{r-1}(1-\beta)(1-\alpha) \quad (9.12)$$

两基因组的联合分布

考虑在 t 时间单位前已分离的两个基因组(图 9.1)。设 $Z_i = 0, 1$ 或 2 为基因组中基因家族的扩展基因含量指数，$i = 1, 2$。类似于式(9.3)和式(9.9)，Z_1 和 Z_2 的联合分布为

$$P(Z_1, Z_2) = \sum_{r=1}^{\infty} \pi(r) P(Z_1, Z_2 \mid X_0 = r)$$
$$= \sum_{r=1}^{\infty} \pi(r) P(Z_1 \mid r) P(Z_2 \mid r) \quad (9.13)$$

其中，$P(Z_i \mid r) = P(Z_i \mid X_0 = r)$。给定 $\pi(r) = f(1-f)^{r-1}$ 的几何分布，得到式(9.13)的解析形式如下

$$P(0, 0) = Q(\beta_1\beta_2)$$
$$P(0, 1) = \beta_1\omega_2 R(\beta_1\beta_2)$$
$$P(0, 2) = Q(\beta_1) - Q(\beta_1\beta_2) - \beta_1\omega_2 R(\beta_1\beta_2)$$
$$P(1, 0) = \beta_2\omega_1 R(\beta_1\beta_2)$$
$$P(1, 1) = \omega_1\omega_2 S(\beta_1\beta_2)$$
$$P(1, 2) = \omega_1[R(\beta_1) - \beta_2 R(\beta_1\beta_2)] - \omega_1\omega_2 S(\beta_1\beta_2)$$
$$P(2, 0) = Q(\beta_2) - Q(\beta_1\beta_2) - \beta_2\omega_1 R(\beta_1\beta_2)$$
$$P(2, 1) = \omega_2[R(\beta_2) - \beta_1 R(\beta_1\beta_2)] - \omega_1\omega_2 S(\beta_1\beta_2)$$
$$P(2, 2) = 1 - Q(\beta_1) - Q(\beta_2) + Q(\beta_1\beta_2) - \omega_1[R(\beta_1) - \beta_2 R(\beta_1\beta_2)]$$
$$- \omega_2[R(\beta_2) - \beta_1 R(\beta_1\beta_2)] + \omega_1\omega_2 S(\beta_1\beta_2) \quad (9.14)$$

其中，$\omega_1 = (1-\beta_1)(1-\alpha_1)$，$\omega_2 = (1-\beta_2)(1-\alpha_2)$；函数 $Q(\beta)$ 由式(9.11)可得，函数 $R(\beta) = \sum_{r=1}^{\infty} \pi(r) r\beta^{r-1}$ 由下式可得

$$R(\beta) = \frac{f}{1-(1-f)\beta} + \frac{f(1-f)\beta}{[1-(1-f)\beta]^2} \quad (9.15)$$

并且,函数 $S(\beta) = \sum_{r=1}^{\infty} \pi(r) r^2 \beta^{r-1}$ 由下式可得

$$S(\beta) = \frac{f}{1-(1-f)\beta} + \frac{3f(1-f)\beta}{[1-(1-f)\beta]^2} + \frac{2f(1-f)^2\beta^2}{[1-(1-f)\beta]^3}$$

(9.16)

其中,$\beta = \beta_1$,β_2 或 $\beta_1\beta_2$。

参数估计

当给定任意两个基因组 1 和 2 的扩展基因含量数据矩阵时,我们提出一个基于最大似然法的基因组距离估算方法。通常,先验参数 f 能够通过所观察到的基因家族大小频率估算得到。因为双重损失的模式不可观察(如 $Z_1 = 0$ 及 $Z_2 = 0$),可以使用以下修正后的联合概率

$$q(Z_1, Z_2) = \frac{P(Z_1, Z_2)}{1-P(0,0)} = \frac{P(Z_1, Z_2)}{1-Q(\beta_1\beta_2)}$$

(9.17)

其中,Z_1,$Z_2 = 0$,1,或 2,除了 $Z_1 = Z_2 = 0$。设 $Z_1 = i$ 和 $Z_2 = j$,i,$j = 0$,1,2,除了 $i = j = 0$,n_{ij} 为该模式下基因家族的数量。那么,这两基因组的似然值为

$$L(\alpha_1, \alpha_2, \beta_1, \beta_2 \mid \text{data}) = \prod_{i,j} q(i,j)^{n_{ij}}$$

(9.18)

我们利用 Newton-Raphoson 数值迭代法获得 α_1,α_2,β_1 和 β_2 的最大似然估计值。采样方差-协方差矩阵可以通过 Fisher 信息矩阵的逆矩阵近似计算得到。当估算参数(α_1,α_2,β_1,β_2)时,基因组距离的计算可由式(9.6)—(9.8)明确得到,基因组距离的采样方差通过 Delta 法可得。

9.1.4 计算机模拟和案例研究

Gu 和 Zhang(2004)进行了大量的计算机模拟,以此来验证使用扩展的基因含量数据进行系统发生重建的可靠性。在这里,我们简要讨论主要的研究成果。

基因组距离的估算是渐近无偏的

首先,给定进化参数($\lambda_i t$ 和 $\mu_i t$,$i = 1$,2),我们对双基因组的进化场景进行随机过程模拟,如图 9.1 所示。对于任何一个基因家族,根部的基因数量 r 是由参数 $f = 0.5$ 的几何分布产生的。在每一次复制中,我们通过实施最大似然法去估算扩增参数 α_i 和丢失参数 β_i($i = 1$,2),然后根

据式(9.6)—式(9.8)计算基因组距离。统计显著性可以通过每个估计值的平均值和标准差来检验。

我们研究了4个典型的案例,分别是基因丢失模型($\lambda = 0$)、增长模型($\lambda > \mu$)、平稳模型($\lambda = \mu$)和缩减模型($\lambda < \mu$)。基因家族的数量(N)分别设定为$N = 200, 500, 1\,000$。我们研究了两个谱系下这些模型的多种组合,发现这些参数和基因组距离的估算值存在渐近偏离。当$N > 500$,这种现象几乎微不足道。基因组距离的采样方差随着基因家族数目的增长而减少,通常在$N > 500$的情况下达到可接受程度。

基因组树推断是有效的

Gu 和 Zhang (2004)采用一个典型的四基因组条件来检验扩展基因含量方法的基因组树构造性能(图9.2)。在模拟了四基因组的扩展基因含量矩阵后,我们估算基因组距离矩阵,并使用邻接(NJ)算法推断该基因组树。然后,通过超过1 000次重复中正确拓扑推断所占的百分比来估量系统发生推断的有效性。结果显示,除一些极端案例外,当$N > 500$时,正确的基因组树所占的百分比是令人满意的($>70\%$)。

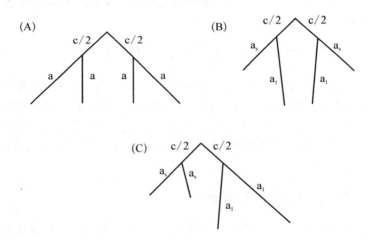

图9.2 用于计算机模拟研究的基因组树。(A) 相等的外部分枝长度;(B) 不相等的外枝(Felsenstein's zone);(C) 不相等的外枝(non-Felsenstein's zone)。

表9.1显示了当真实树有4个同等长度的外枝时,构建的正确基因组树所占的比例(图9.2A)。当内枝长度(c)较短时,基因组树推断能够随着N的变大明显地改进。为了检验基因组树构建的一致性,我们考虑了当外枝长度不等的情况下的两种典型模式(图9.2B和C)。如表9.2所示,当N值小且内枝长度较短时,该性能较差。然而,即便在非常极端

的案例中,对于足够大数量的基因家族来说,正确的树构造所占的百分比接近 100％。

表 9.1 正确树构造的百分比（％）：相等外
枝长度（见图 9.2A） （引自 Gu and Zhang, 2004）

N	c/a 比值				
	1	1/2	1/4	1/8	1/16
(1) $a = 0.5$, $P/L = 0$					
100	100	95	78	55	50
500	100	100	98	85	59
2 000	100	100	100	99	70
(2) $a = 0.75$, $P/L = 0.5$					
100	100	96	82	57	54
500	100	100	100	95	66
2 000	100	100	100	100	78
(3) $a = 1.0$, $P/L = 1$					
100	100	100	89	63	44
500	100	100	100	88	67
2 000	100	100	100	98	82
(4) $a = 0.75$, $P/L = 2$					
100	100	99	86	64	46
500	100	100	100	91	59
2 000	100	100	100	100	73

表 9.2 正确树构造的百分比（％）：不均等
枝长（见图 9.2B 和 C）（引自 Gu and Zhang, 2004）

N	c/a_t 比值				
	1	0.8	0.4	0.2	0.1
(1) 适用于图 9.2B					
100	73	66	58	41	30
500	98	92	80	50	40
2 000	100	100	95	87	78
(2) 适用于图 9.2C					
100	79	78	75	66	60
500	100	97	92	76	78
2 000	100	100	100	96	95

注：基因组枝长：$a_1 = 0.6$, $a_s = 0.06$, $P/L = 0.5$。

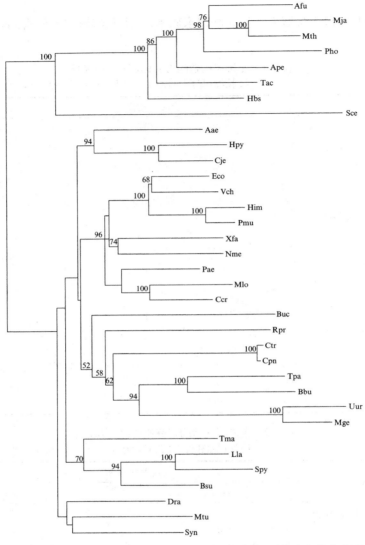

图 9.3 基于扩展基因含量数据集推断出的 35 个微生物基因组系统发生关系，仅显示大于 50% 的自展值。修改自 Gu and Zhang(2004)。

物种缩写：古菌，Afu，*Archaeoglobus fulgidus*；Hbs，*Halobacterium* sp. NRC - 1；Mja，*Methanococcus jannaschii*；Mth，*Methanothermobacter thermautotrophicus*；Tac，*Thermoplasma acidophilum*；Pho，*Pyrococcus horikoshii*；Ape，*Aeropyrum pernix*。真核生物：Sce，*Saccharomyces cerevisiae*。细菌：Aae，*Aquifex aeolicus*；Tma，*Thermotoga maritime*；Dra，*Deinococcus radiodurans*；Mtu，*Mycobacterium tuberculosis H37Rv*；Lla，*Lactococcus lactis*；Spy，*Streptococcus pyogenes M1 GAS*；Bsu，*Bacillus subtilis*；Syn，*Synechocystis* sp.；Eco，*Escherichia coli K12*；Buc，*Buchnera* sp. APS；Vch，*Vibrio cholerae*；Pae，*Pseudomonas aeruginosa*；Hin，*Haemophilus influenzae*；Pmu，*Pasteurella multocida*；Xfa，*Xylella fastidiosa 9a5c*；Nme，*Neisseria meningitidis MC58*；Hpy，*Helicobacter pylori 26695*；Cje，*Campylobacter jejuni*；Mlo，*Mesorhizobium*。

软件和案例研究：生命的通用基因组树

Gu 等(2005a)开发了一个软件基于扩展基因含量数据来推断基因组树。我们应用这种构树方法推断出 35 个完整基因组的通用基因组树。这些扩展基因含量数据可从 COG 数据库(http：//www. ncbi. nlm. nih. gov/COG/)获得。然后，成对的基因组距离(G)可以通过式(9.8)估算得到。

我们使用邻接法(Saitou and Nei，1987)来推断基因组的系统发生。基于扩展基因含量的整体基因组树(图 9.3)支持通用树的概念，类似于以前的基因含量树(Snel *et al*.，1999；Wolf *et al*.，2002)和标准 16S RNA 树(Olsen *et al*.，1994)。也就是说，细胞生命的两大主要谱系古菌和细菌形成两个自展值为 100％ 的单系并与第三个谱系(由酵母基因组代表的真核生物)明显区分开来。我们的基因组树与其他基因含量树存在一定程度的差异。我们将研究结果与 Wolf 等(2002)的结果进行了比较。在他们的研究中，物种间(A 和 B)的基因组距离可通过 $D_{AB} = 1 - J_{AB}$ 计算而得，其中 J_{AB} 是 Jaccard 系数，反映了 A 和 B 之间的基因含量的相似度。以古菌的系统发生研究为例，这两项研究都支持嗜盐菌(Hbs，*Halobacterium* sp.)出现在树的根部，而广义古菌聚类在一起(Afu，Mja，Mth 和 Pho；物种缩写见图 9.3 所示)。尽管如此，我们的基因组系统发生分析表明，嗜热泉生古细菌(*Aeropyrum pernix*)也会产生分叉，而 Wolf 等(2002)研究表明，其与嗜酸热原体(*Thermoplasma acidophilum*)聚类在一起。

9.2　简单基因含量下的四基因组似然性

Zhang 和 Gu (2004)研究了在简单基因含量信息条件下的四基因组似然函数，其中基因组中的基因家族以二进制表示(1 或 0)。定义 $Y = 1$ 为该基因组中至少有一个该基因家族的成员基因，$Y = 0$ 则为丢失了所有的成员基因。如前所示，给定 $t = 0$ 时刻的 r 个成员基因，即 $X_0 = r$，t 时间单位后 $Y = 1$ 和 $Y = 0$ 的转换概率分别为

$$P(Y = 0 \mid X_0 = r) = \beta^r$$
$$P(Y = 1 \mid X_0 = r) = 1 - \beta^r \qquad (9.19)$$

其中，β 由式(9.2)得到。

对于一个拥有 4 个成员基因的基因家族来说,定义 Y_i 为基因组 i 的基因家族状态, $i = 1, 2, 3, 4$。如果在该基因组中发现至少一个成员基因,则 $Y_i = 1$;否则 $Y_i = 0$。因此,共存在 15 种基因含量模式,即 $(Y_1, Y_2, Y_3, Y_4) = (1, 1, 1, 1), (1, 1, 1, 0), \cdots, (0, 0, 0, 0)$。

9.2.1 似然函数:案例一

在下文中,我们将对如图 9.4A 所示的系统发生树下的似然函数进行推导。观察到 Y_1, Y_2, Y_3 和 Y_4 状态的概率可由下式得到

$$
\begin{aligned}
P(Y_1, Y_2, Y_3, Y_4) = & \sum_{r_0=0}^{\infty} \sum_{r_A=0}^{\infty} \sum_{r_B=0}^{\infty} \pi(r_0) P(r_A \mid r_0; \beta_5, \alpha_5) P(r_B \mid r_0; \beta_6, \alpha_6) \\
& \times P(Y_1 \mid r_A; \beta_1) P(Y_2 \mid r_A; \beta_2) P(Y_3 \mid r_B; \beta_3) \\
& \times P(Y_4 \mid r_B; \beta_4)
\end{aligned}
\tag{9.20}
$$

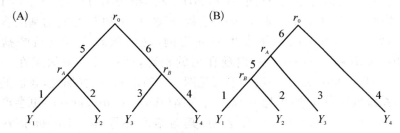

图 9.4 四基因组有根树拓扑结构的两种类型:(A) 对称的拓扑结构;(B) 非对称的拓扑结构。

例如,给定 $\pi(r_0)$ 的几何分布,基因含量模式 $(0, 0, 0, 0)$ 的概率是

$$
\begin{aligned}
P(0, 0, 0, 0) = & \sum_{r_0=0}^{\infty} \pi(r_0) \sum_{r_A=0}^{\infty} P(r_A \mid r_0; \alpha_5, \beta_5) \beta_1^{r_A} \beta_2^{r_A} \\
& \sum_{r_B=0}^{\infty} P(r_B \mid r_0; \alpha_6, \beta_6) \beta_3^{r_B} \beta_4^{r_B}
\end{aligned}
\tag{9.21}
$$

请注意,符合生灭过程的随机变量 X_t,其概率生成函数以如下形式出现

$$
G_X(s; \alpha, \beta, r_0) = \sum_{r=0}^{\infty} P(r \mid r_0; \alpha, \beta) s^r = \left[\frac{\beta + (1 - \alpha - \beta)s}{1 - \alpha s} \right]^{r_0}
$$

对于任意 0 和 1 之间的变量,我们可以得到

$$
P(0, 0, 0, 0) = \sum_{r_0=0}^{\infty} \pi(r_0) G_X(\beta_1 \beta_2; \alpha_5, \beta_5, r_0) G_X(\beta_3 \beta_4; \alpha_6, \beta_6, r_0)
$$

$$= \sum_{r_0=0}^{\infty}(1-f)^{r_0}f \times \gamma_0^{r_0} = \frac{f\gamma_0}{1-(1-f)\gamma_0} \tag{9.22}$$

其中，γ_0由下式可得

$$\gamma_0 = \left[\frac{\beta_5+(1-\alpha_5-\beta_5)\beta_1\beta_2}{1-\alpha_5\beta_1\beta_2}\right]\left[\frac{\beta_6+(1-\alpha_6-\beta_6)\beta_3\beta_4}{1-\alpha_6\beta_3\beta_4}\right] \tag{9.23}$$

其他基因含量模式的概率函数能够以相同的方式推导出来，尽管它可能是冗长乏味的。如表 9.3 所示，第二列显示了第三列的概率函数所需的 γ_i 的表达式，$i = 0, 1, \cdots, 14$。请注意，每个 γ_i 都是这些参数 $\{\alpha_5, \alpha_6, \beta_1, \cdots, \beta_6\}$ 的一个函数。

9.2.2 似然函数：案例二

根据图 9.4B 所示的拓扑结构，简单基因含量模式的联合概率 $\{Y_1, Y_2, Y_3, Y_4\}$ 可由下式给出

$$P(Y_1, Y_2, Y_3, Y_4) = \sum_{r_0=0}^{\infty}\sum_{r_A=0}^{\infty}\sum_{r_B=0}^{\infty}\pi(r_0)P(r_A \mid r_0; \beta_6, \alpha_6)$$
$$\times P(r_B \mid r_A; \beta_5, \alpha_5)P(Y_1 \mid r_B; \beta_1)$$
$$\times P(Y_2 \mid r_B; \beta_2)P(Y_3 \mid r_A; \beta_3)P(Y_4 \mid r_0; \beta_4) \tag{9.24}$$

对于 $\{Y_1, Y_2, Y_3, Y_4\} = \{0, 0, 0, 0\}$，我们得到

$$P(0, 0, 0, 0) = \sum_{r_0=0}^{\infty}\pi(r_0)\beta_4^{r_0}\sum_{r_A=0}^{\infty}P(r_A \mid r_0; \alpha_6, \beta_6)\beta_3^{r_A}$$

$$\times \sum_{r_B=0}^{\infty}P(r_B \mid r_A; \alpha_5, \beta_5)\beta_1^{r_B}\beta_2^{r_B}$$

$$= \sum_{r_0=0}^{\infty}(1-f)^{r_0}f\beta_4^{r_0}$$

$$\times \sum_{r_A=0}^{\infty}P(r_A \mid r_0; \alpha_6, \beta_6)\beta_3^{r_A}$$

$$\times \left[\frac{\beta_5+(1-\alpha_5-\beta_5)\beta_1\beta_2}{1-\alpha_5\beta_1\beta_2}\right]^{r_A}$$

$$= \sum_{r_0=0}^{\infty}(1-f)^{r_0}f\beta_4^{r_0}\left[\frac{\beta_6+(1-\alpha_6-\beta_6)\beta_3\delta_0}{1-\alpha_6\beta_3\delta_0}\right]^{r_0}$$

$$= \frac{f\gamma_0}{1-(1-f)\gamma_0}$$

表 9.3 案例一中 $Y = (Y_1, Y_2, Y_3, Y_4)$ 的概率(质量)函数(pmf)

i	Y	γ_i	pmf
0	$(0,0,0,0)$	$\left[\dfrac{\beta_5+(1-\alpha_5-\beta_5)\beta_1\beta_2}{1-\alpha_5\beta_1\beta_2}\right]\left[\dfrac{\beta_6+(1-\alpha_6-\beta_6)\beta_3\beta_4}{1-\alpha_6\beta_3\beta_4}\right]$	$\dfrac{f\gamma_0}{1-(1-f)\gamma_0}$
1	$(0,0,0,1)$	$\left[\dfrac{\beta_5+(1-\alpha_5-\beta_5)\beta_1\beta_2}{1-\alpha_5\beta_1\beta_2}\right]\left[\dfrac{\beta_6+(1-\alpha_6-\beta_6)\beta_3}{1-\alpha_6\beta_3}\right]$	$\dfrac{f\gamma_1}{1-(1-f)\gamma_1}-\dfrac{f\gamma_0}{1-(1-f)\gamma_0}$
2	$(0,0,1,0)$	$\left[\dfrac{\beta_5+(1-\alpha_5-\beta_5)\beta_1\beta_2}{1-\alpha_5\beta_1\beta_2}\right]\left[\dfrac{\beta_6+(1-\alpha_6-\beta_6)\beta_4}{1-\alpha_6\beta_4}\right]$	$\dfrac{f\gamma_2}{1-(1-f)\gamma_2}-\dfrac{f\gamma_0}{1-(1-f)\gamma_0}$
3	$(0,1,0,0)$	$\left[\dfrac{\beta_5+(1-\alpha_5-\beta_5)\beta_1}{1-\alpha_5\beta_1}\right]\left[\dfrac{\beta_6+(1-\alpha_6-\beta_6)\beta_3\beta_4}{1-\alpha_6\beta_3\beta_4}\right]$	$\dfrac{f\gamma_3}{1-(1-f)\gamma_3}-\dfrac{f\gamma_0}{1-(1-f)\gamma_0}$
4	$(1,0,0,0)$	$\left[\dfrac{\beta_5+(1-\alpha_5-\beta_5)\beta_2}{1-\alpha_5\beta_2}\right]\left[\dfrac{\beta_6+(1-\alpha_6-\beta_6)\beta_3\beta_4}{1-\alpha_6\beta_3\beta_4}\right]$	$\dfrac{f\gamma_4}{1-(1-f)\gamma_4}-\dfrac{f\gamma_0}{1-(1-f)\gamma_0}$
5	$(0,1,1,0)$	$\left[\dfrac{\beta_5+(1-\alpha_5-\beta_5)\beta_1}{1-\alpha_5\beta_1}\right]\left[\dfrac{\beta_6+(1-\alpha_6-\beta_6)\beta_4}{1-\alpha_6\beta_4}\right]$	$\dfrac{f\gamma_5}{1-(1-f)\gamma_5}-\dfrac{f\gamma_3}{1-(1-f)\gamma_3}-\dfrac{f\gamma_2}{1-(1-f)\gamma_2}+\dfrac{f\gamma_0}{1-(1-f)\gamma_0}$
6	$(0,0,1,1)$	$\left[\dfrac{\beta_5+(1-\alpha_5-\beta_5)\beta_1\beta_2}{1-\alpha_5\beta_1\beta_2}\right]\left[\dfrac{\beta_6+(1-\alpha_6-\beta_6)}{1-\alpha_6}\right]$	$\dfrac{f\gamma_6}{1-(1-f)\gamma_6}-\dfrac{f\gamma_2}{1-(1-f)\gamma_2}-\dfrac{f\gamma_1}{1-(1-f)\gamma_1}+\dfrac{f\gamma_0}{1-(1-f)\gamma_0}$
7	$(0,1,0,1)$	$\left[\dfrac{\beta_5+(1-\alpha_5-\beta_5)\beta_1}{1-\alpha_5\beta_1}\right]\left[\dfrac{\beta_6+(1-\alpha_6-\beta_6)\beta_3}{1-\alpha_6\beta_3}\right]$	$\dfrac{f\gamma_7}{1-(1-f)\gamma_7}-\dfrac{f\gamma_3}{1-(1-f)\gamma_3}-\dfrac{f\gamma_1}{1-(1-f)\gamma_1}+\dfrac{f\gamma_0}{1-(1-f)\gamma_0}$
8	$(1,0,0,1)$	$\left[\dfrac{\beta_5+(1-\alpha_5-\beta_5)\beta_2}{1-\alpha_5\beta_2}\right]\left[\dfrac{\beta_6+(1-\alpha_6-\beta_6)\beta_3}{1-\alpha_6\beta_3}\right]$	$\dfrac{f\gamma_8}{1-(1-f)\gamma_8}-\dfrac{f\gamma_4}{1-(1-f)\gamma_4}-\dfrac{f\gamma_1}{1-(1-f)\gamma_1}+\dfrac{f\gamma_0}{1-(1-f)\gamma_0}$
9	$(1,1,0,0)$	$\left[\dfrac{\beta_5+(1-\alpha_5-\beta_5)}{1-\alpha_5}\right]\left[\dfrac{\beta_6+(1-\alpha_6-\beta_6)\beta_3\beta_4}{1-\alpha_6\beta_3\beta_4}\right]$	$\dfrac{f\gamma_9}{1-(1-f)\gamma_9}-\dfrac{f\gamma_3}{1-(1-f)\gamma_3}-\dfrac{f\gamma_4}{1-(1-f)\gamma_4}+\dfrac{f\gamma_0}{1-(1-f)\gamma_0}$

i	Y	γ_i	pmf
10	$(1,0,1,0)$	$\left[\dfrac{\beta_5+(1-\alpha_5-\beta_5)\beta_2}{1-\alpha_5\beta_2}\right]\left[\dfrac{\beta_6+(1-\alpha_6-\beta_6)\beta_4}{1-\alpha_6\beta_4}\right]$	$\dfrac{f\gamma_{10}}{1-(1-f)\gamma_{10}}-\dfrac{f\gamma_4}{1-(1-f)\gamma_4}-\dfrac{f\gamma_2}{1-(1-f)\gamma_2}+\dfrac{f\gamma_0}{1-(1-f)\gamma_0}$
11	$(0,1,1,1)$	$\left[\dfrac{\beta_5+(1-\alpha_5-\beta_5)\beta_1}{1-\alpha_5\beta_1}\right]$	$\dfrac{f\gamma_{11}}{1-(1-f)\gamma_{11}}-P(0,0,1,1)-\dfrac{f\gamma_7}{1-(1-f)\gamma_7}-\dfrac{f\gamma_5}{1-(1-f)\gamma_5}+\dfrac{f\gamma_3}{1-(1-f)\gamma_3}$
12	$(1,1,1,0)$	$\left[\dfrac{\beta_6+(1-\alpha_6-\beta_6)\beta_4}{1-\alpha_6\beta_4}\right]$	$\dfrac{f\gamma_{12}}{1-(1-f)\gamma_{12}}-P(1,1,0,0)-\dfrac{f\gamma_5}{1-(1-f)\gamma_5}-\dfrac{f\gamma_{10}}{1-(1-f)\gamma_{10}}+\dfrac{f\gamma_2}{1-(1-f)\gamma_2}$
13	$(1,1,0,1)$	$\left[\dfrac{\beta_6+(1-\alpha_6-\beta_6)\beta_3}{1-\alpha_6\beta_3}\right]$	$\dfrac{f\gamma_{13}}{1-(1-f)\gamma_{13}}-P(1,1,0,0)-\dfrac{f\gamma_8}{1-(1-f)\gamma_8}-\dfrac{f\gamma_7}{1-(1-f)\gamma_7}+\dfrac{f\gamma_1}{1-(1-f)\gamma_1}$
14	$(1,0,1,1)$	$\left[\dfrac{\beta_5+(1-\alpha_5-\beta_5)\beta_2}{1-\alpha_5\beta_2}\right]$	$\dfrac{f\gamma_{14}}{1-(1-f)\gamma_{14}}-P(0,0,1,1)-\dfrac{f\gamma_{10}}{1-(1-f)\gamma_{10}}-\dfrac{f\gamma_8}{1-(1-f)\gamma_8}+\dfrac{f\gamma_4}{1-(1-f)\gamma_4}$
15	$(1,1,1,1)$	—	$1-\left(\dfrac{f\gamma_{13}}{1-(1-f)\gamma_{13}}+\dfrac{f\gamma_{12}}{1-(1-f)\gamma_{12}}-\dfrac{f\gamma_9}{1-(1-f)\gamma_9}\right)-P(0,1,1,1)-P(1,0,1,1)-P(0,0,1,1)$

177

其中,δ_0 由下式给出

$$\delta_0 = \frac{\beta_5 + (1-\alpha_5-\beta_5)\beta_1\beta_2}{1-\alpha_5\beta_1\beta_2}$$

并且,γ_0 是参数 $\{\alpha_5, \alpha_6, \beta_1, \cdots, \beta_6\}$ 的一个函数

$$\gamma_0 = \beta_4 \times \left[\frac{\beta_6 + (1-\alpha_6-\beta_6)\beta_3\delta_0}{1-\alpha_6\beta_3\delta_0} \right]$$

因此,其余基因含量模式的概率函数也可以以同样的方式推导得到。在如图 9.4A (表 9.3)所示的拓扑结构下,这些概率有相同的公式却有如表 9.4 中所示不同的 γ_i,$i = 0, \cdots, 14$。

表 9.4 案例二中 $Y = (Y_1, Y_2, Y_3, Y_4)$ 的概率(质量)函数

Y	i	γ_i
$(0, 0, 0, 0)$	0	$\beta_4 \times \left[\dfrac{\beta_6 + (1-\alpha_6-\beta_6)\beta_3 \dfrac{\beta_5 + (1-\alpha_5-\beta_5)\beta_1\beta_2}{1-\alpha_5\beta_1\beta_2}}{1-\alpha_6\beta_3 \dfrac{\beta_5 + (1-\alpha_5-\beta_5)\beta_1\beta_2}{1-\alpha_5\beta_1\beta_2}} \right]$
$(0, 0, 0, 1)$	1	$\dfrac{\beta_6 + (1-\alpha_6-\beta_6)\beta_3 \dfrac{\beta_5 + (1-\alpha_5-\beta_5)\beta_1\beta_2}{1-\alpha_5\beta_1\beta_2}}{1-\alpha_6\beta_3 \dfrac{\beta_5 + (1-\alpha_5-\beta_5)\beta_1\beta_2}{1-\alpha_5\beta_1\beta_2}}$
$(0, 0, 1, 0)$	2	$\beta_4 \times \left[\dfrac{\beta_6 + (1-\alpha_6-\beta_6) \dfrac{\beta_5 + (1-\alpha_5-\beta_5)\beta_1\beta_2}{1-\alpha_5\beta_1\beta_2}}{1-\alpha_6 \dfrac{\beta_5 + (1-\alpha_5-\beta_5)\beta_1\beta_2}{1-\alpha_5\beta_1\beta_2}} \right]$
$(0, 1, 0, 0)$	3	$\beta_4 \times \left[\dfrac{\beta_6 + (1-\alpha_6-\beta_6)\beta_3 \dfrac{\beta_5 + (1-\alpha_5-\beta_5)\beta_1}{1-\alpha_5\beta_1}}{1-\alpha_6\beta_3 \dfrac{\beta_5 + (1-\alpha_5-\beta_5)\beta_1}{1-\alpha_5\beta_1}} \right]$
$(1, 0, 0, 0)$	4	$\beta_4 \times \left[\dfrac{\beta_6 + (1-\alpha_6-\beta_6)\beta_3 \dfrac{\beta_5 + (1-\alpha_5-\beta_5)\beta_2}{1-\alpha_5\beta_2}}{1-\alpha_6\beta_3 \dfrac{\beta_5 + (1-\alpha_5-\beta_5)\beta_2}{1-\alpha_5\beta_2}} \right]$
$(0, 1, 1, 0)$	5	$\beta_4 \times \left[\dfrac{\beta_6 + (1-\alpha_6-\beta_6) \dfrac{\beta_5 + (1-\alpha_5-\beta_5)\beta_1}{1-\alpha_5\beta_1}}{1-\alpha_6 \dfrac{\beta_5 + (1-\alpha_5-\beta_5)\beta_1}{1-\alpha_5\beta_1}} \right]$

Y	i	γ_i
$(0,0,1,1)$	6	$\dfrac{\beta_6+(1-\alpha_6-\beta_6)\dfrac{\beta_5+(1-\alpha_5-\beta_5)\beta_1\beta_2}{1-\alpha_5\beta_1\beta_2}}{1-\alpha_6\dfrac{\beta_5+(1-\alpha_5-\beta_5)\beta_1\beta_2}{1-\alpha_5\beta_1\beta_2}}$
$(0,1,0,1)$	7	$\dfrac{\beta_6+(1-\alpha_6-\beta_6)\beta_3\dfrac{\beta_5+(1-\alpha_5-\beta_5)\beta_1}{1-\alpha_5\beta_1}}{1-\alpha_6\beta_3\dfrac{\beta_5+(1-\alpha_5-\beta_5)\beta_1}{1-\alpha_5\beta_1}}$
$(1,0,0,1)$	8	$\dfrac{\beta_6+(1-\alpha_6-\beta_6)\beta_3\dfrac{\beta_5+(1-\alpha_5-\beta_5)\beta_2}{1-\alpha_5\beta_2}}{1-\alpha_6\beta_3\dfrac{\beta_5+(1-\alpha_5-\beta_5)\beta_2}{1-\alpha_5\beta_2}}$
$(1,1,0,0)$	9	$\beta_4\times\left[\dfrac{\beta_6+(1-\alpha_6-\beta_6)\beta_3}{1-\alpha_6\beta_3}\right]$
$(1,0,1,0)$	10	$\beta_4\times\left[\dfrac{\beta_6+(1-\alpha_6-\beta_6)\dfrac{\beta_5+(1-\alpha_5-\beta_5)\beta_2}{1-\alpha_5\beta_2}}{1-\alpha_6\dfrac{\beta_5+(1-\alpha_5-\beta_5)\beta_2}{1-\alpha_5\beta_2}}\right]$
$(0,1,1,1)$	11	$\dfrac{\beta_6+(1-\alpha_6-\beta_6)\dfrac{\beta_5+(1-\alpha_5-\beta_5)\beta_1}{1-\alpha_5\beta_1}}{1-\alpha_6\dfrac{\beta_5+(1-\alpha_5-\beta_5)\beta_1}{1-\alpha_5\beta_1}}$
$(1,1,1,0)$	12	β_4
$(1,1,0,1)$	13	$\dfrac{\beta_6+(1-\alpha_6-\beta_6)\beta_3}{1-\alpha_6\beta_3}$
$(1,0,1,1)$	14	$\dfrac{\beta_6+(1-\alpha_6-\beta_6)\dfrac{\beta_5+(1-\alpha_5-\beta_5)\beta_2}{1-\alpha_5\beta_2}}{1-\alpha_6\dfrac{\beta_5+(1-\alpha_5-\beta_5)\beta_2}{1-\alpha_5\beta_2}}$

9.2.3 似然函数

当基因组中基因家族成员全部丢失时,基因含量模式便无法观察到,例如(0,0,0,0)。为了避免这个问题,我们必须将这些概率函数规范如下

$$q(Y_1, Y_2, Y_3, Y_4) = \frac{P(Y_1, Y_2, Y_3, Y_4)}{1 - P(0, 0, 0, 0)},$$

$$(Y_1, Y_2, Y_3, Y_4) \neq (0, 0, 0, 0) \quad (9.25)$$

如果在四基因组的情况下有 M 个基因家族,参数 α_5,α_6,β_1,$\cdots$,β_6 的似然值可以表示为

$$L(\beta_1, \cdots, \beta_6 \mid \text{data}) = \prod_{m=1}^{M} q(Y_{m1}, Y_{m2}, Y_{m3}, Y_{m4}) = \prod_{i=1}^{15} q_i^{n_i} \quad (9.26)$$

其中,q_i 定义为表 9.3 中第二列所示的第 i 个基因含量模式的标准化概率,n_i 定义为拥有模式 i 的基因家族数量,$\sum_{i}^{15} n_i = M$。

这些未知参数可以由最大似然法估算得到。我们展示了在四基因组的情况存在两种不同的似然函数。我们能够发现每个案例的最大似然值,比如使用 Newton‐Raphson 算法。然后,我们选定提供最大似然值的拓扑结构为这四个基因组的系统发生树(Zhang and Gu,2004)。

9.3　水平基因转移中的生灭模型

我们之前讨论的基因含量随机进化模型由于建模的复杂性而没有考虑水平基因转移(LGT)的效果。由于 LGT 是微生物进化的一个重要机制(Lawrence,1999;Logsdon and Faguy,1999),我们尝试解决这一理论问题(Zhang,Hemasinha and Gu,未发表的结果)。

9.3.1　水平基因转移的一般生灭过程

在考虑水平基因转移时,我们使用线性生灭过程,即基因组中每个基因家族的出生和死亡的平均数与目前成员基因的数目成正比。可以用公式表示为

$$\lambda_i = \lambda i + a$$
$$\mu_i = \mu i$$

其中,λ 和 μ 分别是出生率和死亡率,a 是由于水平基因转移而引起的成员基因增长率。如果 $a = 0$,基于纯生灭过程该模型将降格为以前的模型。

转移概率可通过概率生成函数推导得出。对于任意而固定的初始状

态 i，通过幂级数来定义概率生成函数 $G_k(s, t)$

$$G_k(s, t) = \sum_{r=0}^{\infty} s^r P_{k, r}(t)$$

其中，$0 < |s| < 1$。因为 $P_{k, r}(t) \leqslant 1$，该幂级数的收敛半径至少为 1，因此可定义出 s 的解析函数。对 $G_k(s, t)$ 进行微分，可得

$$\frac{\partial G_k(s, t)}{\partial t} = \sum_{r=0}^{\infty} s^r P_{k, r}^r(t)$$

在 Kolmogorov 前馈方程的帮助下和解决了偏微分方程后，我们得到 $G_k(s, t)$ 在不同情况下的分析形式。当 $\lambda \neq \mu$ 时，该概率生成函数 $G_k(s, t)$ 为

$$G_k(s, t) = \frac{(\lambda - \mu)^{\alpha/\lambda}}{(\lambda e^{(\lambda-\mu)t} - \mu)^{\alpha/\lambda}} \frac{(\beta + (1 - \beta - \alpha)s)^k}{(1 - \alpha s)^{k + \alpha/\lambda}}$$

其中，α 和 β 由式(9.2)可得。

然后，转移概率可通过对 $G_k(s, t)$ 进行一般二项式展开得到

$$P_{k, r}(t) = (1 - \alpha)^\delta \sum_{i=0}^{\min(k, r)} \binom{r}{i} \frac{(r + \delta)_{k-i}}{(k-i)!} \beta^{r-i} (1 - \alpha - \beta)^i \alpha^{k-i}$$

$$(9.27)$$

其中，$\delta = \alpha/\lambda$，是水平基因转移率和出生率的比例，而且 $(r + \delta)_{k-i} = (r + \delta) \times (r + \delta + 1) \times \cdots \times (r + \delta + k - i + 1)$。

当基因出生率和死亡率相同时，即 $\lambda = \mu$，可得

$$G_k(s, t) = \frac{(\lambda t + (1 - \lambda t)s)^k}{(1 + \lambda t - \lambda t s)^{k + a/\lambda}}$$

和

$$P_{k, r}(t) = \frac{(\eta)^{r+k}}{(1 + \eta)^{r+k+\delta}} \sum_{i=0}^{\min(k, r)} \binom{r}{i} \frac{(r + \delta)_{k-i}}{(k-i)!} \left(\frac{1}{(\eta)^2} - 1\right)^i$$

$$(9.28)$$

其中，$\eta = \lambda t = \mu t$。应该指出的是，出生率跟死亡率相等的假设过于简单化，因为在实践中通常难以知道出生率跟死亡率是否相等。

9.3.2　水平基因转移下的扩展基因含量

考虑当前基因组中基因家族的 3 种可能状态,即无成员基因、存在单拷贝基因、存在多拷贝基因,我们用扩展基因含量估算参数 α、β 和 δ。设 $Z = 0,1,2$ 分别表示成员基因($X_t = 0$)完全丢失、含有单拷贝成员基因($X_t = 1$)和含有多拷贝的成员基因($X_t \geq 2$),通过式(9.27),可得转移概率

$$P(Z = 0 \mid X(0) = r) = (1-\alpha)^{\delta}\beta^r$$
$$P(Z = 1 \mid X(0) = r) = (1-\alpha)^{\delta}(r+\delta)\beta^r\alpha + (1-\alpha)^{\delta}r\beta^{r-1}(1-\alpha-\beta)$$
$$P(Z = 2 \mid X(0) = r) = 1 - (1-\alpha)^{\delta}\beta^r(1+(r+\delta)\alpha + r\beta^{-1}(1-\alpha-\beta))$$

$$(9.29)$$

研究在 t 时间单位前已经分离的两个基因组,分别定义每个基因组的扩展基因含量模式为 Z_1 和 Z_2。显然,共有 9 种模式的组合。与无水平基因转移的案例(Gu and Zhang,2004)中的推导类似,我们得到

$$P(0,0) = (1-\alpha_1)^{\delta_1}(1-\alpha_2)^{\delta_2}Q(\beta_1\beta_2)$$
$$P(0,1) = (1-\alpha_1)^{\delta_1}(1-\alpha_2)^{\delta_2}(1-\alpha_2)(1-\beta_2)\beta_1 R(\beta_1\beta_2)$$
$$\qquad + (1-\alpha_1)^{\delta_1}(1-\alpha_2)^{\delta_2}\alpha_2\delta_2 Q(\beta_1\beta_2)$$
$$P(0,2) = (1-\alpha_1)^{\delta_1}Q(\beta_1) - P(0,0) - P(0,1)$$
$$P(1,0) = (1-\alpha_1)^{\delta_1}(1-\alpha_2)^{\delta_2}(1-\alpha_1)(1-\beta_1)\beta_2 R(\beta_1\beta_2)$$
$$\qquad + (1-\alpha_1)^{\delta_1}(1-\alpha_2)^{\delta_2}\alpha_1\delta_1 Q(\beta_1\beta_2)$$
$$P(1,1) = (1-\alpha_1)^{\delta_1}(1-\alpha_2)^{\delta_2}(1-\alpha_1)(1-\beta_1)(1-\alpha_2)(1-\beta_2)S(\beta_1\beta_2)$$
$$\qquad + (1-\alpha_1)^{\delta_1}(1-\alpha_2)^{\delta_2}[\alpha_1\beta_1\delta_1(1-\alpha_2)(1-\beta_2)$$
$$\qquad + \alpha_2\beta_2\delta_2(1-\alpha_1)(1-\beta_1)]R(\beta_1\beta_2)$$
$$\qquad + (1-\alpha_1)^{\delta_1}(1-\alpha_2)^{\delta_2}\alpha_1\alpha_2\delta_1\delta_2 Q(\beta_1\beta_2)$$
$$P(1,2) = (1-\alpha_1)^{\delta_1}(1-\alpha_1)(1-\beta_1)R(\beta_1)$$
$$\qquad + (1-\alpha_1)^{\delta_1}\alpha_1\delta_1 Q(\beta_1) - P(1,0) - P(1,1)$$
$$P(2,0) = (1-\alpha_2)^{\delta_2}Q(\beta_2) - P(0,0) - P(1,0)$$
$$P(2,1) = (1-\alpha_2)^{\delta_2}(1-\alpha_2)(1-\beta_2)R(\beta_2)$$
$$\qquad + (1-\alpha_2)^{\delta_2}\alpha_2\delta_2 Q(\beta_2) - P(0,1) - P(1,1)$$
$$P(2,2) = 1 - (1-\alpha_2)^{\delta_2}(1+\alpha_2\delta_2)Q(\beta_2) - (1-\alpha_2)^{\delta_2}(1-\alpha_2)$$
$$\qquad \times (1-\beta_2)R(\beta_2) - P(0,2) - P(1,2) \qquad (9.30)$$

其中,

$$Q(\beta) = \frac{f}{1-\beta(1-f)} , \ R(\beta) = \frac{f(1-f)}{(1-(1-f)\beta)^2}$$

$$和 \ S(\beta_1\beta_2) = \frac{f(1-f)}{(1-\beta_1\beta_2(1-f))^2} + \frac{2\beta_1\beta_2(1-f)}{(1-\beta_1\beta_2(1-f))^3}$$

因为无法观察到双重损失,我们将式(9.30)修正为

$$q(Z_1 = i, \ Z_2 = j \mid \phi) = \frac{P(Z_1 = i, \ Z_2 = j)}{P(Z_1 = 0, \ Z_2 = 0)} ,$$

$$i, j = 0, 1, 2 \ 且 (i, j) \neq (0, 0) \tag{9.31}$$

并且,这些参数的似然函数为

$$L(\phi \mid \mathbf{Z_1}, \mathbf{Z_2}) = \prod_{l=1}^{N} q(Z_{1_l} = i, \ Z_{2_l} = j \mid \phi)$$

$$= \prod_{\mathbf{i, j} = \{0, 1, 2\}, \ \{\mathbf{ij}\} \neq \{00\}} \mathbf{q(i, j)}^{\mathbf{n_{ij}}} \tag{9.32}$$

如果在这两个基因组中存在 N 个基因家族。$\mathbf{Z_1}, \mathbf{Z_2}$ 用来表示 N 个基因家族中的所有扩展基因含量信息。n_{ij} 为对应的观察到基因家族的数量,有 $\sum_{i, j = \{0, 1, 2\}, (i, j) \neq (0, 0)} n_{ij} = N$。参数 α_i、β_i 和 δ_i 可以通过最大似然法估算得到。

9.3.3　简单基因含量和水平基因转移

基因含量是基因组中基因家族的二进制(0 或 1)指数。将 $Y = 1$ 定义为在 t 时刻,该基因组中该基因家族至少有一个成员基因,即 $X_t \geqslant 1$。$Y = 0$ 为所有成员基因都丢失的情况,即 $X_t = 0$。虽然只使用简单基因含量信息不足以推断可能的水平基因转移和基因生灭,但是关于水平基因转移在基因组基因含量进化中影响的研究在理论上非常吸引人。在该案例中,转移概率[式(9.29)]为

$$P(Y = 0 \mid X_0 = r) = P(X_t = 0 \mid X_0 = r) = (1-\alpha)^\delta \beta^r$$

$$P(Y = 1 \mid X_0 = r) = 1 - (1-\alpha)^\delta \beta^r \tag{9.33}$$

因此,$Y_1 = i$ 和 $Y_2 = j$ $(i, j = 0, 1)$ 时,两个基因组的联合概率为

$$q(Y_1 = i, \ Y_2 = j \mid \phi) = \frac{P(Y_1 = i, \ Y_2 = j)}{P(Y_1 = 0, \ Y_2 = 0)} ,$$

$$i, j = 0, 1, 且 (i, j) \neq (0, 0)$$

其中，$\phi = \{\beta_1, \beta_2, \delta_1, \delta_2\}$，因为 $\{0, 0\}$ 无法观察。具体而言，针对每个 Y_1 和 Y_2 可能的组合，该概率将改写为

$$q(0, 1) = \frac{(1-\alpha_1)^{\delta_1} Q(\beta_1) - (1-\alpha_1)^{\delta_1}(1-\alpha_2)^{\delta_2} Q(\beta_1\beta_2)}{1 - (1-\alpha_1)^{\delta_1}(1-\alpha_2)^{\delta_2} Q(\beta_1\beta_2)}$$

$$q(1, 0) = \frac{(1-\alpha_2)^{\delta_2} Q(\beta_2) - (1-\alpha_2)^{\delta_2}(1-\alpha_1)^{\delta_1} Q(\beta_1\beta_2)}{1 - (1-\alpha_1)^{\delta_1}(1-\alpha_2)^{\delta_2} Q(\beta_1\beta_2)}$$

$$q(1, 1) = \frac{1 - (1-\alpha_2)^{\delta_2} Q(\beta_2) - (1-\alpha_1)^{\delta_1} Q(\beta_1) + (1-\alpha_1)^{\delta_1}(1-\alpha_2)^{\delta_2} Q(\beta_1\beta_2)}{1 - (1-\alpha_1)^{\delta_1}(1-\alpha_2)^{\delta_2} Q(\beta_1\beta_2)}$$

$$(9.34)$$

其中，$Q(z) = f/[1 - z(1-f)]$。请注意，参数 α_i 不在以上表达式中，这表明 α_i 的不可估算性。

9.3.4 评论

总体而言，计算机模拟显示基于扩展基因含量的水平基因转移（LGT）参数难以估计，但是新基因产生和基因丢失参数的估算尚可实现。这些结果并不令人惊讶，因为由于缺乏足够的信息，我们只能评估新基因产生和水平基因转移（LGT）的综合影响，而不是其各自独立带来的影响。在水平基因转移下的系统推断仍然是一个具有挑战性的问题。

9.4 其他模型

9.4.1 区块模型

Spencer 等（2006）使用区块模型研究基因含量的进化，其假定倍增、丢失和转移能够影响家族内的多个基因。在生灭模型中，我们假设基因倍增和缺失事件以固定的速率独立作用于每个成员基因。在区块模型中，该单元可能比一个基因更大。Spencer 等（2006）利用生灭模型对单个基因的产生、丢失和倍增进行精确建模，除从状态 1 到状态 0 的转移以外（缺失过程），他们考虑了从单基因到整个基因家族的丢失过程。Spencer 等（2006）分析了两对基因组：两个大肠杆菌菌株，以及亲缘关系较远的古菌闪烁古生球菌（*Archaeoglobus fulgidus*）和革兰氏阳性菌枯草芽孢杆菌（*Bacillus subtilis*）。结论表明，区块模型比生灭模型在数据描述方

面表现更佳。

9.4.2　出生与死亡率均等模型

Hahn 等(2005)开发了一种分析方法,可以基于基因家族的大小分布来估算基因家族进化的节奏和模式。该方法采用一个特殊的生灭模型,假设在基因家族进化中出生率和死亡率相等,并且能够有效地应用到多物种基因组的比较中。该模型考虑了系统发生树的分支长度,以及倍增率和缺失率,并因此提供了谱系间基因家族大小分离的预期。该模型对识别基因组中大规模的进化模式非常有用,并且能够对基因家族扩展和缩减中自然选择的作用做出更强有力的推断。尽管如此,该模型中的关键假设——出生率和死亡率相等,在生物学中是否现实仍然存在疑问。事实上,正如以上所示,原则上能够很容易研究出一种没有这个假设的分析渠道,但是计算复杂度是主要问题。

9.4.3　恒定出生率、成比例死亡率的模型

Huson 和 Steel (2004)假定基因组进化根据一个恒定出生率、成比例死亡率的马尔可夫过程。也就是说,基因组中的每个基因在每个时刻都能够以某个死亡率独立地被删除,或者这个基因组能够以恒定的速率独立地获得一个新基因(基因起源)。实际上,这个模型是当基因倍增率微不足道时,水平基因转移一般生灭模型的特殊案例。通过这个模型,Huson 和 Steel (2004)推断出在新基因产生和基因丢失的简单模型下,物种间进化距离的最大似然估计。使用模拟数据,他们比较了运用最大似然距离测量法和早先的特定距离法,以及基于字符的 Dollo 简约法进行进化树重建的准确性。研究成果表明了一致的趋势,即基于字符的方法和最大似然距离测量法优于早先的特定距离法。

第十章　系统生物学和网络进化中的重要话题

由于进化生物学家总是关注复杂表型产生的遗传学基础，因此基因组学和系统生物学的进展正促使从分子进化生物学向更好地理解基因型与表型之间关系的方向转变（Gerhart and Kirschner，1997；Elena and Lenski，2003；Lynch，2007c；Wagner *et al.*，2007）。在这个主题中，文献里时常出现各种各样的时髦词语，如模块性（modularity）、进化力（evolvability）、稳健性（robustness）和复杂性（complexity）。尽管围绕该主题存在很多争议但得到几乎所有生物学分支的广泛广泛关注（Medina，2005；Lynch，2007c；Pal *et al.*，2006a，2006b；Koonin and Wolf，2006；McGuigan and Sgro，2009）。例如，进化基因组学中的一个研究热点就是序列保守性、表达水平、蛋白质连接性和基因重要性之间无处不在的、很弱但是非常复杂的相关性（Hirsh and Fraser，2001；Fraser *et al.*，2002；Wall *et al.*，2005）。这些基因组层面的相关性产生了一系列有关基因组进化模式的有趣但有争议的论点（Duret and Mouchiroud，2000；Krylov *et al.*，2003；Pal *et al.*，2003；Jordan *et al.*，2003；Yang *et al.*，2003；Rocha and Danchin，2004；Drummond *et al.*，2005；Drummond *et al.*，2006；Salathe *et al.*，2006；Batada *et al.*，2006；Wolf *et al.*，2006；Wolf，2006）。

从进化的观点看，其核心问题就是自然选择是否是一个必需的和/或足够的进化力量来解释一系列基因组和细胞特征的出现，而这些特征是构建复杂生物体的基础。Lynch（2007c）已经对生物复杂性起源的适应假说提出了质疑（True and Haag，2001；Alon，2003；Carroll，2005；Aharoni *et al.*，2005；Adami，2006；Tsong *et al.*，2006），Lynch认为，除非从群体遗传学的角度，综合考虑突变、遗传漂变和自然选择的作用，否则任何进化的观点都是无稽之谈。Nei和他的合作者们也强调了突变类型和遗传漂变在表型进化上的重要性（如 Nei *et al.*，1997，2008；Nei，2005，2007；Nozawa *et al.*，2007），Sole 和 Valverde（2006）也持有相同的观点。解决这些基本问题的一个或许可行的办法是基于群体遗传学和分子进化的原理,把生物复杂性的特征视作参数来建模,而不是已出现的性质。在本章中,我们会讨论目前在这个方向上一些最新的研究结果。

10.1 GC 突变偏差而不是适应驱动了多细胞动物基因组进化中的酪氨酸丢失

细胞间信号传导的起源和进化是近来进化基因组学研究的一个热点(Manning *et al.*,2008;Collins,2009;Tan *et al.*,2009;Holt *et al.*,2009;Landry *et al.*,2009)。Tan 等(2009)观察到了在酵母和 15 种模式生物中细胞类型数量及酪氨酸蛋白激酶的数量与基因组中酪氨酸频率(Y)之间存在负相关性。他们进一步认为,假性的和有害的酪氨酸磷酸化也许由于发生丢失酪氨酸突变而被有效地去除了,这样的丢失突变在选择上是有益的。因此,自然选择或许通过造就传导信号网络的复杂性,促进了后生动物细胞种类数量的适应性增加。我们(Su,Huang and Gu,未发表的结果)对 Tan 等的适应性假说提出了质疑,并且提供了很强的证据支持丢失酪氨酸的突变可能是 GC 突变偏差造成的,而不是适应进化的结果。也就是说,在多细胞动物进化过程中,突变压力使基因组向具有高 GC 含量的方向突变,这种具有偏向性的突变压力可能是在全基因组范围内酪氨酸丢失的主要驱动力。原因很简单,因为酪氨酸是由两个富含 AU(T)的密码子编码的(UAU 和 UAC)。因此,一个更有可能的进化模式是:多细胞动物也许利用了 GC 突变的偏向性来去除了假性的和酪氨酸相关的磷酸化,从而推动了信号传导通路功能上的特异性。

我们首先注意到了对领鞭毛虫(*Monosiga brevicollis*)的基因组分析并不支持 Tan 等(2009)的适应性假说。领鞭毛虫是一种进化上与多细胞动物非常接近的单细胞生物,它也有典型的酪氨酸激酶(Manning *et al.*,2008)。在领鞭毛虫基因组中,酪氨酸的频率异常的低,该事实使得细胞类型较少的生物会有较高的酪氨酸频率的预期完全失效(图 10.1A)。

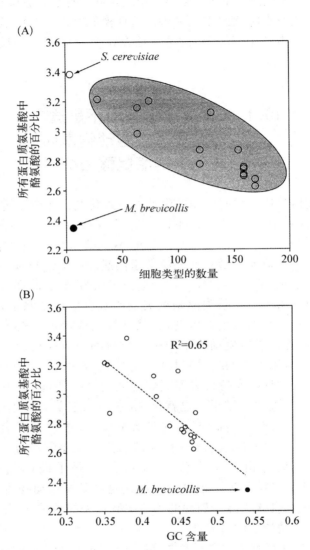

图 10.1 基因组中酪氨酸的频率与生物复杂性及基因组内 GC 含量的相关性。
(A) 领鞭毛虫(*M. brevicollis*)(实心点)在基因组中酪氨酸的频率与生物复杂性的相关性中是一个离群值。(B) 基因组中酪氨酸的含量随基因组内 GC 含量上升而下降。空心点代表了 15 个在 Tan 等研究中用于分析的后生动物和酵母。我们用所有蛋白质编码基因上游和下游 2kb 的基因组区中的平均 GC 含量来代表 GC 含量偏差。使用内含子的 GC 含量、4 倍简并位点、或仅分析一对一的直系同源基因并不能改变我们的结果(Su *et al*.，个人通信)。

而这个困境用 GC 突变偏向性就很容易解释，事实上领鞭毛虫基因组中的 GC 含量高达 54%（Manning *et al.*，2008），比单细胞的酵母（38%）和其他多细胞生物（35%～46%）基因组中的 GC 含量要高得多。为了检验在酵母、领鞭毛虫和多细胞动物基因组中是否由于 GC 含量的差异决定了酪氨酸频率的差异，我们重新分析了 Tan 等（2009）使用的基因组数据和领鞭毛虫的基因组数据。正如预期的那样，图 10.1B 显示了基因组 GC 含量与酪氨酸频率之间非常高的负相关性（Spearman's $R = 0.92$，$P < 1 \times 10^{-6}$）。然而，这种简单的回归分析，以及 Tan 等（2009）所作的分析，都忽略了系统发生树的效应。忽略的结果就是夸大了显著性水平，特别是在样本量非常小的时候。但是，即使如 Gu 等（1998）做的那样对这个效应进行修正后，GC 含量与酪氨酸频率之间的负相关性还是存在的（$P < 1 \times 10^{-4}$）。

此外，GC 突变偏向假说也预测了其它由富含 AU（T）密码子编码的氨基酸残基，如苯丙氨酸（F）、天冬酰胺（N）、赖氨酸（K）、异亮氨酸（I）和甲硫氨酸（M）也与酪氨酸一样在基因组内有相似的趋势（频率较低）；而由富含 GC 密码子编码的氨基酸残基，如脯氨酸（P）、丙氨酸（A）、甘氨酸（G）和色氨酸（W）在基因组内有相反的趋势（频率较高）。这两个趋势完全符合 GC 突变偏向假说的预测，也符合以前在细菌内得到的结果（Gu *et al.*，1998）。既然没有必要再假设一个额外的、特别的机制来解释这些物种内酪氨酸丢失的原因，Tan 等（2009）的适应进化假说的基础可能是不太合理。

Tan 等（2009）观察到在酪氨酸被磷酸化的蛋白质（pTyr）里其酪氨酸丢失的速率比在非磷酸化的蛋白质里要慢，而且把这个速率上的差异归结到在那些非磷酸化的蛋白质中的正选择，正选择把潜在的有害的磷酸化位点都去除了。而在 GC 突变偏差的假说下，一个更简单的解释就是在 pTyr 蛋白质中那些被磷酸化的酪氨酸功能位点处于较弱的选择限制压力下，这与 Landry 等（2009）有关磷酸化蛋白质组（phosphoproteomes）处于很弱的功能限制下的观点相一致。另一方面，在那些非磷酸化的蛋白质中，获得和丢失酪氨酸主要由中性进化学说中的遗传漂变机制来决定（Kimura，1983）。

我们的分析也许为理解多细胞动物和领鞭毛虫中突变偏差压力、信号网络和多细胞性之间相互作用的进化提供了新的看法（Lynch，2007c）。领鞭毛虫和多细胞动物在 10 亿年前分化之后，受定向突变偏差的影响，两个谱系基因组的 GC 含量都独立增加（Sueoka，1988；Gu *et al.*，1998）。而且，温血动物中 GC 等值区（GC isochore）的存在可能进一步增加了编码区的 GC 含量（Bernardi *et al.*，1985）。GC 突变的偏向性可能在多细胞动物和领鞭毛虫中启动了平行的、非适应性的酪氨酸丢失过程。有趣的是，这两个进化支系通过连续的基因重复，独立地获得了几乎相同数目的酪氨酸激酶。Tan 等（2009）猜测去除非功能性的酪氨酸激酶与酪氨酸之间的相互作用也许通过基因重复推动了模块化的信号传导网络的进化。我们最近基于纯理论的网络分析（Gu，2009）指出，这个过程也许发生过，但不像 Tan 等（2009）的分析，我们强调与酪氨酸激酶相关的信号传导网络的出现是由 GC 偏向性突变压力和基因重复事件驱动的，而不是适应进化的结果。自然选择作为一个非常有效率的机会主义者，可能成功地利用了这个非适应性的、突变驱动的基因组动态，在多细胞动物谱系中加强生物体的复杂性（多细胞性）。在领鞭毛虫中，非适应性起源的酪氨酸激酶没有导致任何表型复杂性的动态变化，尽管这些物种特异性激酶在领鞭毛虫中的作用目前来说还是未知的。广义上讲，突变偏差如何通过控制氨基酸组成和特殊互作基序的数量影响蛋白质互作的起源和进化，将会成为一个很有趣的问题。

10.2　重复基因对遗传稳健性的贡献

遗传稳健性是生物复杂性研究的根本问题（Wilson *et al.*，1977；de Visser *et al.*，2003；Yang *et al.*，2003；Hirsh and Fraser，2001；Wagner，1999，2000a，2005a，2005b，2008）。重复基因之间的功能互补被认为是遗传稳健性的重要因素（Conant and Wagner，2004；Dean *et al.*，2008；Gu，2003；Gu *et al.*，2003；Harrison *et al.*，2007；Ihmels *et al.*，2007；Kamath *et al.*，2003；Winzeler *et al.*，1999），因为一个必需的（不可缺少的）基因发生失效突变会对这个生物体的生存产生致死的效应，而在同一基因组中存在一个相近的重复基因拷贝可以减少这种效应。实际上，在模式生物中，重复基因与单拷贝基因相比，必不可少性确实要低得多（Gu *et al.*，2003；Conant and Wagner，2004；Kamath *et al.*，2003）。然而，重复基因对遗传稳健性的相对贡献目前仍是一个需要探讨的问题（Gu *et al.*，2003；Liang and Li，2007；Liao and Zhang，2007；Su and Gu，2008）。在下文中，我们将对重复基因间功能互补的进化进行建模分析，以对上述问题提供一些新的见解。

10. 2. 1　重复基因之间的功能互补

　　根据亚功能化的框架(Prince and Pickett，2002)，一个蛋白质的功能和它的表达模式可以在概念上被看作是几个独立的亚组分(m)的总和。基因重复后，刚开始时两个重复拷贝在每个亚组分上都是相同的，接下来它们之间的功能分化可以被看作是互为补充的亚组分的丢失(亚功能化)(Force *et al*.，1999，2005)或新功能化(Ohno，1970)。为了简明，我们假定由单基因缺失引起的适合度(fitness)效应只可能是两个状态之一：① 非必需的或是可有可无的，用 d^+ 来表示，这意味着突变体的适合度与野生型一样；② 必需的或是不可缺少的，用 d^- 表示，这意味着突变体的适合度为零，即致死。Wagner(2000b，2001)进行了一个群体遗传学分析，显示了有效群体大小和多效性突变如何影响重复基因重叠功能的进化。

　　在一个有两基因的基因家族里，当重复基因 A 或 B 缺失后，设 f_A 或 f_B 分别为相应突变体的适合度。我们的目的是推导出 $Q(f_A，f_B)$，即模式$(f_A，f_B)$下的概率，这里 f_A，$f_B = d^+$，d^-，即 $Q(d^+，d^+)$ 是这两个基因都是非必需的概率。类似地，$Q(d^-，d^+)$ 是基因 A 必不可少而基因 B 可有可无的概率，$Q(d^+，d^-)$ 则正好相反。最后，$Q(d^-，d^-)$ 是这两个基因都是必不可少的概率。

　　对于一对有 m 个亚功能组分的重复基因，多功能特性($m > 1$)是亚功能化的先决条件(Prince and Pickett，2002)。在每个亚功能组分中，我们假设一个二态模型：一个状态为"活动"("1")状态，即完全有功能的；另一个状态为"不活动"("0")状态。设 $U_{ij}(i，j = 0，1)$ 为一个给定的亚功能组分在基因 A 中状态为 i，而在基因 B 中状态为 j 的概率。例如，U_{11} 是一个给定的亚功能组分在两个基因中的状态都为"1"(活动)；U_{01} 是在基因 A 中为"0"(非活动)而在基因 B 中为"1"(活动)；以此类推。显然，$U_{11} + U_{10} + U_{01} + U_{00} = 1$。

10. 2. 2　当一个必需的基因重复之后

　　假设一个祖先基因(O)是一个必需的基因，发生重复之后产生了两个重复基因 A 和 B，这个情况我们用 O^- 表示。在这个例子中，如果基因 A 的 m 个亚功能组分能够被基因 B 所补偿的话，基因 A 就是非必需的(可有可无的)；反之亦然。显然，一个没有功能的"假基因"(ψ)是非必需

的(可有可无的)。当基因 A 和 B 的祖先基因是必需的,为了帮助推导在状态(f_A, f_B)下重复基因 A 和 B 的概率 $Q(f_A, f_B|O^-)$,我们首先考虑联合的状况 $d_\psi^+ = (d^+ \text{ 或 } \psi)$,$d_\psi^+$ 被称为(广义的)非必需性,包括有功能的基因状态或没有功能的假基因状态,于是我们就可以得到下列关系

$$Q(d_\psi^+, d_\psi^+ \mid O^-) = (U_{11} + U_{00})^m$$

$$Q(d_\psi^+, d^- \mid O^-) = (1 - U_{10})^m - (U_{11} + U_{00})^m$$

$$Q(d^-, d_\psi^+ \mid O^-) = (1 - U_{01})^m - (U_{11} + U_{00})^m$$

$$Q(d^-, d^- \mid O^-) = 1 - Q(d_\psi^+, d_\psi^+ \mid O^-) - Q(d_\psi^+, d^- \mid O^-)$$
$$- Q(d^-, d_\psi^+ \mid O^-) \tag{10.1}$$

式(10.1)中第一个方程式的基本原理是:如果在两个重复基因中每个亚功能组分都是活动的(功能补偿)或是不活动的(功能丢失),则这两个重复基因(广义)都是非必需的。第二个方程式意思是:基因 A 是(广义)非必需的概率而基因 B 是必需的概率,等于基因 A 是(广义)非必需基因的概率(等号右边的第一项)减去两个基因(广义)都是非必需的概率(等号右边的第二项)。同样,我们可以得到第三个方程式。第四个方程式是 1 减去前 3 个方程式的概率的总和。

下一步,我们要区分功能上非必需的重复基因(有功能,只是非必需)和假基因(无功能)。设 ϕ 为其中一个重复基因通过失效突变变为无功能的概率,这样的失效突变可能是终止密码子突变。另一方面,失效的亚功能分化可能导致一个重复基因最后变得没有功能。这包括了 3 种类型,即其中的一个基因或两个基因都失去了所有的功能组分,这 3 种类型的概率分别为 U_{01}^m,U_{10}^m 或 $1 - (1 - U_{00})^m$。在一些比较保守的假设中,两个重复基因里至少其中一个基因变成假基因的概率,用 ψ^* 来表示,可以由下式得到

$$Q(\psi^* \mid O^-) = \phi + (1 - \phi)[U_{01}^m + U_{10}^m + 1 - (1 - U_{00})^m]$$

而且,当一个必须的基因重复后,每个亚功能组分至少有一个重复拷贝承担,没有全部丢失(not-all-loss)的条件意味着 $U_{00} = 0$。于是式(10.1)可以重写如下

$$Q(d^+, d^+ \mid O^-) = (1 - \phi)U_{11}^m$$

$$Q(d^+, d^- \mid O^-) = (1 - \phi)[(1 - U_{10})^m - U_{11}^m - U_{01}^m]$$

$$Q(d^-, d^+ \mid O^-) = (1 - \phi)[(1 - U_{01})^m - U_{11}^m + U_{10}^m]$$

$$Q(d^-, d^- \mid O^-) = (1-\phi)[1-(1-U_{10})^m-(1-U_{01})^m+U_{11}^m]$$
$$Q(\psi^* \mid O^-) = \phi+(1-\phi)(U_{01}^m+U_{10}^m) \tag{10.2}$$

在实际运用中,在排除假基因后,一个重复基因为非必需的概率被用于衡量重复事件在遗传稳健性上的效果。注意假定祖先基因为必需基因,重复基因为非必需的概率是:$P(d^+ \mid O^-) = [Q(d^+, d^+ \mid O^-)+Q(d^+, d^- \mid O^-)]/[1-Q(\psi^* \mid O^-)]$。从式(10.2),我们可以得到

$$P(d^+ \mid O^-) = \frac{(1-U_{10})^m-U_{01}^m}{1-U_{01}^m-U_{10}^m} \tag{10.3}$$

为了简明,我们可以假定获得和丢失亚功能组分在两个重复基因中是对称的,即 $U_{10} = U_{01} = U$ 和 $U_{11} = 1-2U$。因此,式(10.3)可以简化如下

$$P(d^+ \mid O^-) = \frac{(1-U)^m-U^m}{1-2U^m} \tag{10.4}$$

其中,$0 \leqslant U \leqslant 1/2$。在最初阶段,$U_{11} = 1$ 所以 $U = 0$ 而 $P(d^+ \mid O^-) = 1$。当两个重复基因间所有的亚功能组分都可以相互补偿后,$U = 1/2$ 而 $P(d^+ \mid O^-) = 0$,这意味着两个重复基因都是必不可少的。为了确定 U,我们可以做出如下的假设:

(1)一个在当前这对重复基因中的单独组分,如果它在早于基因重复事件前已经存在于祖先基因中了,它就有一个概率 f_1,并被称为祖先组分;如果它是在基因重复事件之后起源的,它的概率就是 $f_0 = 1-f_1$,被称为衍生组分。

(2)当一个功能组分不能分化出亚功能时,它有概率 ε,这样的组分叫做基本组分。当一个功能组分有概率 $1-\varepsilon$,它在两个重复基因之间可以分化出亚功能。因此,一个祖先组分在两个重复基因中都是活动(active)的话,它的概率就是 $\varepsilon+(1-\varepsilon)e^{-2\lambda t}$;当它只是在其中一个重复基因中活动的话,它的概率就是 $(1-\varepsilon)(1-e^{-2\lambda t})$,这里 λ 是丢失一个祖先组分的速率。在这个模型下,在两个重复基因中都丢失祖先组分的情况可以忽略。

(3)一个组分是衍生组分的概率为 $f_0 = a_0(1-e^{-2\rho t})$,这里 ρ 是获得一个新的功能组分的概率,而 a_0 是 f_0 的上限。两个重复基因同时获得同样的功能组分的情况可以忽略。

根据上面的这些假设,一个亚功能组分在两个重复基因中都是活动

的概率可以通过下式得到

$$U_{11} = f_1 [\varepsilon + (1-\varepsilon)e^{-2\lambda t}]$$

注意,这里 $U = U_{10} = U_{01} = (1-U_{11})/2$,我们可以得到

$$U = 1/2 - (1-a_0 + a_0 e^{-2\rho t})[\varepsilon + (1-\varepsilon)e^{-2\lambda t}]/2 \qquad (10.5)$$

式(10.3)—(10.5)表明了作为亚功能化或是新功能化的结果,$P(d^+|O^-)$ 随着分化时间 t 衰减。当 $t \to \infty$,我们很容易得到 $U \to U_\infty = 1/2 - r_0$,这里 $r_0 = \varepsilon(1-a_0)/2$。因此,当祖先基因是必需的时候,它的两个重复基因保持非必需的概率会达到一个平衡,用 $P_\infty(d^+|O^-)$ 来表示,当 $r_0 > 0$ 时这个概率是一个正值。

10.2.3 当一个非必需的基因重复之后

重复基因通过亚功能化而得以保留的框架(Force $et\ al.$,1999;Prince and Pickett,2002)没有考虑祖先的遗传稳健性,即没有把重复事件前的祖先基因的缓冲作用或是祖先的旁系同源基因包括在内。如果一个非必需基因重复之后,两个重复拷贝是否能作为有功能的基因被保存下来,仍是值得探讨的问题。我们认为当一个非必需基因重复后后续亚功能化要低效得多。为了避免两个重复拷贝中的一个变成假基因,需要通过新功能化(Ohno,1970)帮助其从祖先基因的缓冲作用或是祖先重复基因的补偿作用下逃离出来。

设 W 为一个重复基因从祖先遗传稳健性中逃离出来的概率。祖先基因的缓冲作用或补偿作用允许重复基因之间以接近中性的模式进化,直到其中一个基因从祖先基因的缓冲作用或补偿作用逃离出来(即获得了新功能)。由于一个在祖先缓冲作用保护下的重复基因的命运与另外一个拷贝无关,因此只考虑重复后其中一个基因的命运对我们来说就足够了。假定有一个非必需的祖先基因(O^+),设 $Q(d^+|O^+)$ 为一个重复基因非必需的概率,$Q(d^-|O^+)$ 为这个基因必需的概率,$Q(\psi|O^+)$ 为这个基因失去功能的概率(假基因),μ 为这个基因通过失效突变变成假基因的速率。综合以上的结果,我们可以得到

$$Q(d^+ | O^+) = e^{-\mu t}(1-W)(1-\phi)$$
$$Q(d^- | O^+) = W(1-\phi)$$
$$Q(\psi | O^+) = (1-e^{-\mu t})(1-W)(1-\phi) + \phi \qquad (10.6)$$

我们可以选择一种比较简单的形式来表示 W，即 $W = \beta(1 - e^{-bt})$。这意味着，当 $t \to \infty$，逃离的概率随着时间的增加而向 β 增加；b 为逃离的比率。显然，当 $t = 0$，$Q(d^+ \mid O^+) = 1$。在经过足够长的时间之后，一个重复基因如果还没有逃离祖先基因的缓冲作用的话，会变成一个假基因而从基因组里消失。因此，当 $t \to \infty$，我们可以得到 $Q_\infty(d^+ \mid O^+) = 0$，$Q_\infty(d^- \mid O^+) = \beta$ 或 $Q_\infty(\psi \mid O^+) = 1 - \beta$。

10.2.4　假设：借非必需基因重复维持遗传缓冲

生物体复杂性的一个重要的特点就是对抗失效突变的遗传稳健性（Gerhart and Kirschner，1997；Lynch，2007c；Wagner *et al.*，2007）。目前认为有两个最主要的机制。第一个机制是从基因功能的重叠中推导出来的（Gu *et al.*，2003；Ihmels *et al.*，2007）。因为绝大多数真核生物基因组里有很大一部分重复基因，而且这些重复基因里有很多基因至少有部分功能是冗余的，因此功能补偿很明显是遗传弹性的一个可能的机制。第二个机制用于对抗失效突变的遗传缓冲作用，遗传缓冲作用是基于特定的备用通路或是备份的基因回路，这些通路或回路可以把有害突变的效果减到最小，甚至完全去除。虽然这两个机制在文献中都有很明确的记录，但是到底哪个机制更普遍，目前还存在争议（Liang and Li，2007；Liao and Zhang，2007；Su and Gu，2008）。另一方面，重复基因的存留往往与重复基因间重叠功能的丢失相伴随，重叠功能的丢失是通过亚功能化或新功能化实现的（Force *et al.*，1999）。结果就是，重复基因对遗传稳健性的贡献在进化上是暂时的。

我们认为遗传缓冲作用在进化上也是暂时的。假设一个单拷贝基因 A 受到遗传缓冲作用保护。由于任何失效突变不会产生任何表型效果或效果很弱，因此基因 A 的失效突变对于生物体来说实际上是接近中性的。这种失效突变会由于遗传漂变在群体内固定下来，特别当有效群体大小（N_e）很小的时候。在这种情况下，相关的遗传缓冲作用会减小，因为后备的基因回路不得不承担原来由基因 A 负责的功能。这样的话，遗传缓冲作用在群体中的寿命，也许在很大程度上由起缓冲作用的（近中性进化）的基因年龄来决定。因此，遗传稳健性的瞬时性质提示稳健性作为一个表型也许并不是由适应进化和强自然选择来维持的。

我们认为，非必需基因的重复也许提供了一种机制来维持遗传缓冲作用。原因很简单，就是一个非必需基因如果有很多份拷贝的话，可以在进化过程中通过降低丢失缓冲基因的影响来延长遗传缓冲的期间。从式 (10.6)出发,通过保存至少一个拷贝的缓冲基因维持缓冲作用的概率大致可以通过下式给出

$$q = 1 - [1 - Q(d^+ \mid Q^+)]^n \qquad (10.7)$$

其中,n 是重复基因的数目。显然,想要明显提高维持遗传缓冲作用的概率,可以增加缓冲基因的数目。尽管有潜在的剂量和化学计量效应,受祖先遗传缓冲作用影响的重复基因很可能在蛋白质序列水平和基因表达水平经历独立的中性进化,这也许有助于我们理解为什么亚功能化理论预测的结果通常得不到功能基因组数据的支持,因为亚功能化不太可能发生在非必需基因的重复拷贝之间。在某些例子中,重复基因间的中性分化可能为获得新的功能提供机会。"多效缓冲作用(pleiotropic-buffering)"可以通过同时发生的基因重复事件来维持,例如基因组水平的重复事件,即使绝大多数的冗余基因最后变得没有功能。

　　简而言之,我们的假说展示了连续的基因/基因组重复事件可以为遗传缓冲作用提供源源不断的基因原料。尽管绝大多数非必需重复基因最后成为假基因,这种非适应性的、由突变驱动的过程可以通过在长时期内维持缓冲基因在基因组内的数量,为背后的遗传缓冲作用提供保护。显然,这个观点与生物体复杂性起源于突变的假说相一致,而不需援引用自然选择作为一种适应性的力量来维持遗传稳健性。

10.3　基因与基因相互作用的进化

　　蛋白质与蛋白质间的相互作用效应对蛋白质序列进化的影响由一个影响很大、但有争议的研究开始(Fraser *et al.*,2002)。目前,DNA 水平、蛋白质水平和基因水平的相互作用已经成为系统生物学和进化研究的一个主要议题(von Mering *et al.*,2002;Wagner,2001;Jordan *et al.*,2003,2004;Agrafioti *et al.*,2005;Coulomb *et al.*,2005;Wall *et al.*,2005;Hahn and Kern,2005;Mintseris and Weng,2005;Wuchty *et al.*,2006;Yu *et al.*,2007;Zou *et al.*,2009)。在本节中,我们讨论一个特别的议题,即如何测量进化过程中相互作用获得或丢失的速率。为了简明,我们采用两个重复基因来作为例子(Wagner,2001)。

　　假设基因 A 与其他任何基因 X 之间在功能上有相互作用。在最简单的情况下,如果基因 A 和 X 是相互连接的话,A-X 间相互作用的状态是 $r=1$;如果没有连接,则状态是 $r=0$。对于两个重复基因 A 和 B,衡量它们之间功能重叠的一个重要量度是其他基因 X 与这两个基因 A 与 B 之间(A-X 和 B-X)相互作用的数量(n_{11})。可以用一个简单的泊松模型来估计两个重复基因之间的互作距离(D_I),即相互作用获得或丢失的平均数量。在这个模型下,两个重复基因同时都丢失祖先相互作用是不太可能的。对于一组(n 个)基因,其中每个基因都与 A 或 B 或是它们两个都有相互作用,由此可计算相互作用分化的比率 $\hat{q}=1-n_{11}/n$,然后通过下式估计互作距离

$$\hat{D} = -n\ln(1-\hat{q}) \tag{10.8}$$

　　然而,由于高通量功能基因组数据含有很高水平的噪声,因此在基因组分析中,对推测的相互作用进行统计评估面临挑战。我们将说明如何在进化分析中把统计上的不确定性考虑进去。

10.3.1　基因与基因相互作用的 p-值表现

　　很多研究工作都采用了 p-值方法来衡量基因与基因间相互作用的统计学显著性,也就是用一个 p-值来给两个基因间的相互作用赋值,而不是用二元的($r=1$ 或 0)状态来给 A-X 之间的互作赋值;一个较小的 p-值,如 $p=0.001$,意味着两个基因之间的相互作用在统计学上是非常显著的;反之亦然。推断基因与基因的相互作用取决于阈值(α):如果 $p<\alpha$,相互作用的状态是正的(有相互作用),否则就是负的(无相互作用)。因此,两个重复基因间的互作距离也与所选择的阈值有关。克服这个阈值问题的方法就是把这些 p-值当作观察值来对待。

　　针对用 p-值来表现基因与基因间相互作用,我们需要开发一个用于研究互作进化的模型。在两个重复基因 A 和 B 的例子中,有 4 种组合的模式(r_A, r_B):(1, 1)、(1, 0)、(0, 1)和(0, 0)。例如,(1, 1)意味着两个重复基因都与同一个基因 X 有相互作用;(1, 0)意味着重复基因 A 与基因 X 有相互作用,而基因 B 没有;以此类推。下一步,我们做出如下的假设。

　　(1) 设 θ_0 为在基因组水平内与 A 与 B 都没有相互作用的基因的比例。

　　(2) 设 f_1 是重复事件前祖先基因与基因 X 相互作用的概率,称为祖

先相互作用。如果祖先基因与基因 X 没有相互作用，则概率为 $f_0 = 1 - f_1$。

（3）设 λ 为进化过程中丢失相互作用的速率。我们暂且假设一个祖先相互作用在两个重复基因中都保留的概率为 $e^{-2\lambda t}$；而在两个重复基因中都丢失这个相互作用是不可能发生的。

（4）一个重复基因后来获得的相互作用称为衍生的相互作用，其概率为 $f_0 = 1 - e^{-2\rho t}$，这里 ρ 为获得新的相互作用的速率。两个重复基因同时获得与同一个基因 X 的相互作用也是不可能发生的。

因此，我们就可以用下式分别来表示概率 $P(r_A, r_B)$

$$P(1, 1) = (1 - \theta_0)e^{-2(\lambda + \rho)t}$$
$$P(1, 0) + P(0, 1) = (1 - \theta_0)[1 - e^{-2(\lambda + \rho)t}]$$
$$P(0, 0) = \theta_0 \tag{10.9}$$

在实际情况下，你可以假定 $P(1, 0) = P(0, 1)$。

10.3.2 总体构架

对于两个重复基因 A 和 B，以及任何其他基因 X，设 p_A 和 p_B 分别为 A-X 和 B-X 相互作用的 p-值。设 y_A 和 y_B 分别为 p_A 和 p_B 的某种数学变换。两个简单而适用的形式分别是 $y = -\ln p$ 和 $y = p$。然后，我们用下式定义基因 A 和 B 之间 y-分值差异平方的期望值，

$$\delta_{AB}^2 = E[(y_A - y_B)^2] \tag{10.10}$$

其中，E 表示期望值。

为了计算 δ_{AB}^2，我们使用与相互作用模式 (r_A, r_B) 相关的条件期望值。为了简化数学符号，设 $\gamma_{11} = E[(y_A - y_B)^2 \mid r_A = 1, r_B = 1]$，$\gamma_{00} = E[(y_A - y_B)^2 \mid r_A = 0, r_B = 0]$，$\gamma_{10} = E[(y_A - y_B)^2 \mid r_A = 1, r_B = 0]$，$\gamma_{01} = E[(y_A - y_B)^2 \mid r_A = 0, r_B = 1]$。因此，我们可以得到下式

$$E[(y_A - y_B)^2] = \sum_{r_A, r_B = 0, 1} E[(y_A - y_B)^2 \mid r_A, r_B] P(r_A, r_B)$$
$$= \gamma_{11} P(1, 1) + \gamma_{10} P(1, 0) + \gamma_{01} P(0, 1) + \gamma_{00} P(0, 0)$$

整合从式（10.10）中得到的每个 (r_A, r_B) 的概率，同时假设 $P(1, 0) = P(0, 1)$，我们得到

$$\delta_{AB}^2 = \delta_\infty^2 - (\delta_\infty^2 - \delta_0^2)e^{-2(\lambda + \rho)t} \tag{10.11}$$

其中,δ_∞^2和δ_0^2可以分别通过下式得到

$$\delta_\infty^2 = (1-\theta_0)(\gamma_{10}+\gamma_{01})/2+\theta_0\gamma_{00}$$
$$\delta_0^2 = (1-\theta_0)\gamma_{11}+\theta_0\gamma_{00}$$

当$t=0$时,$\delta_{AB}^2=\delta_0^2$;δ_{AB}^2会随着t的增加而变大,当$t\to\infty$时,最终会达到δ_∞^2。此外,可以定义基因A和B之间不同相互作用的有效比例,如下式所示

$$q_e = \frac{\delta_{AB}^2-\delta_0^2}{\delta_\infty^2-\delta_0^2} \tag{10.12}$$

使q_e满足下式

$$q_e = 1-e^{-2(\lambda+\rho)t}$$

然后,在给定功能相互作用样本大小(N)的情况下,功能互作的距离可以用$D_I = 2n(\lambda+\rho)t$来定义,D_I可以通过下式得到

$$D_I = -n\ln(1-q_e) \tag{10.13}$$

如果进一步假定q_e的方差大致服从二项分布,即$Var(q_e)\approx q_e(1-q_e)/N$,于是取样方差$\hat{D}_I$可以通过下式计算得到

$$Var(\hat{D}_I) \approx \frac{N\hat{q}_e}{1-\hat{q}_e}$$

简而言之,对于D_I的估算实际上转化为估计两个重复基因间不同相互作用的有效比例,给定转换后的p-值(y-分值),D_I的估算就可以得到了。

10.3.3　估算γ_{11},γ_{10},γ_{01}和γ_{00}

设$\gamma_{r_A, r_B}=E[(y_A^2-y_B^2)^2 \mid r_A, r_B]$。在独立假设$y_A$和$y_B$的情况下,我们可以得到下式

$$\gamma_{r_A, r_B} = E[y_A^2 \mid r_A]+E[y_B^2 \mid r_B]-2E[y_A \mid r_A]E[y_B \mid r_B]$$

众所周知,在零假设$r=0$(没有相互作用)下,p-值服从一个均匀分布(uniform distribution)。在这种情况下,$y=f(p)$的平均值和方差分别用$\bar{y}_0$和σ_0^2来表示。因此,$E[y \mid r=0]=\bar{y}_0$和$E[y^2 \mid r=0]=$

$\sigma_0^2 + (\bar{y}_0)^2$。另一方面,在备选假设 $r = 1$ 下,y 的平均值和方差通常是未知的,但是可以基于全基因组范围内的 p-值观测值来估算。我们用 $\bar{y} = E[y \mid r = 1]$ 来表示 y 的平均值,用 $\sigma^2 = Var(y \mid r = 1)$ 来表示方差,所以 $E[y^2 \mid r = 1] = \sigma^2 + (\bar{y})^2$。放在一起,我们可以推导出下式

$$\gamma_{11} = 2\sigma^2$$
$$\gamma_{10} = \gamma_{01} = \sigma^2 + \sigma_0^2 + (\bar{y} - \bar{y}_0)^2$$
$$\gamma_{00} = 2\sigma_0^2$$

下面,我们特别讨论在实际使用中也许会有用的两个例子。

基于 p-值的方法　最简单的例子就是直接使用 p-值,即 $y = p$。注意在没有相互作用的零假设($r = 0$)下,p 服从一个取值范围在 $[0, 1]$ 之间的均匀分布,平均值为 $1/2$,方差为 $1/2$,我们可以得到下面的结果

$$\gamma_{11} = 2\sigma_p^2$$
$$\gamma_{10} = \sigma_p^2 + 1/12 + (\bar{p} - 1/2)^2$$
$$\gamma_{00} = 1/6$$

其中,$\bar{p}$ 和 σ_p^2 分别是 p-值在备选假设 $r = 1$ 下的平均值和方差。

基于 $-\ln p$ 的方法　因为对数变换有一些很好的采样特性,我们建议用一个(负值)对数变换分值(y)来表示相互作用的 p-值,即 $y = -\ln p$。例如,一个相互作用的 p-值是 0.001,在统计上通常认为是有意义的,而 p-值大于 0.05 通常被认为统计上是不显著的。假定有一对重复基因 A 和 B,假设 $p_A = 0.001$ 和 $p_B = 0.5$ 分别是与另外一个基因 X 相互作用(A-X 和 B-X)的 p-值,那么 $(p_A - p_B)^2 = 0.499\,9^2$;对另一个相互作用对 A-X' 和 B-X',我们假设 A-X' 和 B-X' 的 p-值分别为 $p_A' = 0.30$ 和 $p_B' = 0.8$,那么 $(p_A' - p_B')^2 = 0.5^2$。这两个例子最后得分几乎是一样的,与直觉相违背,因为从统计上来说,我们会推测基因 A 与 X 有相互作用,但是基因 B 没有,而基因 A 和 B 与基因 X' 都不太可能有相互作用。

用对数变换后的分值就可以避免这个问题。在上面的例子中,$(y_A - y_B)^2 = 6.22^2$ 要比 $(y_A' - y_B')^2 = 0.98^2$ 大得多。因为在零假设 $r = 0$(没有相互作用)下,p 服从一个均匀分布,我们可以显示 y 服从一个指数分布,其平均值 $\bar{y}_0 = 1$,方差 $\sigma_0^2 = 1$,因此我们可以得到

$$\gamma_{11} = 2\sigma^2$$
$$\gamma_{10} = \sigma^2 + 1 + (\bar{y} - 1)^2$$
$$\gamma_{11} = 2$$

10.3.4 评论

基于 p-值的方法也许可以为进化基因组学提供一个总体的构架,因为它有两个优点:第一,它考虑了基因组水平基因与基因间相互作用中统计学上的不确定性;第二,它避免了统计过程中与数据或技术相关的细枝末节。然而,当我们使用基于 p-值方法的时候,主要的问题就是 p-值估算的精确性问题。由于用于计算这些 p-值的统计学方法是近似的,因此估算得到的 p-值总是有偏差的。从传统的统计学观点看,我们只关心 p-值的准确性是否在 0.001 到 0.10 的范围内。所以在零假设下,全基因组范围 p-值的分布可能严重地偏离均匀分布。我们将阐明这些问题(Gu,未发表的结果)。

10.4 模块性和复杂性的起源

10.4.1 背景知识

系统生物学中最关键的问题之一是理解基因网络复杂性的起源(Hartwell *et al.*,1999;Barabasi and Oltvai,2004;Wagner *et al.*,2007)。从代谢路径到蛋白质与蛋白质之间的相互作用,很多生物学系统可以用(基因)网络来表示(Barabasi *et al.*,2003;Barabasi and Oltvai,2004;Barabasi,2009)。在一个典型的网络中,很多节点通过大量的相互作用(连接)组织成一个复杂的拓扑结构。例如,在酵母蛋白质与蛋白质互作网络中(Jeong *et al.*,2001),一个节点代表一个蛋白质,两个蛋白质之间的连接代表它们之间的相互作用。基因网络的高度复杂性特征可以用幂律度(power-law degree)来描述,即节点的连接数(称为"度")是右偏态分布的;多数节点有很低的度,而很少一部分节点有较高的度(Albert and Barabasi,2002)。大量全基因组分析(Barabasi and Albert,1999;Jeong *et al.*,2000,2001;Hahn *et al.*,2004. Han *et al.*,2004)显示细胞网络有 3 个特征:① 符合幂律度分布;② 小世界性质,偶尔有远程的连接；③ 以集散节点（Hub）为核心的网络中心性。具有这些特征的网络被称为无尺度（scale-free）网络，因为这些网络的特征与网络的大小无关。

细胞网络的另一个重要特征是模块性（modularity）。模块性指一个相互作用的网络可以被细分为相对自主的、内部高度连通的组成部分（Hartwell *et al.*，1999；Fraser，2005；Chen and Dokholyan，2006）。虽然人们普遍认同模块化是生物体构成的一个基本规则，但目前的研究希望能揭示生物体中不同水平和不同类型功能异质性与模块化的联系，这是发育进化生物学和系统生物学研究的热点问题（Wagner *et al.*，2007；Gu and Su，2007；Su *et al.*，2007）。目前关注的主要问题是模块性的起源和进化，模块的出现到底是通过自然选择的作用，还是基于诸如突变偏差等非适应性的过程，目前存在广泛争议（Lynch，2007c；Wagner *et al.*，2007）。

Barabasi 和 Albert（1999）的开拓性工作，为研究无尺度网络的起源（幂律）提供了一个简单但精巧的进化模型，下文用 BA 模型来表示。它基于两个机制：① 网络的生长在进化过程中是一个连续不断的过程；② 已经有很多连接的集散节点，在进化过程中有非常大的机会再增加它的连接性，这个特性被称为优先连接（attachment preference）（Jeong *et al.*，2003）。虽然 BA 模型成功地预测了（生物网络的）无尺度性质，但是 BA 模型不能预测模块性的性质。另一方面，Wagner 和 Mezey（2004）提出模块性的进化是由对稳健性的选择所驱动的，例如有差异消除多效性效应。这个观点可以被归纳为模块性进化的"差异侵蚀模型"（Wagner *et al.*，2007）。Gu（2009）从基因网络的角度提出消除多效性可以被看作是丢失连接的过程。由于新连接的起源有向连接中心优先连接的偏向性，并导致（网络的）无尺度的性质，可以推测一个随机的链接丢失（没有中心偏向性）也许为模块性的起源提供了一种机制。Gu（2009）的文章提出了一个基因网络的进化模型，这个模型可以导致无尺度性质和模块性同时出现。

10.4.2　无尺度网络和模块性

网络生物学提供了一个对各种生物系统的特征进行量化的网络描述。这些量化描述的方法对于比较和描述不同复杂网络的特征是非常有用的，而且能帮助解释观察到的网络特性的起源（图 10.2）。

无尺度性质和幂律　在一个以高度连接的基因（节点）或集散节点为

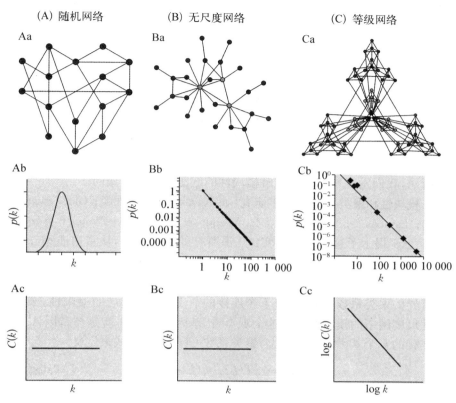

图 10. 2　用于解释观察到的网络特征起源至关重要的三种网络模型。(A) 随机网络,Erdös–Rènyi(ER)模型开始有 N 个节点,每对节点之间的连接概率是 p,于是就产生了一个随机连接的网络图(图 Aa)。网络节点的度符合一个泊松分布(图 Ab)。聚类系数独立于一个节点的度,所以以 $C(k)$ 对 k 的函数作图是一条水平直线(图 Ac)。(B) 无尺度网络的特征是符合幂律分布。在无尺度网络中一个节点高度连接的概率在统计学上要比在随机网络中的一个节点显著得多。所以,该网络的特征常常由一小部分高度连接的节点所决定,这些高度连接的节点也被称为集散节点(图 Ba)。用 Barabàsi–Albert 模型创造出来的无尺度网络不具备内在的模块性,所以 $C(k)$ 独立于 k(图 Bc)。(C) 等级网络通过产生一个符合幂律分布的网络,把无尺度网络的拓扑结构与内在的模块性结构无缝地整合起来。等级模块性最重要的特征是聚类系数的变换符合 $C(k) \sim k^{-1}$(图 Cc)。引自 Barabàsi 和 Oltvai(2004)。

特征的无尺度网络中,具有给定度(连接的数目)的基因的数目服从幂律,即一个被选定的基因节点具有 k 个连接的概率服从下式

$$P(k) \sim k^{-\gamma} \tag{10.14}$$

其中,γ 是度分量,通常情况下 γ 的取值范围在 $1 < \gamma < 3$ 之间(Albert and Barabasi,2002)。幂律预示着节点的度存在很高的异质性,而且在这样的网络中没有代表性的值(如:平均度)来描述节点连接性的水平

（或尺度）。因此，一个缺乏代表性度的网络通常被叫做"无尺度"网络。在这样的网络中，几个集散节点主导着网络的特征。例如，无尺度网络的一个共同特征是小世界性质，即任何两个节点可以（通过集散节点）连接起来，这样（通过集散节点）的连接比通过随机网络达成的预期连接要短得多。对酵母蛋白质与蛋白质间相互作用网络的分析显示：大约60%的集散节点蛋白质（有多于15个相互作用的连接）是必需的，而只有10%的低连接蛋白质（少于5个连接）是必需的（Jeong *et al.*，2001）。虽然这些网络特征具体的的生物学意义还需要进一步研究（Keller，2005），如下文所示，我们发现幂律对于理解模块性的起源是非常有用的。

模块性和聚类系数　很多研究（如 Ravasz *et al.*，2002；Giot，*et al.*，2003；Barabasi and Oltvai，2004；Vazque *et al.*，2004；Wagner *et al.*，2007）已经揭示了这样一个事实：几乎所有的细胞网络，从蛋白质相互作用、代谢途径到调控网络，都显示了模块性。而且，几位研究者（Ravasz *et al.*，2002；Barabasi and Oltvai，2004；Vazque *et al.*，2004）都使用了节点特异的聚类系数，即一个有 k 个连接的节点（A）的邻居的凝聚性，来检查无尺度网络的模块性。从这个观点看，基因 A 的邻居就是与基因 A 直接连接的 k 个基因。在数学上，聚类系数 $C(k)$ 可用下式来定义

$$C(k) = 2T(k)/[k(k-1)] \qquad (10.15)$$

其中，$T(k)$ 是基因 A 任意两个邻居之间直接的连接数，$k(k-1)/2$ 是基因 A 邻居间所有可能的连接数。实际上，$C(k)$ 测量的是一个节点的本地邻居到底需要有多接近节点，才能成为这个节点小圈子（模块）的一部分，即图中的一个区域，在这个区域里每个节点与其他节点都有连接。在实际操作中，我们用有特点相同度 k 的节点的平均聚类系数来描述网络模块性的特点。

有研究表明（Barabasi and Oltvai，2004）在一个典型的无尺度网络中，聚类系数的平均值独立于节点的度 k，即 $C(k) \sim C_0$，这个非模块性的特征与随机网络类似。这意味着，由节点的度（k）决定的本地邻居数量的平均数不影响网络的内聚性。运用幂律作为无尺度性质的度量，用聚类系数量度模块性，Ravasz 等（2002）发现，有关聚类系数常数的预测在几个细胞网络中都被拒绝。这个发现暗示：由 BA 模型产生的纯粹的无尺度网络（Barabasi and Albert，1999）也许不足以解释细胞网络的复杂性。而且，Ravasz 等（2002）观察到在聚类系数 $C(k)$ 和节点的度（k）之间存在对数与对数的倒数关系，表明有很少连接（k）但很高聚类系数 $C(k)$ 的节

点属于高度互相连接的小模块,而有很多连接但很低聚类系数 $C(k)$ 的集散节点往往连接着不同的模块。于是,他们提出等级网络(hierarchical networks)的概念,把无尺度拓扑结构与内在的模块化结构整合到一起。等级网络不仅具有幂律度的分布 $P(k)$,而且有节点度为 k 的聚类系数的幂律度变换,即

$$C(k) \sim k^{-\theta}$$

简而言之,在一个等级网络中,连接很少的节点是高度聚集的子网络的一部分,子网络是围绕在一些集散节点周围不同的高度聚类的邻居集合。但是,进化是如何塑造出同时具有无尺度和模块性这两个"相反"特征的生物网络的,仍是一个谜。

10.4.3　无尺度网络中模块性的起源

具有模块性的无尺度网络是如何进化的?

很早以前细胞网络就被认为是模块化的,是由功能上分离的子网络构成,这些子网络对应特殊的生物学功能(Hartwell *et al.*,1999;Wagner *et al.*,2007)。而且,在模块与模块间有很大程度的重叠和交流(Han *et al.*,2004)。因此,一个等级网络,或者说是具有模块性的无尺度网络,在生物学上是合理的。于是,一个根本的问题就是:一个等级网络到底是如何进化的? 这个问题目前还不清楚。

Barabasi 和 Albert(1999)开发出一个精致而且简洁的框架(简称 BA模型)来描述无尺度网络的起源。它包括了两个机制:生长(即节点和连接的数量随着时间的增长而增加)和优先连接(即一个新出现的基因偏向于和一个已经存在的集散节点基因连接)。Barabasi 和 Albert(1999)研究显示,用他们模型产生的网络幂律为 $P(k) \sim k^{-3}$,而聚类系数是一个常数(Ravasz *et al.*,2002)。后来又提出了很多 BA 的改进模型,这些模型包括各种各样的网络限制和系统特异性的优先连接,详情请见 Albert 和 Barabasi(2002)的综述。这些模型用来解释度分量为 $\gamma = 2 \sim 3$ 的基因网络,但无法预测模块性。

Ravasz 等(2002)提出了一个生长网络模型,该模型整合了子网络反复重复并整合到种子核心的过程。这个生长的算法产生了一个节点度为 $\gamma \approx 2$ 的幂律和一个当重复种子图大小为 4 时,聚类系数 $C(k) \sim k^{-1}$ 的变换幂函数。然而,Ravasz 等(2002)的模型与 RA 模型间没有内在的关系,其提出的相关机制的生物学意义也不清楚。简而言之,非常

有需要来开发一个统一的进化模型,用于解释下列网络特征:① 由式 (10.4)描述的无尺度特性,并且符合观察到的度指数的取值范围 $\gamma = 1.5 \sim 2.5$;② 随着节点度减小的聚类度系数 $C(k)$,并且符合观察到的聚类指数的取值范围 $\theta = 0.5 \sim 1.5$。正如下文讨论的那样,Gu (2009)针对这个问题提出了一个非常简捷的解决方案,即在经典的 BA 模型中加入连接的随机丢失(无偏向性)机制,网络就可以进化为一个带有模块性的无尺度网络。

生物学的 BA 模型(BBA):基于优先连接和随机丢失连接的进化

Gu(2009)提出了一个修正的 BA 模型,也创造了一个新词——生物学 BA 模型(BBA)。在这个新的 BBA 模型下,网络进化由 3 个参数驱动:λ 和 μ 分别是获得和丢失连接的速率,而 g 是一个新基因(节点)出现的速率。从最初的 BA 模型(Barabasi and Albert, 1999)出发,基因网络的进化机制可以描述为:① 基因网络的生长。在生命起源的最初,有一小部分(n_0)节点(RNA/DNA/蛋白质)形成了最原始的基因网络。这些最初的连接,虽然数量很少(I_0),但是对于生命的意义来说是最基本的。自从那时开始,伴随新的基因持续不断地加入到基因组中,新的连接以速率 λ 在新的和已存在的基因之间产生。② 基因连接偏好。"富者愈富"的原则意味着一个新的节点有更高概率与一个已经有很多连接的节点相连。

从最初的 BA 模型可以得到一个固定的幂律度,即 $\gamma = 3$。我们注意到 BA 模型假定基因网络中的一个连接一旦被建立就不会丢失。实际上,基因网络中节点间连接丢失(或更笼统地说,功能的丢失)在进化过程中扮演了一个重要的角色。因此,我们做出了如下的额外假设:③ 连接的随机丢失。

设 x_i 为节点 i 在时间 t 时相互作用的连接数。在①—③假设条件下,最初的 BA 模型可以扩展为下面的微分方程

$$\dot{x}_i = \lambda(1-\omega)\pi(x_i, t) + \frac{\omega\lambda}{n(t)} - \frac{\mu}{n(t)} \tag{10.16}$$

其中,$\dot{x} = \mathrm{d}x_i/\mathrm{d}t$,$\lambda$ 和 μ 分别是获得和丢失连接的速率,概率 $\pi(x_i, t)$ 对应的是节点 i 在时间 t 时的接合偏向性,而 $n(t)$ 是在时间 t 时基因网络中所有基因(节点)的数目。常数 $\omega(0 \leqslant \omega \leqslant 1)$ 代表了随机选择的节点 i 成为连接产生者的概率;我们设 $\omega = 1/2$。

BA(1999)提出一个 $\pi(x_i, t)$ 的线性函数用于衡量优先连接,即

$$\pi(x_i) = \frac{x_i}{\sum_{j=1}^{n(t)} x_j} = \frac{x_i}{2I(t)}$$

其中，$I(t)$ 是时间 t 时基因网络中所有连接的数目。因为两个基因（节点）间的连接会被重复计数两次，我们可以得到 $2I(t) = \sum_{j=1}^{n(t)} x_j$。从式（10.16）出发，可以证明 $2\dot{I} = \sum_{i=1}^{n(t)} \dot{x}_i$，进而得到 $\dot{I} = (\lambda - \mu)/2$。此外，最简单的网络生长进化模型假定 $\dot{n}(t) = g$，g 是新的节点出现的速率。综上所述，基因网络的生长和网络互作连接的生长相对于进化时间来说都是线性的，即

$$n(t) = gt + n_0$$
$$I(t) = (\lambda - \mu)t/2 + I_0$$

其中，n_0 和 I_0 分别是基因和连接的起始数量。由于起始数量 n_0 和 I_0 通常都很小，在长期进化中（t 非常大）它们都可以被忽略。综合起来，式（10.16）可以近似表示为

$$\dot{x}_i = \frac{x_i}{bt} + \frac{h}{t} \tag{10.17}$$

其中，$b = 2(1 - \mu/\lambda)$，而 $h = (\lambda/2 - \mu)/g$。

式（10.17）的解取决于相应的初始条件：当基因（节点）i 在进化时间 τ_i 产生后，这个新产生的基因 i 有 x_0 个连接，即 $x_i(\tau_i) = x_{0,i}$，由此可以推导出 $x_i(t) = (x_{0,i} + a)(t/\tau_i)^{1/b} - a$，其中 $a = bh$。这意味着一个基因可预测的连接数随进化时间 t 的增加而增加。另一方面，给定目前的时间点，设 $t = T$，基因的年龄差异决定基因间可预测的连接差异。由于基因年龄是通过初始时间点 τ_i 来计算，因此基因连接的频率 $P(k)$ 可以从年龄 τ_i 的分布来推导。出于这个目的，我们改写式（10.17）的解 $x_i(t)$ 为

$$\tau_i = \left[\frac{x_{0,i} + a}{x_i + a} \right]^b T$$

其中，x_i 是 $x(T)$ 的缩写。实际上，基因网络的线性生长意味着在时间段 $[0, T]$ 的进化过程中，基因持续不断地添加到网络中，暗示着基因年龄（τ_i）是一个均匀分布，即在任何给定的 r（$0 < r < 1$），我们可以得到 $P(\tau_i < rT) = r$。设节点 i 的连接数小于一个给定数 k 的概率为 $P(x_i < k)$。从

τ_i 的表达式出发, 我们可以证明 $x_i < k$ 意味着 $\tau_i > [(x_{0,i} + a)/(k + a)]^b T$。在时间段 $[0, T]$ 内, 假设 τ_i 服从均匀分布, 我们可以得到

$$P(x_i < k) = P\left(\tau_i > \left[\frac{x_{0,i} + a}{k + a}\right]^b T\right)$$

$$= 1 - P\left(\tau_i < \left[\frac{x_{0,i} + a}{k + a}\right]^b T\right)$$

$$= 1 - \left[\frac{x_{0,i} + a}{k + a}\right]^b$$

上式符合概率 $P(k) = P(x_i < k+1) - P(x_i < k)$, 这个概率可以通过 $P(k) \sim \partial P(x_i < k)/\partial k$ 来近似估算, 进而得到幂律的普遍形式

$$P(k) \sim (k + a)^{-\gamma} \tag{10.18}$$

当幂律度为 $\gamma = b + 1$, 结果为

$$\gamma = 3 - 2\mu/\lambda \tag{10.19}$$

常数 $a = bh$ 被称为移位因子; 当 $a = 0$ 时, 幂律可以被简化为经典形式。

因此, 经典的 BA 模型是 $\mu = 0$ 的一个特殊例子, 即在没有连接丢失情况下, $\gamma = 3$。注意网络生长的假设需要这样一个限制, 即丢失连接的速率必须小于获得连接的速率: $\mu < \lambda$, 这符合绝大多数生物网络 $\gamma > 1$ 的事实。有趣的是, 丢失-获得连接的比率 (μ/λ) 的进化决定了任何度为 $1 < \gamma \leqslant 3$ 的无尺度网络的形状。对于 $\gamma \approx 2$ 的细胞网络, 式 (10.19) 显示 $\mu \approx 0.5\lambda$, 即获得连接速率大约是丢失连接的速率的两倍。

随机连接丢失机制导致基因网络的模块性

我们设想了一个通过连接的随机丢失导致产生模块性的复杂网络的进化模式。这个模式的关键是: 连接的丢失在高度集散节点和低度节点之间没有倾向性。结果就是, 集散节点的连接数较少受到随机连接丢失的影响, 而在非集散节点的连接数则更多地受到随机连接丢失的影响, 导致连接数减低到很小, 从而随机地产生了等级化网络。

在下文中, 基于基因重复是新基因起源的主要机制的假设, 我们推导聚类系数 $C(k)$ 的幂变换。首先, 设 $T(k)$ 是基因 A 的 k 个邻居基因中, 任何两个邻居基因间直接的连接数。假设 A 的第 i 个邻居基因发生了重复, 重复拷贝被计作基因 A 的第 $k+1$ 个邻居基因。由于聚类系数 $C(k)$ 是两个邻居基因连接在一起的概率, 第 i 个邻居基因与其他邻居基因间

预期的连接数可以通过 $(k-1)C(k)$ 得到。基因重复后,邻居基因间增加的直接连接数也预期是 $(k-1)C(k)$。另一方面,随机的连接丢失会减少邻居基因间的直接连接数。在基因重复和保存的时间段(Δt)中,预期的连接丢失的数目为 $(k-1)C(k)\times\mu\Delta t$。通常 Δt 可以用 $1/g$ 来描述;其中,g 是基因重复的速率,即 $\Delta t \approx 1/g$。因此,预期的直接连接的丢失数可以通过 $(k-1)C(k)\times\mu/g$ 得到。综合到一起,直接连接数目的净改变 $\Delta T(k)=T(k+1)-T(k)$,可以得到下式

$$\Delta T(k)=(k-1)C(k)-(k-1)[\mu/g]C(k)$$
$$=2(1-\mu/g)\frac{T(k)}{k}$$

采用连续近似计算,我们可以认为 $T(k)$ 满足下列微分方程

$$\frac{\mathrm{d}T(k)}{\mathrm{d}k}=2(1-\mu/g)\frac{T(k)}{k} \tag{10.20}$$

使用初始条件 $T(2)=1/2$ 解方程可以得到

$$T(k)=0.5\times k^{2(1-\mu/g)}$$

因此,我们得到 $C(k)$ 和 k 之间的幂律关系如下

$$C(k)=\frac{2T(k)}{k(k-1)}\sim k^{-2\mu/g}$$

换句话说,我们推导出了聚类系数的幂律,即 $C(k)\sim k^{-\theta}$,其中 θ 可以通过下式得到

$$\theta=2\mu/g \tag{10.21}$$

在经典的没有连接丢失($\mu=0$)的 BA 模型中,$\theta=0$ 意味着在无尺度基因网络中不存在模块性。当由于优先连接导致在几个集散节点周围产生高度聚集的邻居(基因)的集合时,随机的连接丢失提供一种进化机制,导致产生连接数量很稀疏的基因(节点),这些连接稀疏的基因与不同的高度聚集的子网相连接(图 10.2)。

10.4.4　蛋白质与蛋白质相互作用数据分析

Gu(2009)分析了 10 个物种的蛋白质与蛋白质相互作用网络数据(Rain *et al.*,2001;Giot *et al.*,2003;Han *et al.*,2004)(表 10.1 和图 10.3)。在每个数据集中,计算了节点度的分布 $P(k)$,也计算了每个节点

度大于 2 的节点 $(k \geqslant 2)$ 的平均聚类系数 $C(k)$。然后,分别通过 $\ln P(k) \sim$ $\ln k$ 的回归和 $\ln C(k) \sim \ln k$ 的回归估计了它们的度要素 (γ, θ)。其他计算方法包括非线性的方法给出了类似的结果。例如,图 10.3 示人蛋白质与蛋白质相互作用网络中 $P(k) \sim k$ 和 $C(k) \sim k$ 的关系。另外,表 10.1 也包括了大肠杆菌与酵母代谢与调控网络的估算结果(Vazque *et al.*,2004)。

表 10.1　用 BBA(Biological BA)模型估计的基因网络进化参数

网络类型	物　种	γ	θ	λ/g	μ/g	λ/μ
蛋白质相互作用	酵母	1.80	1.02	0.85	0.51	1.67
	人	1.73	1.07	0.84	0.54	1.57
	蚯蚓	1.59	0.63	0.45	0.32	1.42
	家鼠	2.53	0.91	1.94	0.46	4.26
	螺杆菌	1.64	0.45	0.33	0.23	1.47
	大肠杆菌	1.84	1.38	1.19	0.69	1.72
	挪威大鼠	2.03	1.19	1.23	0.60	2.06
	拟南芥	1.63	1.50	1.09	0.75	1.46
	水稻	1.77	0.63	0.51	0.32	1.63
	牛	1.40	1.12	0.70	0.56	1.25
代谢	酵母	2.00	0.70	0.70	0.35	2.00
	大肠杆菌	2.00	0.80	0.80	0.40	2.00
调控	酵母	2.00	1.00	1.00	0.50	2.00
	大肠杆菌	2.10	1.00	1.11	0.50	2.22
平均值±标准误		1.86± 0.07	0.96± 0.08	0.91± 0.11	0.48± 0.04	1.91± 0.20

注:γ:幂律度分量;θ:聚类系数分量;λ/g:新连接率相对于新基因的比率;μ/g:连接丢失率相对于新基因的比率;λ/μ:新连接和丢失连接率的比率。

令人印象深刻的是,所有基因或细胞网络都显示了无尺度和模块化的特性。度要素 (γ) 值的范围为 $1.4 \sim 2.53$,而聚类要素 (θ) 值的范围为 $0.63 \sim 1.50$。大略来说,幂律度 $P(k)$ 的范围在 2 左右 $(\gamma = 1.86 \pm 0.07)$,而 $C(k)$ 的范围在 1 左右 $(\theta = 0.96 \pm 0.08)$。没有发现证据可以证明这些值的差异是由分类水平、网络类型或是网络大小引起的。而且,根据式(10.19)和式(10.21),估算了相对连接获得速率 (λ/g) 和连接丢失速率 (μ/g)。在计算了 14 个网络数据集的平均值后,分别得到 $\lambda/g = 0.91 \pm 0.11$ 和 $\mu/g = 0.48 \pm 0.04$。对这些数据的解释是:当网络中增加了两个节点(基因)后,平均会产生两个新的连接和丢失一个旧的连接。

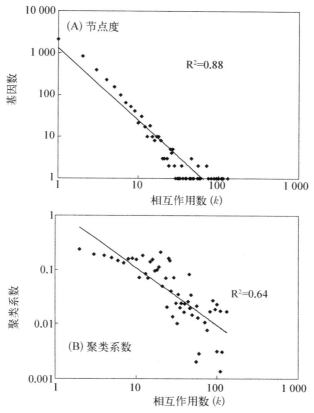

图 10.3 人蛋白质之间互作的 $P(k) - C(k)$ 分析。(A) 基因数与相互作用数（连接）之间的相关性图，显示了 $P(k)$ 幂律。(B)（平均）聚类系数与相互作用数（连接）之间的相关性图，显示了 $C(k)$ 幂律。引自 Gu(2009)。

10.4.5 假设：相互作用的随机丢失能导致复杂基因网络的模块性

针对基因网络的进化，我们开发了 BBA 模型以解释模块性和无尺度特性的起源，即：无尺度特性是有偏向性新连接产生的结果，而模块性是既存连接随机丢失的结果。针对基因网络的复杂性，我们的 BBA 模型揭示了网络特征与基本进化机制之间的联系，并可以用高通量基因组数据进行检验。

基因网络的生长 BBA 模型假设基因网络的生长（通过基因重复）是一个常量。因此，基因组中基因数量的增长与进化时间呈线性关系。这个假设仅仅是对基因网络长期进化趋势的一阶近似。然而，对一个处在特定地质年代的进化谱系而言,基因网络的规模可以是静止的、缩小的或是扩大的(Gu and Zhang,2004)。在这个意义上,我们的 BBA 模型就像最初的 BA 模型一样,代表的只是在生命从简单到高级进化过程中基因网络进化的理论模式。

连接的偏好性和随机丢失 BA 模型的中心假设是新的连接具有偏向性。在 BBA 模型下,我们试探着阐述连接偏向性的生物学意义。如果新连接来自发育重塑的过程,那么连接偏好性意味着重塑的作用是增强现存的发育途径。虽然基因重复是新基因产生的主要途径,重复后的功能分化,无论是亚功能化(两个重复基因间互补的连接丢失)或是新功能化(产生新的连接)都不能直接产生无尺度特性(Pastor-Satorras *et al*.,2003;Wu and Gu,2005)。我们认为基因重复后,新功能化趋向于同一个已经存在的、以几个集散节点基因为特征的分子途径相连接;另一方面,亚功能分化则缘于现存连接的丢失,是随机而没有任何偏向性的。实际上,重复基因随机的连接丢失能够有效地模拟 DDC 过程(重复、退化和互补)。

随机连接丢失和模块化的侵蚀模型 我们已经认识到 BBA 模型(现存连接的随机丢失机制)与差别消除多效性效应的侵蚀模型(Wagner and Mezey,2004)有内在的联系。在 BBA 模型下,模块性的出现是随机丢失连接的结果(减少了节点连接即减少了基因的多效性),而连接的偏好性则导致形成了集散节点。这两个模型的区别在于,侵蚀模型暗示了通过有差别的连接丢失,从相对统一的相互作用到模块化的转换;而 BBA 模型则认为:模块性在进化中的起源是一个渐进的过程。进一步的研究将集中在如何检验这些理论模型。例如,我们最近开发了一个统计学方法,可以通过蛋白质序列分析来估计基因的多效性(Gu,2002a),该方法也许能为研究模块性、多效性和网络复杂性之间的关系提供帮助。

2-2-1假说 我们发现基因网络进化的模式可以简称作2-2-1假说,即两个新基因、两个新连接、一个丢失的旧连接,这个假说清晰地表明了基因网络进化的步调。也许有人会争论说,这个模型会在网络中产生很多孤立的节点。然而事实上,如果新基因的产生绝大多数是通过有既存连接的基因的重复过程,这种情况就不会发生。而且,我们发现幂律(γ)和模块性(θ)两个度要素受到同样的进化机制所影响。因此,当相对连接获得速率 $\lambda/g \approx 1$ 时,很容易地从式(10.19)和式(10.21)得到以下无尺度特性和模块性的进化限制

$$\gamma + \theta \approx 3 \tag{10.22}$$

因此,我们需要从进化生物学的层面综合理解基因网络的形成机制和功能结构特点。

无尺度网络和随机网络之间的转换 在上面的分析中,我们假定 $\omega = 1/2$。总的来说,虽然 $b = (1 - \mu/\lambda)/(1 - \omega)$,$h = (\lambda\omega - \mu)/g$ 和 $a = bh$,我们还是可以显示幂律 $P(k) \sim (k+a)^{-(b+1)}$ 是成立的。在特殊情况下,当 $\omega \to 1$ 时,我们可以显示 $P(k) \sim e^{-k/h}$。既然 $\omega = 1$ 意味着不存在优先连接的效应,那么集散节点的数目会以指数衰减。因此,BBA 模型整合了无尺度网络和随机网络,得到下式

$$P(k) \sim (k + k_c)^{-\gamma} \tag{10.23}$$

其中,阈值 k_c 可以通过 $k_c = (\gamma - 1)/h$ 得到。在这个表达式下,当 $k > k_c$ 时,幂律有效。较高的 k_c 值意味着只有很小一部分连接高度的节点是无尺度的。通过度要素 γ 来增加 k_c 将大幅度地减小集散中心的频率;在这样的情况下,无尺度特性会消失,网络会很快地变为随机网络,即当 $\gamma \to \infty$ 且 $k_c \to \infty$ 时,$P(k) \sim e^{-k/h}$。

10.5 网络基序分析与酵母基因组重复

在复杂生物网络进化过程中,基因重复被认为是影响新组分添加和网络进化的关键机制(Aury *et al.*,2006;Barabasi and Albert,1999;Prince and Pickett,2002;Ispolatov *et al.*,2005;Presser *et al.*,2008;Evlampiev and Isambert,2008;Gu,2009)。然而,对基因重复后,基因相互作用的进化模式以及基因相互作用对重复基因命运的影响,目前知之甚少。Presser 等(2008)提出了一个数学构架来描述基因重复后蛋白质相互作用网络,该构架把蛋白质相互作用网络分解为网络基序(network motif)向量。在这里,我们将简要介绍该理论。

网络基序是小的子图或相互作用的模式,网络基序对于识别转录、神经和发育等生物网络中的功能结构是非常有用的工具。Presser 等(2008)把网络基序的概念应用到了酵母全基因组重复(Whole Genome Duplication,WGD)的基因中,并且分析了由两个重复基因对组成的网络基序,每个网络基序对都是由全基因组重复产生的(换句话说,每个基序

是 4 个蛋白质之间的相互作用）。图 10.4 显示了两个假定的例子，来展示现有网络基序是如何通过基因重复与分化过程形成的。自相互作用蛋白导致基因重复后重复拷贝之间的相互作用。如果两个祖先基因有相互作用，那么在它们的两对后代基因中就会形成 4 种相互作用。因此，重复的步骤会产生一个初始的基序（被称为零阶基序）。在分化的步骤中，相互作用可以获得、丢失或保留。

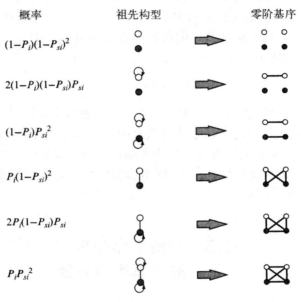

图 10.4 基因组重复之后，可能出现的概率向量为 m_0 的 6 个零阶基序（行向量为它的转置）。观察到的祖先构型和每个零阶基序的概率为祖先互动（Pi）和自相互作用（Psi）概率的函数（Presser *et al.*，2008）。

在任何 4 个蛋白质之间总共有 $4 \times (4-1)/2 = 6$ 种可能的相互作用（图 10.4）。因为每个相互作用有两个状态（有或无），因此就会产生 $2^6 = 64$ 个可能的基序。再把对称考虑进去，这个数字可以进一步缩小到 19 个不同的基序种类（表 10.2）。Presser 等（2008）使用了 450 个全基因组重复（WGD）产生的重复基因对（Kellis *et al.*，2004），它们之间的相互作用来自互作蛋白质数据库（Database of Interacting Proteins，DIP）。表 10.2 给出了 19 个不同的基序种类在这些基因对中的现代分布（m_{modern}）或者叫做频率。Presser 等（2008）开发了一个进化模型来描述蛋白质的连接性，该模型由两个步骤构成：重复和分化。

表 10.2　现代蛋白质互作网络中基序的分布

基序种类号	基序种类	在现代酵母基因组中存在的基序数量	现代基序的频率 (m_{modem})
1		81 983	8.15×10^{-1}
2		17 748	1.76×10^{-1}
3		215	2.13×10^{-3}
4		925	9.16×10^{-2}
5		14	1.39×10^{-4}
6		2	1.98×10^{-5}
7		93	9.21×10^{-4}
8		15	1.48×10^{-4}
9		6	5.94×10^{-5}
10		0	0
11		16	1.58×10^{-4}
12		0	0
13		1	9.90×10^{-6}
14		1	9.90×10^{-6}
15		0	0
16		4	3.96×10^{-5}
17		0	0
18		1	9.90×10^{-6}
19		1	9.90×10^{-6}

（1）重复步骤假定每一个蛋白质与其所有的相互作用一起重复。因为两个重复的蛋白质在最初的时候是完全相同的，所以它们的相互作用也是完全相同。如果一个蛋白质是自相互作用的，那么它的每个重复拷贝也是自相互作用的，而且在两个重复拷贝之间也存在相互作用。重复的过程会产生 19 个不同基序中的 6 种（图 10.4）。这些初始模式，称作"零阶基序"的频率 m_0 由 P_{si} 和 P_i 决定，P_{si} 和 P_i 分别是蛋白质同自身相互作用的概率和两个不同蛋白质之间相互作用的概率。Presser 等（2008）给出了下列方程式

$$m_{0,1} = (1-P_i)(1-P_{si})^2$$
$$m_{0,2} = 2(1-P_i)(1-P_{si})P_{si}$$
$$m_{0,3} = (1-P_i)P_{si}^2$$
$$m_{0,4} = P_i(1-P_{si})^2$$
$$m_{0,5} = 2P_i(1-P_{si})P_{si}$$
$$m_{0,6} = P_iP_{si}^2 \tag{10.24}$$

请注意，在初始条件下，19 个基序种类中的 13 个只能由随后的分化过程产生。

（2）在模型的第二步包含了基因重复后的进化过程。假设导致相互作用增加或删除突变发生的概率分别是 P_+ 和 P_-。在数学上，19 个基序的频率由一个转换矩阵 $\mathbf{T}$ 决定，$\mathbf{T}$ 的元素是从初始的 6 -元素的条件向量 $\mathbf{m}_0$ 向观察到的 19 -元素向量进化的概率，亦即（参见方程式 10.24）

$$\mathbf{m}_0\mathbf{T} = \mathbf{m}_{\text{modern}} \tag{10.25}$$

其中，转换矩阵的元素是 Presser 等（2008）的推导的 P_+ 和 P_- 的函数，参见下文的评论，初始条件的零阶基序向量 $\mathbf{m}_0$ 是重复之前参数 P_{si} 和 P 的函数。

Presser 等（2008）求解式（10.25）得到 P_i，P_{si}，P_+ 和 P_- 的最适值（表 10.3）。图 10.5A 显示了在给定的最适参数下，模型预测的基序数量与观测到的基序数量非常一致。如表 10.3 所示，重复后网络重塑过程中连接丢失的概率很高，而获得一个连接的可能性是很小的。他们发现，在重复前的网络中，预测的自相互作用的频率显著高于在今天网络中观测到的频率。这个结果暗示了在当前网络和祖先网络之间存在结构上的差异，存在偏向性的连接增加或保留，或存在保留自相互作用蛋白重复拷贝的选择压力。

表 10.3　从酵母蛋白质网络基序分布中推测出的重复之前
网络连接度和重复之后动力学的最佳适应值

参　数	参数值±标准差
P_1	0.002 3±0.000 3
P_{si}	0.25±0.04
P_+	0.000 7±0.000 1
P_-	0.61±0.03

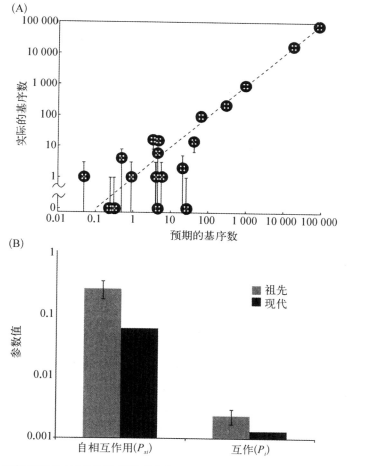

图 10.5　现代基序的分布非常类似于预期的分布。(A) 我们在 19 个方程的方程组中解出了 4 个未知数用于计算最佳适应网络。在给定的最佳适应参数 P_i，P_{si}，P_+，和 P_-（x 轴）下，把预期的基序数对实际的基序数做相关性图（表 10.2）。(B) 在现代网络中 P_i，P_{si} 的观测值和在重复之前的祖先网络中推测的 P_i，P_{si} 的参数。虽然基因之间的连接性（P_i）在现代网络和祖先网络中很相似，推测的自相互作用（P_{si}）的频率在现代网络和祖先网络中差了大约 5 倍。引自 Presser 等（2008）。

对转换概率矩阵 T 的评论　首先,我们考虑 64 个原始基序的转换概率。设 n_G、n_L、n_R 和 n_A 为一个给定获得、丢失、保留和保持缺失的边的数目。然后,基于独立获得和丢失连接的假设,我们可以得到下式

$$U = P_+^{n_G}\, P_-^{n_L}\, (1 - P_-)^{n_R} (1 - P_+)^{n_A}$$

接下来,需要考虑 19 个基序种类中的每一个类型,会有许多相同基序。转换概率通过矩阵 **T** 得到,矩阵的元 T_{ij} 代表了位于 i 行的基序类型的一个成员变成为位于 j 列的基序类型的成员的概率。于是,我们可以得到下式

$$T_{ij} = \sum_{k \in j} U_{ik}$$

其中,下标 $k \in j$ 代表了属于相同的第 j 个基序类型中所有的原始基序。

10.6　重复基因的进化动力学(EK)分析

由基因重复导致的功能冗余在所有已知的基因组中都广泛存在,极大地增加了生物体的(遗传)稳健性(Ohno,1970；Kirschner and Gerhart,1998；Wagner,2000；Conant and Wagner,2004；Gu *et al.*,2003；Su and Gu,2008)。然而,这种类型的遗传稳健性也让功能冗余在进化上变得不稳定(Nowark *et al.*,1997；Gu,2003),功能冗余只是暂时的,因为重复基因之间的功能重叠会很快由于功能分化而丢失(Force *et al.*,1999；Lynch and Conery,2000；Hughes,2004)。但是,也有很多研究描述了功能重叠在相当长的进化时间中被保存下来的例子。因此,至少对某些重复基因对来说,冗余在进化过程中被保存了下来。Kafri 等(2005,2006)指出,尽管重复后冗余的保留要比丢失的频率低得多,但是广泛存在的冗余保留并不是无足轻重的,不应被当作新近发生的重复事件的遗迹而被忽视。一个典型的例子就是重复的 O-酰基转移同工酶,它们共同催化固醇与脂肪酸的结合,从酵母(Are1 和 Are2)到哺乳动物(ACAT1 和 ACAT2)一直都保持着该冗余现象,也许因为对遗传稳健性和进化的贡献而被选择保留了下来。下文将讨论这个问题。

10.6.1　重复备份回路的重编程

Kafri 等(2005)提出,差异表达的重复基因(A 和 B)的备份(功能补

偿)作用在于,一旦基因 A 发生了失效突变,基因 B 的表达就会被重新编程,以获得一个类似于基因 A 野生型的表达谱。这个理论基于提供备份的旁系同源基因的启动子构架有部分重叠的假设。例如,已对酵母 Acs1 和 Acs2 同工酶这样的重编程进行了实验评估。野生型 Acs1 的表达受葡萄糖抑制,但是一旦 Acs2 基因被删除了,葡萄糖对 Acs1 的抑制就会被解除,Acs1 会获得一个类似于 Acs2 基因对葡萄糖的反应。尽管这两个重复基因的表达是不同的,它们有一个相同的启动子基序(CSRE),也有着各自独特的启动子基序。

一个关键的问题是重编程过程是如何控制的。Kafri 等(2005)提出了一个动力学模型,或称重编程开关,由两个重复基因 A 和 B 组成,分别编码酶 E_A 和 E_B,这两个酶交互地把代谢物 M_1 转化为代谢物 M_2,即$M_1 \rightarrow M_2$。他们提出重复基因之间的备份功能也许使用了交替的转录构架。

(1)假设两个重复基因都有共享的转录因子(TF)的结合位点,但只有重复基因 A 在野生型中有活性。或许当代谢物 M_1 处在一个低水平的时候,基因 A 即可以被转录因子诱导,而基因 B 必须当代谢物 M_1 在很高水平时,才会被转录因子诱导。

(2)一旦把基因 A 敲除后,在最初的阶段,代谢物 M_1 会累积的很快,因为 M_1 无法被有效地转化为 M_2。M_1 的积累和 TF 浓度的增加最终导致重复基因 B 的活化。结果就是,酶 E_B 的水平增加把 M_1 转化为 M_2。这个模型提供了对备份功能的一个适当的控制,它把基因 B 对环境条件(即代谢物 M_1 的累积)的反应与对内部干扰(即基因 A 的沉默)的反应结合了起来。

10.6.2　应答的备份回路(RBC)和调控设计

通过对文献的调研,Kafri 等(2006)编制了一个列表,列举了在长期进化过程中保存下来的重复基因间功能重叠的例子。许多这样的备份基因显示了对它们的功能冗余的重复伴侣有转录水平上的应答,即当它们的重复伴侣被突变沉默后,它们的转录水平会上调,这个模式被称作"应答备份回路(RBC)"。RBC 的概念可以通过酵母 Hxt 基因家族来阐明,Hxt 基因家族编码了一系列冗余的细胞膜己醣转运蛋白,这些转运蛋白与葡萄糖有不同的亲和力,因而有不同的转运效率(图 10.6A)。

在酵母中,葡萄糖对有氧和无氧生长起着调控输入的作用。酵母有两套相互独立的信号通路,一套通路探测细胞内的葡萄糖浓度,而另一套通路探测细胞外的葡萄糖浓度。这个有区别的感知机制在由 $Hxt1$ 和

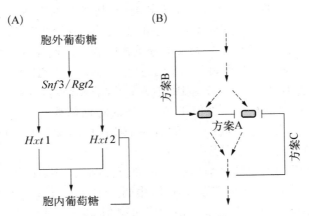

图 10.6 特异(A)和常见(B)的反馈备用回路。(A) $Hxt1$ - $Hxt2$ 反馈备用回路。胞外葡萄糖由酵母细胞膜上的两个膜受体 $Rgt2$ 和 $Snf3$ 感知。这两个受体一旦由葡萄糖激活,就启动了一个信号传递通路,该通路会诱导 Hxt 基因家族的转录,该已醣转运蛋白基因编码了负责摄入葡萄糖的膜通道。而持续流入胞内的葡萄糖产生了一个细胞内葡萄糖的浓度抑制了 $Hxt2$ 基因的转录。(B) 3 个常见反馈备用回路中可能的方案。对于一个重复基因要感知和应答它伴侣的完整性,则必须存在反馈机制。在本图中,重复基因用椭圆来表示,重复基因整合在一个用虚线箭头表示的反应通路中。A, B 和 C 线条分别表示 3 种可能的反馈作用:简单的负调控(A)、底物诱导(B)和最后产物的调控(C)。引自 Kafri 等(2006)。

$Hxt2$ 组成的应答备份回路中显示了它的作用。在这个情况下,由 $Hxt2$ 控制的两个相反的信号使反馈得以实现。一个信号由细胞外的葡萄糖来诱导,而第二个信号被细胞内的葡萄糖抑制(图 10.6A)。结果导致虽然高浓度的葡萄糖导致 $Hxt2$ 的表达被抑制,但是环境中的低糖量可以触发它的诱导,或当负责葡萄糖流入的基因突变后也会触发它的诱导。因此,这两个重复基因中的一个被称作应答基因,因为它在野生型中被抑制,一旦它的伴侣(称作控制者)发生突变后,它的抑制会被解除。

Kafri 等(2006)进一步提出了 3 个可能的调控方案以回答什么样的调控模式能够负责一个基因的感知和对其冗余伴侣失活时的应答。方案 A(图 10.6B)牵涉到来自功能冗余伴侣的直接的负调控。方案 B 使用了底物的丰度作为代理来调控它伴侣的活性。换句话说,由应答备份回路基因对中一个成员功效的减弱或丧失引起底物过多积累,产生让第二个成员过量表达的信号。特别的是,方案 C 采用了末端产物抑制的机制。假设一个末端产物会同时抑制两个互为冗余的伴侣,它们其中之一失去功能后,会使末端产物的产量匮乏,从而解除了第二个伴侣的抑制。在这个模型中,Kafri 等(2006)提出,两个互为冗余的蛋白质 $(G_1 + G_2)$ 浓度的总和(独立的功能)才是它们的生物学功能,这个功能利用了应答备份回路基因对成员之间的冗余性。类似的例子包括由两个功能独立的同工酶所催化的反应。在这样的反应中，由同工酶催化产生的产物的总速率等于第一个酶的催化生产速率加上第二个酶的催化生产速率（图 10.7）。

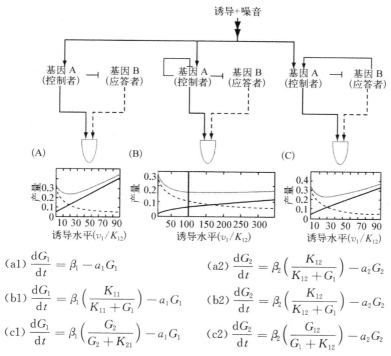

(a1) $\dfrac{\mathrm{d}G_1}{\mathrm{d}t} = \beta_1 - a_1 G_1$

(a2) $\dfrac{\mathrm{d}G_2}{\mathrm{d}t} = \beta_2 \left(\dfrac{K_{12}}{K_{12}+G_1} \right) - a_2 G_2$

(b1) $\dfrac{\mathrm{d}G_1}{\mathrm{d}t} = \beta_1 \left(\dfrac{K_{11}}{K_{11}+G_1} \right) - a_1 G_1$

(b2) $\dfrac{\mathrm{d}G_2}{\mathrm{d}t} = \beta_2 \left(\dfrac{K_{12}}{K_{12}+G_1} \right) - a_2 G_2$

(c1) $\dfrac{\mathrm{d}G_1}{\mathrm{d}t} = \beta_1 \left(\dfrac{G_2}{G_2+K_{21}} \right) - a_1 G_1$

(c2) $\dfrac{\mathrm{d}G_2}{\mathrm{d}t} = \beta_2 \left(\dfrac{G_{12}}{G_1+K_{12}} \right) - a_2 G_2$

图 10.7　由反馈备用回路提供的信号稳健性。3 种常见的反馈备用回路如下所示：简单的抑制，用 a1 和 a2 的方程来建模（A）；弱化的控制者，用 b1 和 b2 的方程来建模（B）；循环回用 c1 和 c2 的方程来建模（C）。β 和 α 分别代表蛋白质合成和降解的速率。K_{ij} 是一个用来量化 i 对 j 的调控的常数。我们考察了反馈备用回路在过滤调节输入差异时的效率，v_1 为调节输入，G_1 为控制基因。对于每个反馈备用回路，我们用一个图来描述控制基因和应答基因之间的调节反应。图显示了控制者（实线）、应答者（虚线）和他们总和，G_1+G_2（灰色）在 G_1 的诱导水平（v_1）。引自 Karfri 等（2006）。

经过广泛的稳定态分析，他们（Kafri *et al.*，2006）总结出了应答备份回路的两个基本优势：第一，恢复反应的强度由应答基因的诱导水平来微调，而应答基因的诱导水平不微调诱导反应本身。第二，另外一个优势是自动地对控制者进行负调控。简而言之，应答备份回路理论显示了在重复基因之间存在一系列功能互补的动力学机制。该理论试图挑战这样一个观点，即重复基因之间的功能补偿在进化上是不稳定的。应答备份回路的理论暗示：对重复基因丢失的补偿是以功能冗余为基础的精致设计的自然衍生结果。

10.6.3 由表达触发的备份回路假说

然而,应答备份回路的理论并没有说明遗传上冗余的两个重复基因如何避免失效突变而被保存下来。在发生自然失效突变的 $Hxt1$ 基因的例子中,备份的 $Hxt2$ 基因的作用使 $Hxt1$ 基因突变就像是接近中性的突变,没有适合度损失,这种突变会被遗传漂变固定下来。从群体遗传学的观点看,针对 $Hxt1$ 基因的纯化选择通过从群体中消除有害的突变,在基因的保留中扮演了一个重要角色。下面我们对这个问题提出一些见解。

我们要问的第一个问题是,到底是什么机制触发两个重复基因之间的备份回路? Kafri 等(2005,2006)把这个机制归结于蛋白质功能的丢失,比如酶活性的丢失。应答备份回路模型暗示了表达的蛋白质是完全有功能的。我们称之为为功能(F)触发的备份回路。相应地,表达(E)触发的备份回路则暗示,蛋白质分子或者 mRNA 表达的丰度才是触发回路的关键,无论它们是否具有功能。

对于重复基因之间的补偿来说,功能(F)触发与表达(E)触发备份回路的区别在于当一个高表达的拷贝,比如基因 A,由于在序列上发生非同义突变,进而编码一个非功能蛋白质时,结果是不一样的。根据应答备份回路理论(Kafri *et al.*,2006),上述结果应该和基因 A 沉默的结果是类似的,并由基因 A 功能丢失产生的信号激活功能(F)触发的备份回路。但是,表达(E)触发的备份回路在这种情况下不会被激活。因此,蛋白质序列中的有害突变不能够从功能上被补偿,而一定会被纯化选择所消除。

如图 10.8 所示,我们为重复基因的保留提出一个假设的进化模式。基因重复之后,由遗传或/和表观遗传因素驱动的表达水平的分化可能快速发生。然而,这种表达上的分化是可以动态逆转的,两个重复基因之间的表达补偿(如 RBC 这样的备份回路)可能因一个重复基因的沉默(不表达)而激活,即表达(E)触发的备份回路。基因保存的关键是,表达(E)触发的备份回路不能由蛋白质序列中有害的非同义突变来激活。如果是这样的话,大量失去功能的蛋白质的积累将阻止激活它们的备份重复基因,产生大量有害的丧失功能的表型,最终被强烈的纯化选择从群体中清除。虽然需要对表达(E)触发的备份回路的假说进行更深入的探索,但这个假说也许对理解基因重复中的某些未解决的问题有所帮助。我们进一步推测表达(E)触发的机制或许还能用于解释遗传缓冲作用是如何产生的。

（i）野生型

在条件 a 中（受调控基序-a 控制），重复基因 A 高表达而重复基因 B 低
表达；在条件 b 中，反之亦然。

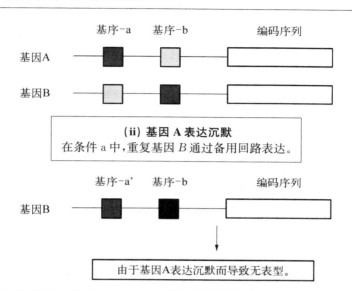

（ii）基因 A 表达沉默

在条件 a 中，重复基因 B 通过备用回路表达。

由于基因A表达沉默而导致无表型。

（iii）在蛋白质 A* 中发生了丢失功能的突变

在条件 a 中，重复基因 A 高表达了一个发生丢失功能突变的蛋白质 A*，
但是基因 B（编码一个正常的蛋白质）低表达——没有备用回路。

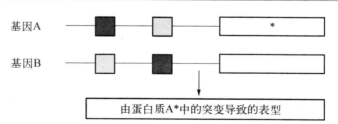

由蛋白质A*中的突变导致的表型

图 10.8 一个 EEE 动力学模型的示意图，用来解释功能补偿、表达分化
和重复保留（见上下文）。

参考文献

Abhiman, S., Daub, C. O. and Sonnhammer, E. L. (2006). Prediction of function divergence in protein families using the substitution rate variation parameter alpha. *Mol Biol Evol* **23**, 1406 – 1413.

Abhiman, S. and Sonnhammer, E. L. (2005a). FunShift: a database of function shift analysis on protein subfamilies. *Nucleic Acids Res* **33**, D197 – 200.

Abhiman, S. and Sonnhammer, E. L. (2005b). Large-scale prediction of function shift in protein families with a focus on enzymatic function. *Proteins* **60**, 758 – 768.

Adachi, J. and Hasegawa, M. (1996). Model of amino acid substitution in proteins encoded by mitochondrial DNA. *J Mol Evol* **42**, 459 – 468.

Adami, C. (2006). Digital genetics: unravelling the genetic basis of evolution. *Nat Rev Genet* **7**, 109 – 118.

Agrafioti, I., Swire, J., Abbott, J., Huntley, D., Butcher, S. and Stumpf, M. P. (2005). Comparative analysis of the Saccharomyces cerevisiae and Caenorhabditis elegans protein interaction networks. *BMC Evol Biol* **5**, 23.

Aharoni, A., Gaidukov, L., Khersonsky, O., Mc, Q. G. S., Roodveldt, C. and Tawfik, D. S. (2005). The 'volvability' of promiscuous protein functions. *Nat Genet* **37**, 73 – 76.

Akashi, H. and Gojobori, T. (2002). Metabolic efficiency and amino acid composition in the proteomes of *Escherichia coli* and *Bacillus subtilis*. *Proc Natl Acad Sci USA* **99**, 3695 – 3700.

Albert, R. and Barabasi, A. L. (2002). Statistical mechanics of complex networks. *Rev Mod Phys* **74**, 47 – 97.

Albert, R., Jeong, H. and Barabasi, A. L. (2000). Error and attack tolerance of complex networks. *Nature* **406**, 378 – 382.

Alon, U. (2003). Biological networks: the tinkerer as an engineer. *Science* **301**, 1866 – 1867.

Altschul, S. F. and Gish, W. (1996). Local alignment statistics. *Computer Methods for Macromolecular Sequence Analysis* **266**, 460 – 480.

Altschul, S. F., Gish, W., Miller, W., Myers, E. W. and Lipman, D. J. (1990). Basic local alignment search tool. *J Mol Biol* **215**, 403 – 410.

Altschul, S. F., Madden, T. L., Schaffer, A. A., Zhang, J., Zhang, Z., Miller, W. and Lipman, D. J. (1997). Gapped BLAST and PSI-BLAST: a new generation of protein database search programs. *Nucleic Acids Res* **25**, 3389 – 3402.

Atchley, W. R., Fitch, W. M. and Bronner-Fraser, M. (1994). Molecular evolution of the MyoD family of transcription factors. *Proc Natl Acad Sci USA* **91**, 11522 – 11526.

Audic, S. and Claverie, J. M. (1997). The significance of digital gene expression profiles. *Genome Res* **7**, 986 – 995.

Aury, J. M., Jaillon, O., Duret, L., Noel, B., Jubin, C., Porcel, B. M., Segurens, B., Daubin, V., Anthouard, V., Aiach, N., *et al.* (2006). Global trends of wholegenome duplications revealed by the ciliate *Paramecium tetraurelia*. *Nature* **444**, 171 – 178.

Bailey, T. and Elkan, C. (1995). Unsupervised learning of multiple motifs in biopolymers using expectation maximization. *Mach Learn* **21**, 51 – 80.

Balaji, S., Iyer, L. M., Aravind, L. and Babu, M. M. (2006). Uncovering a hidden distributed architecture behind scale-free transcriptional regulatory networks. *J Mol Biol* **360**, 204 – 212.

Balwierz, P. J., Carninci, P., Daub, C. O., Kawai, J., Hayashizaki, Y., Van Belle, W., Beisel, C. and van Nimwegen, E. (2009). Methods for analyzing deep sequencing expression data: constructing the human and mouse promoterome with deepCAGE data. *Genome Biol* **10**, R79.

Barabasi, A. L. (2009). Scale-free networks: a decade and beyond. *Science* **325**, 412 – 413.

Barabasi, A. L. and Albert, R. (1999). Emergence of scaling in random networks. *Science* **286**, 509 – 512.

Barabasi, A. L. and Oltvai, Z. N. (2004). Network biology: understanding the cell's functional organization. *Nature Reviews Genetics* **5**, 101 – U115.

Barabasi, A. L., Ravasz, E., and Oltvai, Z. (2003). Hierarchical organization of modularity in complex networks. *Lect Notes Phys* **625**, 46 – 65206.

Barry, D. and Hartigan, J. A. (1987). Asynchronous distance between homologous DNA sequences. *Biometrics* **43**, 261 – 276.

Barton, N. H. (1990). Pleiotropic models of quantitative variation. *Genetics* **124**, 773 – 782.

Batada, N. N., Reguly, T., Breitkreutz, A., Boucher, L., B-J Breitkreutz, Hurst,

L. D. and Tyers, M. *et al.* (2006). Stratus not altocumulus: a new view of the yeast protein interaction network. *PLoS Biology* **4**(10), e317.

Batzoglou, S. , Pachter, L. , Mesirov, J. P. , Berger, B. and Lander, E. S. (2000). Human and mouse gene structure: comparative analysis and application to exon prediction. *Genome Res* **10**, 950 – 958.

Benjamini, Y. and Hochberg, Y. (1995). Controlling the false discovery rate — a practical and powerful approach to multiple testing. *J Roy Stat Soc B Met* **57**, 289 – 300.

Bernardi, G. , Olofsson, B. , Filipski, J. , Zerial, M. , Salinas, J. , Cuny, G. , Meunier-Rotival, M. and Rodier F. *et al*. (1985). The mosaic genome of warm-blooded vertebrates. *Science* **228**(4702), 953 – 958.

Bielawski, J. P. and Yang, Z. (2004). A maximum likelihood method for detecting functional divergence at individual codon sites, with application to gene family evolution. *J Mol Evol* **59**, 121 – 132.

Blanc, G. and Wolfe, K. H. (2004). Widespread paleopolyploidy in model plant species inferred from age distributions of duplicate genes. *Plant Cell* **16**, 1667 – 1678.

Blanchette, M. and Tompa, M. (2003). FootPrinter: A program designed for phylogenetic footprinting. *Nucleic Acids Res* **31**, 3840 – 3842.

Bloom, J. D. , Silberg, J. J. , Wilke, C. O. , Drummond, D. A. , Adami, C. and Arnold, F. H. (2005). Thermodynamic prediction of protein neutrality. *Proc Natl Acad Sci USA* **102**, 606 – 611.

Bourque, G. and Pevzner, P. A. (2002). Genome-scale evolution: reconstructing gene orders in the ancestral species. *Genome Res* **12**, 26 – 36.

Bouxsein, M. L. , Rosen, C. J. , Turner, C. H. , Ackert, C. L. , Shultz, K. L. , Donahue, L. R. , Churchill, G. , Adamo, M. L. , Powell, D. R. , Turner, R. T. , *et al.* (2002). Generation of a new congenic mouse strain to test the relationships among serum insulin-like growth factor I, bone mineral density, and skeletal morphology in vivo. *Journal of Bone and Mineral Research* **17**, 570 – 579.

Bradley, K. L. , Damschen, E. I. , Young, L. M. , Kuefler, D. , Went, S. , Wray, G. , Haddad, N. M. , Knops, J. M. H. and Louda, S. M. (2003). Spatial heterogeneity, not visitation bias, dominates variation in herbivory. *Ecology* **84**, 2214 – 2221.

Bray, N. and Pachter, L. (2003). MAVID multiple alignment server. *Nucleic Acids Res* **31**, 3525 – 3526.

Brown, P. O. and Botstein, D. (1999). Exploring the new world of the genome with

DNA microarrays. *Nat Genet* **21**, 33 – 37.

Brudno, M., Do, C. B., Cooper, G. M., Kim, M. F., Davydov, E., Green, E. D., Sidow, A. and Batzoglou, S. (2003). LAGAN and Multi-LAGAN: efficient tools for large-scale multiple alignment of genomic DNA. *Genome Res* **13**, 721 – 731.

Burge, C. and Karlin, S. (1997). Prediction of complete gene structures in human genomic DNA. *J Mol Biol* **268**, 78 – 94.

Bustamante, C. D., Fledel-Alon, A., Williamson, S., Nielsen, R., Hubisz, M. T., Glanowski, S., Tanenbaum, D. M., White, T. J., Sninsky, J. J., Hernandez, R. D., *et al.* (2005). Natural selection on protein-coding genes in the human genome. *Nature* **437**, 1153 – 1157.

Bustamante, C. D., Townsend, J. P. and Hartl, D. L. (2000). Solvent accessibility and purifying selection within proteins of *Escherichia coli* and *Salmonella enterica*. *Mol Biol Evol* **17**, 301 – 308.

Caceres, M., Lachuer, J., Zapala, M. A., Redmond, J. C., Kudo, L., Geschwind, D. H., Lockhart, D. J., Preuss, T. M. and Barlow, C. (2003). Elevated gene expression levels distinguish human from non-human primate brains. *Proc Natl Acad Sci USA* **100**, 13030 – 13035.

Caprara, A. (1999). Formulations and hardness of multiple sorting by reversals. In: Proceedings Of The Third Annual International Conference On Computational Molecular Biology, pp. 84 – 93 (ACM, Lyon, France, ACM).

Carroll, S. B. (2005). Evolution at two levels: on genes and form. *PLoS Biol* **3**, e245.

Casari, G., Sander, C. and Valencia, A. (1995). A method to predict functional residues in proteins. *Nat Struct Biol* **2**, 171 – 178.

Cavalli-Sforza, L. L. and Edwards, A. W. (1967). Phylogenetic analysis. Models and estimation procedures. *Am J Hum Genet* **19**, 233 – 257.

Cavender, J. A. and Felsenstein, J. (1987). Invariants of phylogenies in a simple case with discrete states. *J Classif* **4**, 57 – 71.

Chamary, J. V., Parmley, J. L. and Hurst, L. D. (2006). Hearing silence: non-neutral evolution at synonymous sites in mammals. *Nat Rev Genet* **7**, 98 – 108.

Chan, E. Y. (2009). Next-generation sequencing methods: impact of sequencing accuracy on SNP discovery. *Methods Mol Biol* **578**, 95 – 111.

Chen, Y. W. and Dokholyan, N. V. (2006). The coordinated evolution of yeast proteins is constrained by functional modularity. *Trends Genet* **22**, 416 – 419.

Cheng, Q., Su, Z., Zhong, Y. and Gu, X. (2009). Effect of site-specific heterogeneous evolution on phylogenetic reconstruction: a simple evaluation.

Gene **441**, 156 – 162.

Clarke, G. D., Beiko, R. G., Ragan, M. A. and Charlebois, R. L. (2002). Inferring genome trees by using a filter to eliminate phylogenetically discordant sequences and a distance matrix based on mean normalized BLASTP scores. *J Bacteriol* **184**, 2072 – 2080.

Collins, M. O. (2009). Cell biology. Evolving cell signals. *Science* **325**, 1635 – 1636.

Conant, G. C. and Wagner, A. (2003a). Asymmetric sequence divergence of duplicate genes. *Genome Res* **13**, 2052 – 2058.

Conant, G. C. and Wagner, A. (2003b). Convergent evolution of gene circuits. *Nat Genet* **34**, 264 – 266.

Conant, G. C. and Wagner, A. (2004). Duplicate genes and robustness to transient gene knock-downs in *Caenorhabditis elegans*. *Proc Biol Sci* **271**, 89 – 96.

Cordero, O. X. and Hogeweg, P. (2006). Feed-forward loop circuits as a side effect of genome evolution. *Mol Biol Evol* **23**, 1931 – 1936.

Coulomb, S., Bauer, M., Bernard, D. and Marsolier-Kergoat, M. C. (2005). Gene essentiality and the topology of protein interaction networks. *Proc Biol Sci* **272**, 1721 – 1725.

Couronne, O., Poliakov, A., Bray, N., Ishkhanov, T., Ryaboy, D., Rubin, E., Pachter, L. and Dubchak, I. (2003). Strategies and tools for whole-genome alignments. *Genome Res* **13**, 73 – 80.

Coventry, A., Kleitman, D. J. and Berger, B. (2004). MSARI: multiple sequence alignments for statistical detection of RNA secondary structure. *Proc Natl Acad Sci USA* **101**, 12102 – 12107.

Davis, J. C. and Petrov, D. A. (2004). Preferential duplication of conserved proteins in eukaryotic genomes. *PLoS Biol* **2**, E55.

Dayhoff, M. O. (1972). Atlas of Protein Sequence and Structure. 5, Natl. Biomed. Res. Found., Washington, DC.

Dayhoff, M. O. (1978). Atlas of Protein Sequence and Structure. 5, Suppl. 3. Natl. Biomed. Res. Found., Washington, DC.

de Visser, J. A., Hermisson, J., Wagner, G. P., Ancel Meyers, L., Bagheri-Chaichian, H., Blanchard, J. L., Chao, L., Cheverud, J. M., Elena, S. F., Fontana, W., *et al*. (2003). Perspective: Evolution and detection of genetic robustness. *Evolution* **57**, 1959 – 1972.

Dean, A. M. and Golding, G. B. (1997). Protein engineering reveals ancient adaptive replacements in isocitrate dehydrogenase. *Proc Natl Acad Sci USA* **94**, 3104 – 3109.

Dean, A. M., Neuhauser, C., Grenier, E. and Golding, G. B. (2002). The pattern of amino acid replacements in alpha/beta-barrels. *Mol Biol Evol* **19**, 1846 – 1864.

Dean, E. J. , Davis, J. C. , Davis, R. W. and Petrov, D. A. (2008). Pervasive and persistent redundancy among duplicated genes in yeast. *PLoS Genetics* **4** (7), e1000113.

Denver, D. R. , Morris, K. , Streelman, J. T. , Kim, S. K. , Lynch, M. and Thomas, W. K. (2005). The transcriptional consequences of mutation and natural selection in *Caenorhabditis elegans*. *Nat Genet* **37**, 544 – 548.

DePristo, M. A. , Weinreich, D. M. and Hartl, D. L. (2005). Missense meanderings in sequence space: a biophysical view of protein evolution. *Nat Rev Genet* **6**, 678 – 687.

Dermitzakis, E. T. and Clark, A. G. (2001). Differential selection after duplication in mammalian developmental genes. *Mol Biol Evol* **18**, 557 – 562.

Dermitzakis, E. T. , Reymond, A. , Lyle, R. , Scamuffa, N. , Ucla, C. , Deutsch, S. , Stevenson, B. J. , Flegel, V. , Bucher, P. , Jongeneel, C. V. , *et al*. (2002). Numerous potentially functional but non-genic conserved sequences on human chromosome 21. *Nature* **420**, 578 – 582.

di Bernardo, D. , Down, T. and Hubbard, T. (2003). ddbRNA: detection of conserved secondary structures in multiple alignments. *Bioinformatics* **19**, 1606 – 1611.

Dickerson, R. E. (1971). The structures of cytochrome c and the rates of molecular evolution. *J Mol Evol* **1**, 26 – 45.

Dokholyan, N. V. and Shakhnovich, E. I. (2001). Understanding hierarchical protein evolution from first principles. *J Mol Biol* **312**, 289 – 307.

Doolittle, R. F. , Feng, D. F. , Tsang, S. , Cho, G. and Little, E. (1996). Determining divergence times of the major kingdoms of living organisms with a protein clock. *Science* **271**, 470 – 477.

Drummond, D. A. , Bloom, J. D. , Adami, C. , Wilke, C. O. and Arnold, F. H. (2005). Why highly expressed proteins evolve slowly. *Proc Natl Acad Sci USA* **102**, 14338 – 14343.

Drummond, D. A. , Raval, A. and Wilke, C. O. (2006). A single determinant dominates the rate of yeast protein evolution. *Mol Biol Evol* **23**(2), 327 – 337.

Dudley, A. M. , Janse, D. M. , Tanay, A. , Shamir, R. and Church, G. M. (2005). A global view of pleiotropy and phenotypically derived gene function in yeast. *Mol Syst Biol* **1**, 2005.0001.

Duret, L. and Mouchiroud, D. (2000). Determinants of substitution rates in mammalian genes: expression pattern affects selection intensity but not mutation rate. *Mol Biol Evol* **17**, 68 – 74.

Edward, A. W. F. and Cavalli-Sforza, L. L. (1964). Reconstruction of evolutionary trees. pp. 67 – 76. In: Heyhood, V. H. and J. McNeill (eds.) Phenetic and Phylogenetic Classification. Systematics Association Publ. No. 6.

Edwards, R. J. and Shields, D. C. (2005). BADASP: predicting functional specificity in protein families using ancestral sequences. *Bioinformatics* **21**, 4190 – 4191.

Eisen, M. B., Spellman, P. T., Brown, P. O. and Botstein, D. (1998). Cluster analysis and display of genome-wide expression patterns. *Proc Natl Acad Sci USA* **95**(25), 14863 – 14868.

Eisen, J. A. (1998). Phylogenomics: improving functional predictions for uncharacterized genes by evolutionary analysis. *Genome Res* **8**, 163 – 167.

Eisen, J. A. and Fraser, C. M. (2003). Phylogenomics: intersection of evolution and genomics. *Science* **300**, 1706 – 1707.

Elena, S. F. and Lenski, R. E. (2003). Evolution experiments with microorganisms: the dynamics and genetic bases of adaptation. *Nat Rev Genet* **4**, 457 – 469.

Enard, W., Khaitovich, P., Klose, J., Zollner, S., Heissig, F., Giavalisco, P., Nieselt-Struwe, K., Muchmore, E., Varki, A., Ravid, R., *et al*. (2002). Intra- and interspecific variation in primate gene expression patterns. *Science* **296**, 340 – 343.

Evangelisti, A. M. and Wagner, A. (2004). Molecular evolution in the yeast transcriptional regulation network. *J Exp Zool B Mol Dev Evol* **302**, 392 – 411.

Evens, W. J. and Grant, G. R. (2005). Statistical Methods in Bioinformatics: An Introduction (second edition). New York: Springer.

Evlampiev, K. and Isambert, H. (2007). Modeling protein network evolution under genome duplication and domain shuffling. *BMC Syst Biol* **1**, 49.

Evlampiev, K. and Isambert, H. (2008). Conservation and topology of protein interaction networks under duplication-divergence evolution. *Proc Natl Acad Sci USA* **105**, 9863 – 9868.

Ewing, R. M. and Claverie, J. M. (2000). EST databases as multi-conditional gene expression datasets. *Pac Symp Biocomput*, 430 – 442.

Eyre-Walker, A., Woolfit, M. and Phelps, T. (2006). The distribution of fitness effects of new deleterious amino acid mutations in humans. *Genetics* **173**, 891 – 900.

Felsenstein, J. (1978). Cases in which parsimony or compatibility methods will be positively misleading. *Syst Zool* **27**, 401 – 410.

Felsenstein, J. (1981). Evolutionary trees from DNA sequences: a maximum likelihood approach. *J Mol Evol* **17**, 368 – 376.

Felsenstein, J. (1985). Confidence limits on phylogenies: an approach using the bootstrap. *Evolution* **39**, 783 – 791.

Felsenstein, J. (1988). Phylogenies and quantitative characters. *Annu Rev Ecol Syst* **19**, 445 – 471.

Fisher, R. A. (1930). The Genetical Theory Of Natural Selection. Oxford: The Clarendon Press.

Fitch, W. M. (1971). Toward defining the course of evolution: minimum change for a specific tree topology. *Syst Zool* **20**, 406 – 416.

Fitch, W. M. (1981). A non-sequential method for constructing trees and hierarchical classifications. *J Mol Evol* **18**, 30 – 37.

Fitch, W. M. and Margoliash, E. (1967). Construction of phylogenetic trees. *Science* **155**, 279 – 284.

Fitz-Gibbon, S. T. and House, C. H. (1999). Whole genome-based phylogenetic analysis of free-living microorganisms. *Nucleic Acids Res* **27**, 4218 – 4222.

Force, A., Cresko, W. A., Pickett, F. B., Proulx, S. R., Amemiya, C. and Lynch, M. (2005). The origin of subfunctions and modular gene regulation. *Genetics* **170**, 433 – 446.

Force, A., Lynch, M., Pickett, F. B., Amores, A., Yan, Y. L. and Postlethwait, J. (1999). Preservation of duplicate genes by complementary, degenerative mutations. *Genetics* **151**, 1531 – 1545.

Forsberg, R. and Christiansen, F. B. (2003). A codon-based model of host-specific selection in parasites, with an application to the influenza A virus. *Molr Biol Evol* **20**, 1252 – 1259.

Fraser, H. B. (2005). Modularity and evolutionary constraint on proteins. *Nat Genet* **37**, 351 – 352.

Fraser, H. B., Hirsh, A. E., Steinmetz, L. M., Scharfe, C. and Feldman, M. W. (2002). Evolutionary rate in the protein interaction network. *Science* **296**, 750 – 752.

Galtier, N. and Gouy, M. (1995). Inferring phylogenies from DNA sequences of unequal base compositions. *Proc Natl Acad Sci USA* **92**, 11317 – 11321.

Galtier, N. and Gouy, M. (1998). Inferring pattern and process: maximum-likelihood implementation of a nonhomogeneous model of DNA sequence evolution for phylogenetic analysis. *Mol Biol Evol* **15**, 871 – 879.

Gascuel, O. (1997). BIONJ: an improved version of the NJ algorithm based on a simple model of sequence data. *Mol Biol Evol* **14**, 685 – 695.

Gaucher, E. A., Miyamoto, M. M. and Benner, S. A. (2001). Function-structure analysis of proteins using covarion-based evolutionary approaches: Elongation factors. *Proc Natl Acad Sci USA* **98**, 548 – 552.

Gauzzi, M.C., Velazquez, L., McKendry, R., Mogensen, K.E., Fellous, M. and Pellegrini, S. (1996). Interferon-alpha-dependent activation of Tyk2 requires phosphorylation of positive regulatory tyrosines by another kinase. *J Biol Chem* **271**, 20494 – 20500.

Ge, N. and Epstein, C.B. (2004). An empirical Bayesian significance test of cDNA library data. *J Comput Biol* **11**, 1175 – 1188.

Gerhart, J. and Kirschner, M. (1997). Cells, Embryos, And Evolution: Toward a Cellular and Developmental Understanding of Phenotypic Variation and Evolutionary Adaptability. Malden, Mass: Blackwell Science.

Giardine, B., Elnitski, L., Riemer, C., Makalowska, I., Schwartz, S., Miller, W. and Hardison, R.C. (2003). GALA, a database for genomic sequence alignments and annotations. *Genome Res* **13**, 732 – 741.

Gibbs, W.W. (2003). The unseen genome: gems among the junk. *Sci Am* **289**, 26 – 33.

Gilad, Y., Oshlack, A. and Rifkin, S.A. (2006). Natural selection on gene expression. *Trends Genet* **22**, 456 – 461.

Gillespie, J.H. (1991). The causes of molecular evolution. New York: Oxford University Press.

Giot, L., Bader, J.S., Brouwer, C., Chaudhuri, A., Kuang, B., Li, Y., Hao, Y.L., Ooi, C.E., Godwin, B., Vitols, E., *et al*. (2003). A protein interaction map of Drosophila melanogaster. *Science* **302**, 1727 – 1736.

Golding, G.B. and Dean, A.M. (1998). The structural basis of molecular adaptation. *Mol Biol Evol* **15**, 355 – 369.

Goldman, N. and Yang, Z. (1994). A codon-based model of nucleotide substitution for protein-coding DNA sequences. *Mol Biol Evol* **11**, 725 – 736.

Good, J.M. and Nachman, M.W. (2005). Rates of protein evolution are positively correlated with developmental timing of expression during mouse spermatogenesis. *Mol Biol Evol* **22**, 1044 – 1052.

Graur, D. and Li, W.-H. (2000). Fundamentals of Molecular Evolution (second edition). Sunderland, Mass: Sinauer Associates.

Gribaldo, S., Casane, D., Lopez, P. and Philippe, H. (2003). Functional divergence prediction from evolutionary analysis: a case study of vertebrate hemoglobin. *Mol Biol Evol* **20**, 1754 – 1759.

Gu, J. and Gu, X. (2003a). Induced gene expression in human brain after the split from chimpanzee. *Trends Genet* **19**, 63 – 65.

Gu, J. and Gu, X. (2003b). Natural history and functional divergence of protein tyrosine kinases. *Gene* **317**, 49 - 57.

Gu, J. and Gu, X. (2004). Further statistical analysis for genome-wide expression evolution in primate brain/liver/fibroblast tissues. *Hum Genomics* **1**, 247 - 254.

Gu, J., Wang, Y. and Gu, X. (2002a). Evolutionary analysis for functional divergence of Jak protein kinase domains and tissue-specific genes. *J Mol Evol* **54**, 725 - 733.

Gu, X. (1999). Statistical methods for testing functional divergence after gene duplication. *Mol Biol Evol* **16**, 1664 - 1674.

Gu, X. (2001a). Mathematical modeling for functional divergence after gene duplication. *J Comput Biol* **8**, 221 - 234.

Gu, X. (2001b). Maximum-likelihood approach for gene family evolution under functional divergence. *Mol Biol Evol* **18**, 453 - 464.

Gu, X. (2003). Evolution of duplicate genes versus genetic robustness against null mutations. *Trends Genet* **19**, 354 - 356.

Gu, X. (2004). Statistical framework for phylogenomic analysis of gene family expression profiles. *Genetics* **167**, 531 - 542.

Gu, X. (2006). A simple statistical method for estimating Type-II (Cluster-Specific) functional divergence of protein sequences. *Mol Biol Evol* **23**, 1937 - 1945.

Gu, X. (2007a). Evolutionary framework for protein sequence evolution and gene pleiotropy. *Genetics* **175**, 1813 - 1822.

Gu, X. (2007b). Stabilizing selection of protein function and distribution of selection coefficient among sites. *Genetica* **130**, 93 - 97.

Gu, X. (2009). An evolutionary model for the origin of modularity in a complex gene network. *J Exp Zool B Mol Dev Evol* **312**, 75 - 82.

Gu, X., Fu, Y. X. and Li, W. H. (1995). Maximum likelihood estimation of the heterogeneity of substitution rate among nucleotide sites. *Mol Biol Evol* **12**, 546 - 557.

Gu, X., Hewett-Emmett, D., and Li, W. H. (1998). Directional mutational pressure affects the amino acid composition and hydrophobicity of proteins in bacteria. *Genetica* **103**, 383 - 391.

Gu, X. and Huang, W. (2002). Testing the parsimony test of genome duplications: a counterexample. *Genome Res* **12**, 1 - 2.

Gu, X., Huang, W., Xu, D. and Zhang, H. (2005a). GeneContent: software for wholegenome phylogenetic analysis. *Bioinformatics* **21**, 1713 - 1714.

Gu, X. and Li, W. H. (1992). Higher rates of amino acid substitution in rodents than in humans. *Mol Phylogenet Evol* **1**, 211 - 214.

Gu, X. and Li, W. H. (1994). A model for the correlation of mutation rate with GC content and the origin of GC-rich isochores. *J Mol Evol* **38**, 468 – 475.

Gu, X. and Li, W. H. (1995). The size distribution of insertions and deletions in human and rodent pseudogenes suggests the logarithmic gap penalty for sequence alignment. *J Mol Evol* **40**, 464 – 473.

Gu, X. and Li, W. H. (1996a). Bias-corrected paralinear and LogDet distances and tests of molecular clocks and phylogenies under nonstationary nucleotide frequencies. *Mol Biol Evol* **13**, 1375 – 1383.

Gu, X. and Li, W. H. (1996b). A general additive distance with time-reversibility and rate variation among nucleotide sites. *Proc Natl Acad Sci USA* **93**, 4671 – 4676.

Gu, X. and Li, W. H. (1998). Estimation of evolutionary distances under stationary and nonstationary models of nucleotide substitution. *Proc Natl Acad Sci USA* **95**, 5899 – 5905.

Gu, X. and Nei, M. (1999). Locus specificity of polymorphic alleles and evolution by a birth-and-death process in mammalian MHC genes. *Mol Biol Evol* **16**, 147 – 156.

Gu, X. and Su, Z. (2005). Web-based resources for comparative genomics. *Hum Genomics* **2**, 187 – 190.

Gu, X. and Su, Z. (2007). Tissue-driven hypothesis of genomic evolution and sequenceexpression correlations. *Proc Natl Acad Sci USA* **104**, 2779 – 2784.

Gu, X., Su, Z. and Huang, Y. (2009). Simultaneous expansions of microRNAs and protein-coding genes by gene/genome duplications in early vertebrates. *J Exp Zool B Mol Dev Evol* **312**B, 164 – 170.

Gu, X. and Vander Velden, K. (2002). DIVERGE: phylogeny-based analysis for functional-structural divergence of a protein family. *Bioinformatics* **18**, 500 – 501.

Gu, X., Wang, Y. and Gu, J. (2002b). Age distribution of human gene families shows significant roles of both large- and small-scale duplications in vertebrate evolution. *Nat Genet* **31**, 205 – 209.

Gu, X. and Zhang, H. (2004). Genome phylogenetic analysis based on extended gene contents. *Mol Biol Evol* **21**, 1401 – 1408.

Gu, X. and Zhang, J. Z. (1997). A simple method for estimating the parameter of substitution rate variation among sites. *Mol Biol Evol* **14**, 1106 – 1113.

Gu, X., Zhang, Z. and Huang, W. (2005b). Rapid evolution of expression and regulatory divergences after yeast gene duplication. *Proc Natl Acad Sci USA* **102**, 707 – 712.

Gu, Z., Cavalcanti, A., Chen, F. C., Bouman, P. and Li, W. H. (2002c). Extent of gene duplication in the genomes of Drosophila, nematode, and yeast. *Mol Biol Evol* **19**, 256 – 262.

Gu, Z., Nicolae, D., Lu, H. H. and Li, W. H. (2002d). Rapid divergence in expression between duplicate genes inferred from microarray data. *Trends Genet* **18**, 609 – 613.

Gu, Z., Rifkin, S. A., White, K. P. and Li, W. H. (2004). Duplicate genes increase gene expression diversity within and between species. *Nat Genet* **36**, 577 – 579.

Gu, Z., Steinmetz, L. M., Gu, X., Scharfe, C., Davis, R. W. and Li, W. H. (2003). Role of duplicate genes in genetic robustness against null mutations. *Nature* **421**, 63 – 66.

Guigo, R. (1998). Assembling genes from predicted exons in linear time with dynamic programming. *J Comput Biol* **5**, 681 – 702.

Guo, H., Weiss, R. E., Gu, X. and Suchard, M. A. (2007). Time squared: Repeated measures on phylogenies. *Mol Biol Evol* **24**, 352 – 362.

Guo, H. H., Choe, J. and Loeb, L. A. (2004). Protein tolerance to random amino acid change. *Proc Natl Acad Sci USA* **101**, 9205 – 9210.

Hahn, M. W., Conant, G. C. and Wagner, A. (2004). Molecular evolution in large genetic networks: does connectivity equal constraint? *J Mol Evol* **58**, 203 – 211.

Hahn, M. W., De Bie, T., Stajich, J. E., Nguyen, C. and Cristianini, N. (2005). Estimating the tempo and mode of gene family evolution from comparative genomic data. *Genome Res* **15**, 1153 – 1160.

Hahn, M. W. and Kern, A. D. (2005). Comparative genomics of centrality and essentiality in three eukaryotic protein-interaction networks. *Mol Biol Evol* **22**, 803 – 806.

Hahn, M. W., Stajich, J. E. and Wray, G. A. (2003). The effects of selection against spurious transcription factor binding sites. *Mol Biol Evol* **20**, 901 – 906.

Han, J. D., Bertin, N., Hao, T., Goldberg, D. S., Berriz, G. F., Zhang, L. V., Dupuy, D., Walhout, A. J., Cusick, M. E., Roth, F. P., *et al.* (2004). Evidence for dynamically organized modularity in the yeast protein-protein interaction network. *Nature* **430**, 88 – 93.

Hansen, T. and Martins, E. (1996). Translating Between microevolutionary process and macroevolutionary patterns: the correlation structure of interspecific data. *Evolution* **50**, 1404 – 1417.

Harrison, R., Papp, B., Pal, C., Oliver, S. G. and Delneri, D. (2007). Plasticity of genetic interactions in metabolic networks of yeast. *Proc Natl Acad Sci USA* **104**, 2307 – 2312.

Hartl, D. L. and Taubes, C. H. (1996). Compensatory nearly neutral mutations: selection without adaptation. *J Theor Biol* **182**, 303 – 309.

Hartl, D. L. and Taubes, C. H. (1998). Towards a theory of evolutionary adaptation. *Genetica* **102 – 103**, 525 – 533.

Hartwell, L. H., Hopfield, J. J., Leibler, S. and Murray, A. W. (1999). From molecular to modular cell biology. *Nature* **402**, C47 – C52.

Harvey P. H. and Pagel M. D. (1991). The comparative methods in Evolutionary biology. Oxford: Oxford University Press.

Hasegawa, M. and Hashimoto, T. (1993). Ribosomal-Rna trees misleading. *Nature* **361**, 23 – 23.

Hastings, W. K. (1970). Monte-Carlo sampling methods using Markov chains and their applications. *Biometrika* **57**, 97 – 109.

Hazkani-Covo, E., Wool, D. and Graur, D. (2005). In search of the vertebrate phylotypic stage: A molecular examination of the developmental hourglass model and von Baer's third law. *J Exp Zool Part B* **304**B, 150 – 158.

He, S., Gu, X., Mayden, R. L., Chen, W. J., Conway, K. W. and Chen, Y. (2008). Phylogenetic position of the enigmatic genus Psilorhynchus (Ostariophysi: Cypriniformes): evidence from the mitochondrial genome. *Mol Phylogenet Evol* **47**, 419 – 425.

He, X. and Zhang, J. (2005). Rapid subfunctionalization accompanied by prolonged and substantial neofunctionalization in duplicate gene evolution. *Genetics* **169**, 1157 – 1164.

He, X. and Zhang, J. (2006). Toward a molecular understanding of pleiotropy. *Genetics* **173**, 1885 – 1891.

Hedges, S. B. and Kumar, S. (2009). The Timetree of Life. Oxford: Oxford University Press.

Hendy, M. D. and Penny, D. (1982). Branch and bound algorithms to determine minimal evolutionary trees. *Math Biosci* **59**, 277 – 290.

Henikoff, S. and Henikoff, J. G. (1992). Amino-Acid Substitution Matrices from Protein Blocks. *Proc Natl Acad Sci USA* **89**, 10915 – 10919.

Hennig, W. (1966). Phylogenetic Systematics. Urbana, USA: University of Illinois Press.

Hertz, G. Z. and Stormo, G. D. (1999). Identifying DNA and protein patterns with statistically significant alignments of multiple sequences. *Bioinformatics* **15**, 563 – 577.

Higgins, D. G. and Sharp, P. M. (1988). CLUSTAL: a package for performing multiple sequence alignment on a microcomputer. *Gene* **73**, 237 – 244.

Higgins, D. G., Thompson, J. D. and Gibson, T. J. (1996). Using CLUSTAL for multiple sequence alignments. *Methods Enzymol* **266**, 383 – 402.

Hirsh, A. E. and Fraser, H. B. (2001). Protein dispensability and rate of evolution. *Nature* **411**, 1046 – 1049.

Hoekstra, H. E. and Coyne, J. A. (2007). The locus of evolution: evo devo and the genetics of adaptation. *Evolution* **61**, 995 – 1016.

Holland, P. W., Garcia-Fernandez, J., Williams, N. A. and Sidow, A. (1994). Gene duplications and the origins of vertebrate development. *Development Suppl Issue*, 125 – 133.

Holmquist, R., Goodman, M., Conroy, T. and Czelusniak, J. (1983). The spatial distribution of fixed mutations within genes coding for proteins. *J Mol Evol* **19**, 437 – 448.

Holt, L. J., Tuch, B. B., Villen, J., Johnson, A. D., Gygi, S. P. and Morgan, D. O. (2009). Global analysis of Cdk1 substrate phosphorylation sites provides insights into evolution. *Science* **325**, 1682 – 1686.

House, C. H. and Fitz-Gibbon, S. T. (2002). Using homolog groups to create a wholegenomic tree of free-living organisms: An update. *J Mol Evol* **54**, 539 – 547.

Huang, W., Fu, Y. X., Chang, B. H., Gu, X., Jorde, L. B. and Li, W. H. (1998). Sequence variation in ZFX introns in human populations. *Mol Biol Evol* **15**, 138 – 142.

Huang, Y. and Gu, X. (2007). A bootstrap based analysis pipeline for efficient classification of phylogenetically related animal miRNAs. *BMC Genomics* **8**, 66.

Huang, Y., Zheng, Y., Su, Z. and Gu, X. (2009). Differences in duplication age distributions between human GPCRs and their downstream genes from a network prospective. *BMC Genomics* **10**(Suppl 1), S14.

Huelsenbeck, J. P., Ronquist, F., Nielsen, R. and Bollback, J. P. (2001). Evolution-Bayesian inference of phylogeny and its impact on evolutionary biology. *Science* **294**, 2310 – 2314.

Hughes, A. L. and Nei, M. (1988). Pattern of nucleotide substitution at major histocompatibility complex class I loci reveals overdominant selection. *Nature* **335**, 167 – 170.

Hughes, A. L. (1994). The Evolution of Functionally Novel Proteins after Gene Duplication. *Proceedings of the Royal Society of London Series B-Biological Sciences* **256** (1346), 119 – 124.

Hughes, T., Ekman, D., Ardawatia, H., Elofsson, A. and Liberles, D. A. (2007). Evaluating dosage compensation as a cause of duplicate gene retention in

Paramecium tetraurelia. *Genome Biol* **8**, 213.

Huminiecki, L. and Wolfe, K. H. (2004). Divergence of spatial gene expression profiles following species-specific gene duplications in human and mouse. *Genome Res* **14**, 1870 – 1879.

Huson, D. H. and Steel, M. (2004). Phylogenetic trees based on gene content. *Bioinformatics* **20**, 2044 – 2049.

Huynen, M. A. and Snel, B. (2000). Gene and context: integrative approaches to genome analysis. *Adv Protein Chem* **54**, 345 – 379.

Ihmels, J., Collins, S. R., Schuldiner, M., Krogan, N. J., and Weissman, J. S. (2007). Backup without redundancy: genetic interactions reveal the cost of duplicate gene loss. *Mol Syst Biol* **3**, 86.

Imhof, M. and Schlotterer, C. (2001). Fitness effects of advantageous mutations in evolving *Escherichia coli* populations. *Proc Natl Acad Sci USA* **98**, 1113 – 1117.

Ispolatov, I., Krapivsky, P. L. and Yuryev, A. (2005). Duplication-divergence model of protein interaction network. *Phys Rev E Stat Nonlin Soft Matter Phys* **71**, 061911.

Jacquier, A. (2009). The complex eukaryotic transcriptome: unexpected pervasive transcription and novel small RNAs. *Nat Rev Genet* **10**, 833 – 844.

Jeong, H., Mason, S. P., Barabasi, A. L. and Oltvai, Z. N. (2001). Lethality and centrality in protein networks. *Nature* **411**, 41 – 42.

Jeong, H., Neda, Z. and Barabasi, A. L. (2003). Measuring preferential attachment in evolving networks. *Europhys Lett* **61**, 567 – 572.

Jeong, H., Tombor, B., Albert, R., Oltvai, Z. N. and Barabasi, A. L. (2000). The largescale organization of metabolic networks. *Nature* **407**, 651 – 654.

Jiang, C., Gu, J., Chopra, S., Gu, X. and Peterson, T. (2004). Ordered origin of the typical two- and three-repeat Myb genes. *Gene* **326**, 13 – 22.

Jin, L. and Nei, M. (1990). Limitations of the evolutionary parsimony method of phylogenetic analysis. *Mol Biol Evol* **7**, 82 – 102.

Johnson, N. L. and Kotz, S. (1969). Discrete Distributions. Boston, USA: Houghton Mifflin.

Johnson, N. L. and Kotz, S. (1970). Continuous Univariate Distributions. New York, USA: Hougton Mifflin.

Jones, D. T., Taylor, W. R. and Thornton, J. M. (1992). The rapid generation of mutation data matrices from protein sequences. *Comput Appl Biosci* **8**, 275 – 282.

Jordan, I. K., Bishop, G. R. and Gonzalez, D. S. (2001). Sequence and structural aspects of functional diversification in class I alpha-mannosidase evolution. *Bioinformatics* **17**, 965 – 976.

Jordan, I. K., Marino-Ramirez, L. and Koonin, E. V. (2005). Evolutionary significance of gene expression divergence. *Gene* **345**, 119 – 126.

Jordan, I. K., Rogozin, I. B., Wolf, Y. I. and Koonin, E. V. (2002). Essential genes are more evolutionarily conserved than are nonessential genes in bacteria. *Genome Res* **12**, 962 – 968.

Jordan, I. K., Wolf, Y. I. and Koonin, E. V. (2003). No simple dependence between protein evolution rate and the number of protein-protein interactions: only the most prolific interactors tend to evolve slowly. *BMC Evol Biol* **3**, 1.

Jordan, I. K., Wolf, Y. I. and Koonin, E. V. (2004). Duplicated genes evolve slower than singletons despite the initial rate increase. *BMC Evol Biol* **4**, 22.

Jukes, T. H. and Cantor, C. R. (1969). Evolution of protein molecules. In: H. N. Munro (ed.) Mammalian protein metabolism. pp. 21 – 132. New York: Academic.

Kacser, H. and Burns, J. A. (1979). Molecular democracy: who shares the controls? *Biochem Soc Trans* **7**, 1149 – 1160.

Kafri, R., Bar-Even, A. and Pilpel, Y. (2005). Transcription control reprogramming in genetic backup circuits. *Nat Genet* **37**, 295 – 299.

Kafri, R., Levy, M. and Pilpel, Y. (2006). The regulatory utilization of genetic redundancy through responsive backup circuits. *Proc Natl Acad Sci USA* **103**, 11653 – 11658.

Kamath, R. S., Fraser, A. G., Dong, Y., Poulin, G., Durbin, R., Gotta, M., Kanapin, A., Le Bot, N., Moreno, S., Sohrmann, M., *et al.* (2003). Systematic functional analysis of the Caenorhabditis elegans genome using RNAi. *Nature* **421**, 231 – 237.

Kasprzyk, A., Keefe, D., Smedley, D., London, D., Spooner, W., Melsopp, C., Hammond, M., Rocca-Serra, P., Cox, T. and Birney, E. (2004). EnsMart: a generic system for fast and flexible access to biological data. *Genome Res* **14**, 160 – 169.

Kato, K. (2009). Impact of the next generation DNA sequencers. *Int J Clin Exp Med* **2**, 193 – 202.

Keightley, P. D. (1994). The distribution of mutation effects on viability in Drosophila melanogaster. *Genetics* **138**, 1315 – 1322.

Keller, E. F. (2005). Revisiting 'scale-free' networks. *Bioessays* **27**, 1060 – 1068.

Kellis, M., Birren, B. W. and Lander, E. S. (2004). Proof and evolutionary analysis of ancient genome duplication in the yeast *Saccharomyces cerevisiae*. *Nature*

428, 617 - 624.

Kerr, M. K. and Churchill, G. A. (2001). Bootstrapping cluster analysis: Assessing the reliability of conclusions from microarray experiments. *Proc Natl Acad Sci USA* **98**, 8961 - 8965.

Khaitovich, P., Enard, W., Lachmann, M. and Paabo, S. (2006a). Evolution of primate gene expression. *Nat Rev Genet* **7**, 693 - 702.

Khaitovich, P., Hellmann, I., Enard, W., Nowick, K., Leinweber, M., Franz, H., Weiss, G., Lachmann, M. and Paabo, S. (2005a). Parallel patterns of evolution in the genomes and transcriptomes of humans and chimpanzees. *Science* **309**, 1850 - 1854.

Khaitovich, P., Kelso, J., Franz, H., Visagie, J., Giger, T., Joerchel, S., Petzold, E., Green, R. E., Lachmann, M. and Paabo, S. (2006b). Functionality of intergenic transcription: An evolutionary comparison. *PLoS Genetics* **2**, 1590 - 1598.

Khaitovich, P., Muetzel, B., She, X. W., Lachmann, M., Hellmann, I., Dietzsch, J., Steigele, S., Do, H. H., Weiss, G., Enard, W., *et al.* (2004a). Regional patterns of gene expression in human and chimpanzee brains. *Genome Res* **14**, 1462 - 1473.

Khaitovich, P., Paabo, S. and Weiss, G. (2005b). Toward a neutral evolutionary model of gene expression. *Genetics* **170**, 929 - 939.

Khaitovich, P., Tang, K., Franz, H., Kelso, J., Hellmann, I., Enard, W., Lachmann, M. and Paabo, S. (2006c). Positive selection on gene expression in the human brain. *Current Biology* **16**, R356 - R358.

Khaitovich, P., Weiss, G., Lachmann, M., Hellmann, I., Enard, W., Muetzel, B., Wirkner, U., Ansorge, W. and Paabo, S. (2004b). A neutral model of transcriptome evolution. *PLoS Biol* **2**, E132.

Kimura, M. (1968). Evolutionary rate at the molecular level. *Nature* **217**, 624 - 626.

Kimura, M. (1979). Model of effectively neutral mutations in which selective constraint is incorporated. *Proc Natl Acad Sci USA* **76**, 3440 - 3444.

Kimura, M. (1980). A simple method for estimating evolutionary rates of base substitutions through comparative studies of nucleotide sequences. *J Mol Evol* **16**, 111 - 120.

Kimura, M. (1983). The Neutral Theory of Molecular Evolution. Cambridge: Cambridgeshire, New York: Cambridge University Press.

Kimura, M. and Ota, T. (1971). Protein polymorphism as a phase of molecular evolution. *Nature* **229**, 467 - 469.

King, M. C. and Wilson, A. C. (1975). Evolution at two levels in humans and chimpanzees. *Science* **188**, 107 – 116.

Kirschner, M. and Gerhart, J. (1998). Evolvability. *Proc Natl Acad Sci USA* **95**, 8420 – 8427.

Kishino, H., Miyata, T. and Hasegawa, M. (1990). Maximum likelihood inference of protein phylogeny and the origin of chloroplasts. *J Mol Evol* **31**, 151 – 160.

Knudsen, B. and Miyamoto, M. M. (2001). A likelihood ratio test for evolutionary rate shifts and functional divergence among proteins. *Proc Natl Acad Sci USA* **98**, 14512 – 14517.

Koehl, P. and Levitt, M. (2002). Protein topology and stability define the space of allowed sequences. *Proc Natl Acad Sci USA* **99**, 1280 – 1285.

Kondrashov, A. S. (1998). Measuring spontaneous deleterious mutation process. *Genetica* **102 – 103**, 183 – 197.

Kondrashov, A. S., Sunyaev, S. and Kondrashov, F. A. (2002a). Dobzhansky-Muller incompatibilities in protein evolution. *Proc Natl Acad Sci USA* **99**, 14878 – 14883.

Kondrashov, F. A., Rogozin, I. B., Wolf, Y. I. and Koonin, E. V. (2002b). Selection in the evolution of gene duplications. *Genome Biol* **3**, RESEARCH0008.

Koonin, E. V. and Wolf, Y. I. (2006). Evolutionary systems biology: links between gene evolution and function. *Curr Opin Biotechnol* **17**, 481 – 487.

Korbel, J. O., Snel, B., Huynen, M. A. and Bork, P. (2002). SHOT: a web server for the construction of genome phylogenies. *Trends Genet* **18**, 158 – 162.

Korf, I., Flicek, P., Duan, D. and Brent, M. R. (2001). Integrating genomic homology into gene structure prediction. *Bioinformatics* **17** (Suppl 1), S140 – 148.

Koshi, J. M. and Goldstein, R. A. (1996). Probabilistic reconstruction of ancestral protein sequences. *J Mol Evol* **42**, 313 – 320.

Krylov, D. M., Wolf, Y. I., Rogozin, I. B. and Koonin, E. V. (2003). Gene loss, protein sequence divergence, gene dispensability, expression level, and interactivity are correlated in eukaryotic evolution. *Genome Res* **13**, 2229-2235.

Kumar, S. and Hedges, S. B. (1998). A molecular timescale for vertebrate evolution. *Nature* **392**, 917 – 920.

Kumar, S., Nei, M., Dudley, J. and Tamura, K. (2008). MEGA: a biologist-centric software for evolutionary analysis of DNA and protein sequences. *Brief Bioinform* **9**, 299 – 306.

Lake, J. A. (1994). Reconstructing evolutionary trees from DNA and protein sequences: paralinear distances. *Proc Natl Acad Sci USA* **91**, 1455 – 1459.

Lanave, C., Preparata, G., Saccone, C. and Serio, G. (1984). A new method for calculating evolutionary substitution rates. *J Mol Evol* **20**, 86 – 93.

Lande, R. (1980). The genetic covariance between characters maintained by pleiotropic mutations. *Genetics* **94**, 203 – 215.

Landgraf, R., Xenarios, I. and Eisenberg, D. (2001). Three-dimensional cluster analysis identifies interfaces and functional residue clusters in proteins. *J Mol Biol* **307**, 1487 – 1502.

Landry, C. R., Levy, E. D. and Michnick, S. W. (2009). Weak functional constraints on phosphoproteomes. *Trends Genet* **25**, 193 – 197.

Larget, B. and Simon, D. L. (1999). Markov chain Monte Carlo algorithms for the Bayesian analysis of phylogenetic trees. *Mol Biol Evol* **16**, 750 – 759.

Lawrence, C. E., Altschul, S. F., Boguski, M. S., Liu, J. S., Neuwald, A. F. and Wootton, J. C. (1993). Detecting subtle sequence signals: a Gibbs sampling strategy for multiple alignment. *Science* **262**, 208 – 214.

Lawrence, J. G. (1999). Gene transfer, speciation, and the evolution of bacterial genomes. *Curr Opin Microbiol* **2**, 519 – 523.

Lee, T. I., Rinaldi, N. J., Robert, F., Odom, D. T., Bar-Joseph, Z., Gerber, G. K., Hannett, N. M., Harbison, C. T., Thompson, C. M., Simon, I., *et al.* (2002). Transcriptional regulatory networks in *Saccharomyces cerevisiae*. *Science* **298**, 799 – 804.

Lee, Y. H., Ota, T. and Vacquier, V. D. (1995). Positive selection is a general phenomenon in the evolution of abalone sperm lysin. *Mol Biol Evol* **12**, 231 – 238.

Lewontin, R. C. (1974). The Genetic Basis of Evolutionary Change. New York: Columbia University Press.

Li, W.-H. (1997). Molecular Evolution. Sunderland, Mass: Sinauer Associates.

Li, W. H. (1993). Unbiased estimation of the rates of synonymous and nonsynonymous substitution. *J Mol Evol* **36**, 96 – 99.

Li, W. H. and Gu, X. (1996). Estimating evolutionary distances between DNA sequences. *Methods Enzymol* **266**, 449 – 459.

Li, W. H., Wu, C. I. and Luo, C. C. (1985). A new method for estimating synonymous and nonsynonymous rates of nucleotide substitution considering the relative likelihood of nucleotide and codon changes. *Mol Biol Evol* **2**, 150 – 174.

Li, W. H., Yang, J. and Gu, X. (2005). Expression divergence between duplicate genes. *Trends Genet* **21**, 602 – 607.

Liang, H. and Li, W. H. (2007). Gene essentiality, gene duplicability and protein connectivity in human and mouse. *Trends Genet* **23**, 375 – 378.

Liao, B. Y. and Zhang, J. (2007). Mouse duplicate genes are as essential as singletons. *Trends Genet* **23**, 378-381.

Lichtarge, O., Bourne, H. R. and Cohen, F. E. (1996). An evolutionary trace method defines binding surfaces common to protein families. *J Mol Biol* **257**, 342 – 358.

Lin, J. and Gerstein, M. (2000). Whole-genome trees based on the occurrence of folds and orthologs: implications for comparing genomes on different levels. *Genome Res* **10**, 808 – 818.

Liu, C., Bai, B., Skogerbo, G., Cai, L., Deng, W., Zhang, Y., Bu, D., Zhao, Y. and Chen, R. (2005). NONCODE: an integrated knowledge database of non-coding RNAs. *Nucleic Acids Res* **33**, D112 – 115.

Liu, Q. Q., Yao, Q. H., Wang, H. M. and Gu, M. H. (2004). Endosperm-specific expression of the ferritin gene in transgenic rice (*Oryza sativa* L.) results in increased iron content of milling rice. *Yi Chuan Xue Bao* **31**, 518 – 524.

Livingstone, C. D. and Barton, G. J. (1996). Identification of functional residues and secondary structure from protein multiple sequence alignment. *Methods Enzymol* **266**, 497 – 512.

Lockhart, P. J., Steel, M. A., Hendy, M. D. and Penny, D. (1994). Recovering evolutionary trees under a more realistic model of sequence evolution. *Mol Biol Evol* **11**, 605 – 612.

Loewe, L., Charlesworth, B., Bartolome, C. and Noel, V. (2006). Estimating selection on nonsynonymous mutations. *Genetics* **172**, 1079 – 1092.

Logsdon, J. M. and Faguy, D. M. (1999). Evolutionary genomics: Thermotoga heats up lateral gene transfer. *Current Biol* **9**, R747 – R751.

Lopez, P., Casane, D. and Philippe, H. (2002). Heterotachy, an important process of protein evolution. *Mol Biol Evol* **19**, 1 – 7.

Lopez, P., Forterre, P. and Philippe, H. (1999). The root of the tree of life in the light of the covarion model. *J Mol Evol* **49**, 496 – 508.

Lucas, E. S., Finn, S. L., Cox, A., Lock, F. R. and Watkins, A. J. (2009). The impact of maternal high fat nutrition on the next generation: food for thought? *J Physiol* **587**, 3425 – 3426.

Luo, H., Rose, P., Barber, D., Hanratty, W. P., Lee, S., Roberts, T. M., DAndrea, A. D. and Dearolf, C. R. (1997). Mutation in the Jak kinase JH2 domain hyperactivates Drosophila and mammalian Jak-Stat pathways. *Mol Cell Biol* **17**, 1562 – 1571.

Lynch, M. (2007a). The evolution of genetic networks by non-adaptive processes.

Nat Rev Genet **8**, 803 – 813.

Lynch, M. (2007b). The frailty of adaptive hypotheses for the origins of organismal complexity. *Proc Natl Acad Sci USA* **104**, 8597 – 8604.

Lynch, M. (2007c). The Origins of Genome Architecture. Sunderland, Mass: Sinauer Associates.

Lynch, M. and Conery, J. S. (2000). The evolutionary fate and consequences of duplicate genes. *Science* **290**, 1151 – 1155.

Lynch, M. and Hill, W. G. (1986). Phenotypic evolution by neutral mutation. *Evolution* **40**, 915 – 935.

Lynch, M., O' Hely, M., Walsh, B. and Force, A. (2001). The probability of preservation of a newly arisen gene duplicate. *Genetics* **159**, 1789 – 1804.

MacLean, R.C., Bell, G. and Rainey, P.B. (2004). The evolution of a pleiotropic fitness tradeoff in *Pseudomonas fluorescens*. *Proc Natl Acad Sci USA* **101**, 8072 – 8077.

Makova, K.D. and Li, W. H. (2003). Divergence in the spatial pattern of gene expression between human duplicate genes. *Genome Res* **13**, 1638 – 1645.

Manning, G., Young, S. L., Miller, W. T. and Zhai, Y. (2008). The protist, *Monosiga brevicollis*, has a tyrosine kinase signaling network more elaborate and diverse than found in any known metazoan. *Proc Natl Acad Sci USA* **105**, 9674 – 9679.

Mardis, E. R. (2008). The impact of next-generation sequencing technology on genetics. *Trends Genet* **24**, 133 – 141.

Martin, G. and Lenormand, T. (2006). A general multivariate extension of Fisher's geometrical model and the distribution of mutation fitness effects across species. *Evolution* **60**, 893 – 907.

Mau, B., Newton, M.A. and Larget, B. (1999). Bayesian phylogenetic inference via Markov chain Monte Carlo methods. *Biometrics* **55**, 1 – 12.

Mayor, C., Brudno, M., Schwartz, J.R., Poliakov, A., Rubin, E. M., Frazer, K.A., Pachter, L.S. and Dubchak, I. (2000). VISTA: visualizing global DNA sequence alignments of arbitrary length. *Bioinformatics* **16**, 1046 – 1047.

McDonald, J.H. and Kreitman, M. (1991). Adaptive protein evolution at the Adh locus in *Drosophila*. *Nature* **351**, 652 – 654.

McGuigan, K. and Sgro, C.M. (2009). Evolutionary consequences of cryptic genetic variation. *Trends Ecol Evol* **24**, 305 – 311.

Medina, M. (2005). Genomes, phylogeny, and evolutionary systems biology. *Proc Natl Acad Sci USA* **102**, 6630 – 6635.

Mercer, J. F. B., Grimes, A., Ambrosini, L., Lockhart, P., Paynter, J. A.,

Dierick, H. and Glover, T. W. (1994). Mutations in the Murine Homolog of the Menkes Gene in Dappled and Blotchy Mice. *Nat Genet* **6**, 374 – 378.

Messier, W. and Stewart, C. B. (1997). Episodic adaptive evolution of primate lysozymes. *Nature* **385**, 151 – 154.

Metropolis, N. , Rosenbluth, A. W. , Rosenbluth, M. N. , Teller, A. H. and Teller, E. (1953). Equation of state calculations by fast computing machines. *J Chem Phys* **21**, 1087 – 1092.

Meyer, I. M. and Durbin, R. (2002). Comparative ab initio prediction of gene structures using pair HMMs. *Bioinformatics* **18**, 1309 – 1318.

Milo, R. , Shen-Orr, S. , Itzkovitz, S. , Kashtan, N. , Chklovskii, D. and Alon, U. (2002). Network motifs: Simple building blocks of complex networks. *Science* **298**, 824 – 827.

Mintseris, J. and Weng, Z. (2005). Structure, function, and evolution of transient and obligate protein-protein interactions. *Proc Natl Acad Sci USA* **102**, 10930 – 10935.

Miyata, T. and Yasunaga, T. (1980). Molecular evolution of mRNA: a method for estimating evolutionary rates of synonymous and amino acid substitutions from homologous nucleotide sequences and its application. *J Mol Evol* **16**, 23 – 36.

Mooers, A. O. and Schluter, D. (1999). Reconstructing ancestor states with maximum likelihood: Support for one- and two-rate models. *Systematic Biol* **48**, 623 – 633.

Munro, H. N. and Allison, J. B. (1964). Mammalian Protein Metabolism. New York: Academic Press.

Nam, J. , Kaufmann, K. , Theissen, G. and Nei, M. (2005). A simple method for predicting the functional differentiation of duplicate genes and its application to MIKC-type MADS-box genes. *Nucleic Acids Res* **33**, e12.

Natale, D. A. , Shankavaram, U. T. , Galperin, M. Y. , Wolf, Y. I. , Aravind, L. and Koonin, E. V. (2000). Towards understanding the first genome sequence of a crenarchaeon by genome annotation using clusters of orthologous groups of proteins (COGs). *Genome Biol* **1**, RESEARCH0009.

National Biomedical Research Foundation and Dayhoff, M. O. (1978). Protein segment dictionary 78: from the Atlas of Protein Sequence and Structure, volume 5, and supplements 1, 2, and 3 (Silver Spring, Md. Washington, D. C. , National Biomedical Research Foundation ; Georgetown University Medical Center).

Needleman, S. B. and Wunsch, C. D. (1970). A general method applicable to the search for similarities in the amino acid sequence of two proteins. *J Mol Biol* **48**,

443 – 453.

Nei, M. (1969). Gene duplication and nucleotide substitution in evolution. *Nature* **221**, 40 – 42.

Nei, M. (1987). Molecular Evolutionary Genetics. New York: Columbia University Press.

Nei, M. and Kumar, S. (2000). Molecular Evolution and Phylogenetics. Oxford, UK: Oxford University Press.

Nei, M. (2005). Selectionism and neutralism in molecular evolution. *Mol Biol Evol* **22**, 2318 – 2342.

Nei, M. (2007). The new mutation theory of phenotypic evolution. *Proc Natl Acad Sci USA* **104**, 12235 – 12242.

Nei, M. and Gojobori, T. (1986). Simple methods for estimating the numbers of synonymous and nonsynonymous nucleotide substitutions. *Mol Biol Evol* **3**, 418 – 426.

Nei, M., Gu, X. and Sitnikova, T. (1997). Evolution by the birth-and-death process in multigene families of the vertebrate immune system. *Proc Natl Acad Sci USA* **94**, 7799 – 7806.

Nei, M., Niimura, Y. and Nozawa, M. (2008). The evolution of animal chemosensory receptor gene repertoires: roles of chance and necessity. *Nat Rev Genet* **9**, 951 – 963.

Nielsen, R., Bustamante, C., Clark, A. G., Glanowski, S., Sackton, T. B., Hubisz, M. J., Fledel-Alon, A., Tanenbaum, D. M., Civello, D., White, T. J., *et al*. (2005). A scan for positively selected genes in the genomes of humans and chimpanzees. *PLoS Biol* **3**, e170.

Nielsen, R., Hellmann, I., Hubisz, M., Bustamante, C. and Clark, A. G. (2007). Recent and ongoing selection in the human genome. *Nat Rev Genet* **8**, 857 – 868.

Nielsen, R. and Yang, Z. (2003). Estimating the distribution of selection coefficients from phylogenetic data with applications to mitochondrial and viral DNA. *Mol Biol Evol* **20**, 1231 – 1239.

Nozawa, M., Kawahara, Y. and Nei, M. (2007). Genomic drift and copy number variation of sensory receptor genes in humans. *Proc Natl Acad Sci USA* **104**, 20421 – 20426.

Oakley, T. H., Gu, Z., Abouheif, E., Patel, N. H. and Li, W. H. (2005). Comparative methods for the analysis of gene-expression evolution: an example using yeast functional genomic data. *Mol Biol Evol* **22**, 40 – 50.

Ohno, S. (1970). Evolution by Gene Duplication. Berlin, New York: Springer-

Verlag.

Ohta, T. (1973). Slightly deleterious mutant substitutions in evolution. *Nature* **246**, 96 – 98.

Ohta, T. (1993). An examination of the generation-time effect on molecular evolution. *Proc Natl Acad Sci USA* **90**, 10676 – 10680.

Olsen, G. J. , Woese, C. R. and Overbeek, R. (1994). The winds of (evolutionary) change: breathing new life into microbiology. *J Bacteriol* **176**, 1 – 6.

Orr, H. A. (2005). The genetic theory of adaptation: a brief history. *Nat Rev Genet* **6**, 119 – 127.

Otto, S. P. (2004). Two steps forward, one step back: the pleiotropic effects of favoured alleles. *Proc Biol Sci* **271**, 705 – 714.

Ovcharenko, I. , Loots, G. G. , Hardison, R. C. , Miller, W. and Stubbs, L. (2004). zPicture: dynamic alignment and visualization tool for analyzing conservation profiles. *Genome Res* **14**, 472 – 477.

Pagel, M. , Meade, A. and Scott, D. (2007). Assembly rules for protein networks derived from phylogenetic-statistical analysis of whole genomes. *BMC Evol Biol* **7**(Suppl 1), S16.

Pal, C. , Papp, B. and Hurst, L. D. (2001). Highly expressed genes in yeast evolve slowly. *Genetics* **158**, 927 – 931.

Pal, C. , Papp, B. and Hurst, L. D. (2003). Genomic function: Rate of evolution and gene dispensability. *Nature* **421**, 496 – 497; discussion 497 – 498.

Pal, C. , Papp, B. and Lercher, M. J. (2006a). An integrated view of protein evolution. *Nat Rev Genet* **7**, 337 – 348.

Pal, C. , Papp, B. , Lercher, M. J. , Csermely, P. , Oliver, S. G. and Hurst, L. D. (2006b). Chance and necessity in the evolution of minimal metabolic networks. *Nature* **440**, 667 – 670.

Pang, K. C. , Stephen, S. , Engstrom, P. G. , Tajul-Arifin, K. , Chen, W. , Wahlestedt, C. , Lenhard, B. , Hayashizaki, Y. and Mattick, J. S. (2005). RNAdb — a comprehensive mammalian noncoding RNA database. *Nucleic Acids Res* **33**, D125 – 130.

Papp, B. , Pal, C. and Hurst, L. D. (2003). Dosage sensitivity and the evolution of gene families in yeast. *Nature* **424**, 194 – 197.

Papp, B. , Pal, C. and Hurst, L. D. (2004). Metabolic network analysis of the causes and evolution of enzyme dispensability in yeast. *Nature* **429**, 661 – 664.

Parisi, G. and Echave, J. (2005). Generality of the structurally constrained protein evolution model: assessment on representatives of the four main fold classes. *Gene* **345**, 45 – 53.

247

Parra, G., Agarwal, P., Abril, J. F., Wiehe, T., Fickett, J. W. and Guigo, R. (2003). Comparative gene prediction in human and mouse. *Genome Res* **13**, 108 – 117.

Pastor-Satorras, R., Smith, E. and Sole, R. V. (2003). Evolving protein interaction networks through gene duplication. *J Theor Biol* **222**, 199 – 210.

Pearson, W. R. (1998). Empirical statistical estimates for sequence similarity searches. *J Mol Biol* **276**, 71 – 84.

Pearson, W. R. and Lipman, D. J. (1988). Improved tools for biological sequence comparison. *Proc Natl Acad Sci USA* **85**, 2444 – 2448.

Penn, O., Stern, A., Rubinstein, N. D., Dutheil, J., Bacharach, E., Galtier, N. and Pupko, T. (2008). Evolutionary modeling of rate shifts reveals specificity determinants in HIV-1 subtypes. *PLoS Comput Biol* **4**, e1000214.

Perler, F., Efstratiadis, A., Lomedico, P., Gilbert, W., Kolodner, R. and Dodgson, J. (1980). The evolution of genes — the chicken preproinsulin gene. *Cell* **20**, 555 – 566.

Piganeau, G. and Eyre-Walker, A. (2003). Estimating the distribution of fitness effects from DNA sequence data: implications for the molecular clock. *Proc Natl Acad Sci USA* **100**, 10335 – 10340.

Pollock, D. D., Taylor, W. R. and Goldman, N. (1999). Coevolving protein residues: maximum likelihood identification and relationship to structure. *J Mol Biol* **287**, 187 – 198.

Poon, A. and Otto, S. P. (2000). Compensating for our load of mutations: freezing the meltdown of small populations. *Evolution* **54**, 1467 – 1479.

Presser, A., Elowitz, M. B., Kellis, M. and Kishony, R. (2008). The evolutionary dynamics of the Saccharomyces cerevisiae protein interaction network after duplication. *Proc Natl Acad Sci USA* **105**, 950 – 954.

Prince, V. E. and Pickett, F. B. (2002). Splitting pairs: the diverging fates of duplicated genes. *Nat Rev Genet* **3**, 827 – 837.

Proulx, S. R. and Phillips, P. C. (2005). The opportunity for canalization and the evolution of genetic networks. *Am Nat* **165**, 147 – 162.

Pupko, T., Pe'er, I., Hasegawa, M., Graur, D. and Friedman, N. (2002). A branchand-bound algorithm for the inference of ancestral amino-acid sequences when the replacement rate varies among sites: Application to the evolution of five gene families. *Bioinformatics* **18**, 1116 – 1123.

Pupko, T., Pe'er, I., Shamir, R. and Graur, D. (2000). A fast algorithm for joint reconstruction of ancestral amino acid sequences. *Mol Biol Evol* **17**, 890 – 896.

Quackenbush, J. (2001). Computational analysis of microarray data. *Nat Rev Genet*

2, 418 – 427.

Rain, J. C., Selig, L., De Reuse, H., Battaglia, V., Reverdy, C., Simon, S., Lenzen, G., Petel, F., Wojcik, J., Schachter, V., *et al.* (2001). The protein-protein interaction map of Helicobacter pylori. *Nature* **409**, 211 – 215.

Rannala, B. and Yang, Z. (1996). Probability distribution of molecular evolutionary trees: a new method of phylogenetic inference. *J Mol Evol* **43**, 304 – 311.

Rastogi, S. and Liberles, D. A. (2005). Subfunctionalization of duplicated genes as a transition state to neofunctionalization. *BMC Evol Biol* **5**, 28.

Ravasz, E., Somera, A. L., Mongru, D. A., Oltvai, Z. N. and Barabasi, A. L. (2002). Hierarchical organization of modularity in metabolic networks. *Science* **297**, 1551 – 1555.

Rifkin, S. A., Houle, D., Kim, J. and White, K. P. (2005). A mutation accumulation assay reveals a broad capacity for rapid evolution of gene expression. *Nature* **438**, 220 – 223.

Rivas, E. and Eddy, S. R. (2001). Noncoding RNA gene detection using comparative sequence analysis. *BMC Bioinformatics* **2**, 8.

Rocha, E. P. and Danchin, A. (2004). An analysis of determinants of amino acids substitution rates in bacterial proteins. *Mol Biol Evol* **21**, 108 – 116.

Rodriguez-Caso, C., Medina, M. A. and Sole, R. V. (2005). Topology, tinkering and evolution of the human transcription factor network. *FEBS J* **272**, 6423 – 6434.

Rodriguez, F., Oliver, J. L., Marin, A. and Medina, J. R. (1990). The general stochastic model of nucleotide substitution. *J Theor Biol* **142**, 485 – 501.

Roth, C., Rastogi, S., Arvestad, L., Dittmar, K., Light, S., Ekman, D. and Liberles, D. A. (2007). Evolution after gene duplication: Models, mechanisms, sequences, systems, and organisms. *J Exp Zool Part B* **308**B, 58 – 73.

Roth, F. P., Hughes, J. D., Estep, P. W. and Church, G. M. (1998). Finding DNA regulatory motifs within unaligned noncoding sequences clustered by whole-genome mRNA quantitation. *Nat Biotechnol* **16**, 939 – 945.

Rotonda, J., Nicholson, D. W., Fazil, K. M., Gallant, M., Gareau, Y., Labelle, M., Peterson, E. P., Rasper, D. M., Ruel, R., Vaillancourt, J. P., *et al.* (1996). The three-dimensional structure of apopain/CPP32, a key mediator of apoptosis. *Nat Struct Biol* **3**, 619 – 625.

Rzhetsky, A. and Nei, M. (1992). Statistical properties of the ordinary least-squares, generalized least-squares, and minimum-evolution methods of phylogenetic inference. *J Mol Evol* **35**, 367 – 375.

Rzhetsky, A. and Nei, M. (1993). Theoretical foundation of the minimum-evolution method of phylogenetic inference. *Mol Biol Evol* **10**, 1073 – 1095.

Saitou, N. and Nei, M. (1987). The neighbor-joining method: a new method for reconstructing phylogenetic trees. *Mol Biol Evol* **4**, 406 – 425.

Salathe, M., Ackermann, M. and Bonhoeffer, S. (2006). The effect of multifunctionality on the rate of evolution in yeast. *Mol Biol Evol* **23**, 721 – 722.

Sankoff, D. (1975). Minimal mutation trees of sequences. *Siam J Appl Math* **28**, 35 – 42.

Sankoff, D., Sundaram, G. and Kececioglu, J. (1996). Steiner points in the space of genome rearrangements. *International Journal of the Foundations of Computer Science* **7**, 1 – 9.

Sattath S. and Tversky A. (1977). Additive similarity trees. *Psychometrika* **42**, 319 – 345.

Schluter, D. (1995). Uncertainty in ancient phylogenies. *Nature* **377**, 108 – 109.

Schluter, D., Price, T., Mooers, A. O. and Ludwig, D. (1997). Likelihood of ancestor states in adaptive radiation. *Evolution* **51**, 1699 – 1711

Schug, J. and Overton, G. C. (1997). Modeling transcription factor binding sites with Gibbs Sampling and Minimum Description Length encoding. *Proc Int Conf Intell Syst Mol Biol* **5**, 268 – 271.

Schwartz, S., Elnitski, L., Li, M., Weirauch, M., Riemer, C., Smit, A., Green, E. D., Hardison, R. C. and Miller, W. (2003). MultiPipMaker and supporting tools: Alignments and analysis of multiple genomic DNA sequences. *Nucleic Acids Res* **31**, 3518 – 3524.

Schwartz, S., Zhang, Z., Frazer, K. A., Smit, A., Riemer, C., Bouck, J., Gibbs, R., Hardison, R. and Miller, W. (2000). PipMaker — a web server for aligning two genomic DNA sequences. *Genome Res* **10**, 577 – 586.

Sella, G. and Hirsh, A. E. (2005). The application of statistical physics to evolutionary biology. *Proc Natl Acad Sci USA* **102**, 9541 – 9546.

Sharp, P. M. and Li, W. H. (1987). The rate of synonymous substitution in enterobacterial genes is inversely related to codon usage bias. *Mol Biol Evol* **4**, 222 – 230.

Shaw, F. H., Geyer, C. J. and Shaw, R. G. (2002). A comprehensive model of mutations affecting fitness and inferences for *Arabidopsis thaliana*. *Evolution* **56**, 453 – 463.

Shen-Orr, S. S., Milo, R., Mangan, S. and Alon, U. (2002). Network motifs in the transcriptional regulation network of *Escherichia coli*. *Nature Genetics* **31**, 64 – 68.

Shi, X. F., Gu, H., Susko, E. and Field, C. (2005). The comparison of the confidence regions in phylogeny. *Mol Biol Evol* **22**, 2285 – 2296.

Sinha, S., Blanchette, M. and Tompa, M. (2004). PhyME: a probabilistic algorithm for finding motifs in sets of orthologous sequences. *BMC Bioinformatics* **5**, 170.

Skovgaard, M., Kodra, J. T., Gram, D. X., Knudsen, S. M., Madsen, D. and Liberles, D. A. (2006). Using evolutionary information and ancestral sequences to understand the sequence-function relationship in GLP-1 agonists. *J Mol Biol* **363**, 977 – 988.

Smith, T. F. and Waterman, M. S. (1981). Identification of Common Molecular Subsequences. *J Mol Biol* **147**, 195 – 197.

Snel, B., Bork, P. and Huynen, M. A. (1999). Genome phylogeny based on gene content. *Nat Genet* **21**, 108 – 110.

Sogin, M. L., Hinkle, G. and Leipe, D. D. (1993). Universal tree of life. *Nature* **362**, 795 – 795.

Sole, R. V. and Valverde, S. (2006). Are network motifs the spandrels of cellular complexity? *Trends Ecol Evol* **21**, 419 – 422.

Soyer, O. S. and Bonhoeffer, S. (2006). Evolution of complexity in signaling pathways. *Proc Natl Acad Sci USA* **103**, 16337 – 16342.

Spencer M., Susko E., Roger A. J. (2006). Modelling prokaryote gene content. *Evol Bioinform Online* **2**, 165 – 186.

Steel, M. (1994). Recovering a tree from the leaf colourations it generates under a Markov model. *Appl Math Lett* **7**, 19 – 23.

Stekel, D. J., Git, Y. and Falciani, F. (2000). The comparison of gene expression from multiple cDNA libraries. *Genome Res* **10**, 2055 – 2061.

Stone, J. R. and Wray, G. A. (2001). Rapid evolution of cis-regulatory sequences via local point mutations. *Mol Biol Evol* **18**, 1764 – 1770.

Storey, J. D. (2002). A direct approach to false discovery rates. *J Roy Stat Soc B* **64**, 479 – 498.

Storey, J. D. and Tibshirani, R. (2003). Statistical significance for genomewide studies. *Proc Natl Acad Sci USA* **100**, 9440 – 9445.

Studier, J. A. and Keppler, K. J. (1988). A note on the neighbor-joining algorithm of Saitou and Nei. *Mol Biol Evol* **5**, 729 – 731.

Su, A. I., Cooke, M. P., Ching, K. A., Hakak, Y., Walker, J. R., Wiltshire, T., Orth, A. P., Vega, R. G., Sapinoso, L. M., Moqrich, A., *et al*. (2002). Large-scale analysis of the human and mouse transcriptomes. *Proc Natl Acad Sci USA* **99**, 4465 – 4470.

Su, Z. and Gu, X. (2008). Predicting the proportion of essential genes in mouse duplicates based on biased mouse knockout genes. *J Mol Evol* **67**, 705 – 709.

Su, Z., Huang, Y. and Gu, X. (2007). Tissue-driven hypothesis with Gene Ontology (GO) analysis. *Ann Biomed Eng* **35**, 1088 – 1094.

Su, Z., Wang, J., Yu, J., Huang, X. and Gu, X. (2006). Evolution of alternative splicing after gene duplication. *Genome Res* **16**, 182 – 189.

Su, Z., Zeng, Y. and Gu, X. (2009). A preliminary analysis of gene pleiotropy estimated from protein sequences. *J Exp Zool B Mol Dev Evol* **314**B, 115 – 122.

Sueoka, N. (1988). Directional mutation pressure and neutral molecular evolution. *Proc Natl Acad Sci USA* **85**, 2653 – 2657.

Sullivan, J., Holsinger, K. E. and Simon, C. (1995). Among-site rate variation and phylogenetic analysis of 12S rRNA in sigmodontine rodents. *Mol Biol Evol* **12**, 988 – 1001.

Suzuki, Y. and Gojobori, T. (1999). A method for detecting positive selection at single amino acid sites. *Mol Biol Evol* **16**, 1315 – 1328.

Tagle, D. A., Koop, B. F., Goodman, M., Slightom, J. L., Hess, D. L. and Jones, R. T. (1988). Embryonic epsilon and gamma globin genes of a prosimian primate (*Galago crassicaudatus*). Nucleotide and amino acid sequences, developmental regulation and phylogenetic footprints. *J Mol Biol* **203**, 439 – 455.

Tajima, F. and Nei, M. (1982). Biases of the estimates of DNA divergence obtained by the restriction enzyme technique. *J Mol Evol* **18**, 115 – 120.

Tajima, F. and Nei, M. (1984). Estimation of evolutionary distance between nucleotide sequences. *Mol Biol Evol* **1**, 269 – 285.

Tamura, K. and Nei, M. (1993). Estimation of the number of nucleotide substitutions in the control region of mitochondrial DNA in humans and chimpanzees. *Mol Biol Evol* **10**, 512 – 526.

CSH Tan, A., Pasculescu, W. A., Lim, T., Pawson, G. D., Bader, R. Linding (2009). Positive Selection of Tyrosine Loss in Metazoan Evolution. *Science* **325**, 1686 – 1688.

Tanay, A., Regev, A. and Shamir, R. (2005). Conservation and evolvability in regulatory networks: the evolution of ribosomal regulation in yeast. *Proc Natl Acad Sci USA* **102**, 7203 – 7208.

Thompson, J. D., Higgins, D. G. and Gibson, T. J. (1994). Clustal-W - improving the sensitivity of progressive multiple sequence alignment through sequence weighting, position-specific gap penalties and weight matrix choice. *Nucleic Acids Research* **22**, 4673 – 4680.

Thompson, W., Rouchka, E. C. and Lawrence, C. E. (2003). Gibbs Recursive

Sampler: finding transcription factor binding sites. *Nucleic Acids Res* **31**, 3580 – 3585.

Torgerson, D. G., Whitty, B. R. and Singh, R. S. (2005). Sex-specific functional specialization and the evolutionary rates of essential fertility genes. *J Mol Evol* **61**, 650 – 658.

Tourasse, N. J. and Gouy, M. (1997). Evolutionary distances between nucleotide sequences based on the distribution of substitution rates among sites as estimated by parsimony. *Mol Biol Evol* **14**, 287 – 298.

True, J. R. and Haag, E. S. (2001). Developmental system drift and flexibility in evolutionary trajectories. *Evol Dev* **3**, 109 – 119.

Tsong, A. E., Tuch, B. B., Li, H. and Johnson, A. D. (2006). Evolution of alternative transcriptional circuits with identical logic. *Nature* **443**, 415 – 420.

Turelli, M. (1985). Effects of pleiotropy on predictions concerning mutation-selection balance for polygenic traits. *Genetics* **111**, 165 – 195.

Tusher, V. G., Tibshirani, R. and Chu, G. (2001). Significance analysis of microarrays applied to the ionizing radiation response. *Proc Natl Acad Sci USA* **98**, 5116 – 5121.

Uzzell, T. and Corbin, K. W. (1971). Fitting discrete probability distributions to evolutionary events. *Science* **172**, 1089 – 1096.

Vazquez, A., Dobrin, R., Sergi, D., Eckmann, J. P., Oltvai, Z. N. and Barabasi, A. L. (2004). The topological relationship between the large-scale attributes and local interaction patterns of complex networks. *Proc Natl Acad Sci USA* **101**, 17940 – 17945.

von Mering, C., Krause, R., Snel, B., Cornell, M., Oliver, S. G., Fields, S. and Bork, P. (2002). Comparative assessment of large-scale data sets of protein-protein interactions. *Nature* **417**, 399 – 403.

Wagner, A. (1999). Redundant gene functions and natural selection. *J Evol Biol* **12**, 1 – 16.

Wagner, A. (2000a). Decoupled evolution of coding region and mRNA expression patterns after gene duplication: Implications for the neutralist-selectionist debate. *Proc Natl Acad Sci USA* **97**, 6579 – 6584.

Wagner, A. (2000b). Robustness against mutations in genetic networks of yeast. *Nat Genet* **24**, 355 – 361.

Wagner, A. (2000c). The role of population size, pleiotropy and fitness effects of mutations in the evolution of overlapping gene functions. *Genetics* **154**, 1389 – 1401.

Wagner, A. (2001). The yeast protein interaction network evolves rapidly and contains few redundant duplicate genes. *Mol Biol Evol* **18**, 1283 – 1292.

Wagner, G. P. and Mezey J. (2004). The role of genetic architecture constrains in the origin of variational modularity. In: G. Schlosser, G. P. Wagner (eds.) Modularity in Development and Evolution. pp. 338 – 358. Chicago: University of Chicago Press.

Wagner, A. (2005a). Robustness and Evolvability in Living Systems. Princeton, NJ: Princeton University Press.

Wagner, A. (2005b). Robustness, evolvability, and neutrality. *FEBS Lett* **579**, 1772 – 1778.

Wagner, A. (2008). Gene duplications, robustness and evolutionary innovations. *Bioessays* **30**, 367 – 373.

Wagner, G. P. (1989). Multivariate mutation-selection balance with constrained pleiotropic effects. *Genetics* **122**, 223 – 234.

Wagner, G.P., Pavlicev, M. and Cheverud, J.M. (2007). The road to modularity. *Nat Rev Genet* **8**, 921 – 931.

Wakeley, J. (1993). Substitution rate variation among sites in hypervariable region 1 of human mitochondrial DNA. *J Mol Evol* **37**, 613 – 623.

Wall, D.P., Hirsh, A.E., Fraser, H.B., Kumm, J., Giaever, G., Eisen, M.B. and Feldman, M.W. (2005). Functional genomic analysis of the rates of protein evolution. *Proc Natl Acad Sci USA* **102**, 5483 – 5488.

Wallace, J.L. (1999). Selective COX-2 inhibitors: is the water becoming muddy? *Trends Pharmacol Sci* **20**, 4 – 6.

Wang, Y. and Gu, X. (2000). Evolutionary patterns of gene families generated in the early stage of vertebrates. *J Mol Evol* **51**, 88 – 96.

Wang, Y. and Gu, X. (2001). Functional divergence in the caspase gene family and altered functional constraints: statistical analysis and prediction. *Genetics* **158**, 1311 – 1320.

Washietl, S., Hofacker, I.L. and Stadler, P.F. (2005). Fast and reliable prediction of noncoding RNAs. *Proc Natl Acad Sci USA* **102**, 2454 – 2459.

Waterman, M. S. and Vingron, M. (1994). Rapid and accurate estimates of statistical significance for sequence data-base searches. *Proc Natl Acad Sci USA* **91**, 4625 – 4628.

Waxman, D. and Peck, J.R. (1998). Pleiotropy and the preservation of perfection. *Science* **279**, 1210 – 1213.

Welch, J. J. and Waxman, D. (2003). Modularity and the cost of complexity. *Evolution* **57**, 1723 – 1734.

West-Eberhard, M.J. (2005a). Developmental plasticity and the origin of species differences. *Proc Natl Acad Sci USA* **102** (Suppl 1), 6543 – 6549.

West-Eberhard, M. J. (2005b). Phenotypic accommodation: adaptive innovation due to developmental plasticity. *J Exp Zool B Mol Dev Evol* **304**, 610 – 618.

Wheeler, W. C., De Laet, J., Gladstein, D. S. (2002). POY: The Optimization of Alignment Characters. Version 3. 0. 4. Program and Documentation. New York, NY. Available at ftp. amnh. org/pub/molecular. Documentation by D. Janies and W. C. Wheeler.

Williams, C. S., Mann, M. and DuBois, R. N. (1999). The role of cyclooxygenases in inflammation, cancer, and development. *Oncogene* **18**, 7908 – 7916.

Williams, E. J. and Hurst, L. D. (2000). The proteins of linked genes evolve at similar rates. *Nature* **407**, 900 – 903.

Wilson, A. C., Carlson, S. S. and White, T. J. (1977). Biochemical evolution. *Annu Rev Biochem* **46**, 573 – 639.

Wilson, K. P., Black, J. A., Thomson, J. A., Kim, E. E., Griffith, J. P., Navia, M. A., Murcko, M. A., Chambers, S. P., Aldape, R. A., Raybuck, S. A., *et al*. (1994). Structure and mechanism of interleukin-1 beta converting enzyme. *Nature* **370**, 270 – 275.

Wingender, E., Chen, X., Fricke, E., Geffers, R., Hehl, R., Liebich, I., Krull, M., Matys, V., Michael, H., Ohnhauser, R., *et al*. (2001). The TRANSFAC system on gene expression regulation. *Nucleic Acids Res* **29**, 281 – 283.

Winzeler, E. A., Shoemaker, D. D., Astromoff, A., Liang, H., Anderson, K., Andre, B., Bangham, R., Benito, R., Boeke, J. D., Bussey, H., *et al*. (1999). Functional characterization of the S-cerevisiae genome by gene deletion and parallel analysis. *Science* **285**, 901 – 906.

Wolf, Y. I. (2006). Coping with the quantitative genomics "elephant": the correlation between the gene dispensability and evolution rate. *Trends Genet* **22**, 354 – 357.

Wolf, Y. I., Carmel, L. and Koonin, E. V. (2006). Unifying measures of gene function and evolution. *Proc Biol Sci* **273**, 1507 – 1515.

Wolf, Y. I., Rogozin, I. B., Grishin, N. V. and Koonin, E. V. (2002). Genome trees and the tree of life. *Trends Genet* **18**, 472 – 479.

Wolfe, K. H. and Shields, D. C. (1997). Molecular evidence for an ancient duplication of the entire yeast genome. *Nature* **387**, 708 – 713.

Workman, C. T. and Stormo, G. (2000). ANN-Spec: a method for discovering transcription factor binding sites with improved specificity. Paper presented at: Pacific Symposium on Biocomputing.

Wray, G. A. , Hahn, M. W. , Abouheif, E. , Balhoff, J. P. , Pizer, M. , Rockman, M. V. and Romano, L. A. (2003). The evolution of transcriptional regulation in eukaryotes. *Mol Biol Evol* **20**, 1377 – 1419.

Wright, S. (1968). Evolution and the Genetics of Populations. Vol. 1. Chicago USA: University of Chicago Press.

Wu, C. I. and Li, W. H. (1985). Evidence for higher rates of nucleotide substitution in rodents than in man. *Proc Natl Acad Sci USA* **82**, 1741 – 1745.

Wu, S. and Gu, X. (2002). Multiple genome rearrangement by reversals. *Pac Symp Biocomput*, 259 – 270.

Wu, S. and Gu, X. (2003). Algorithms for multiple genome rearrangement by signed reversals. *Pac Symp Biocomput*, 363 – 374.

Wu, S. and Gu, X. (2005). Gene Network: Model, dynamics and simulation. *Lecture Notes on Computer Science* **3595**, 12 – 21.

Wuchty, S. , Barabasi, A. L. and Ferdig, M. T. (2006). Stable evolutionary signal in a Yeast protein interaction network. *BMC Evol Biol* **6**, 8.

Wuchty, S. , Oltvai, Z. N. and Barabasi, A. L. (2003). Evolutionary conservation of motif constituents in the yeast protein interaction network. *Nat Genet* **35**, 176 – 179.

Wyckoff, G. J. , Malcom, C. M. , Vallender, E. J. and Lahn, B. T. (2005). A highly unexpected strong correlation between fixation probability of nonsynonymous mutations and mutation rate. *Trends Genet* **21**, 381 – 385.

Xia, X. and Xie, Z. (2001). DAMBE: software package for data analysis in molecular biology and evolution. *J Hered* **92**, 371 – 373.

Xu, G. , Ma, H. , Nei, M. and Kong, H. (2009). Evolution of F-box genes in plants: different modes of sequence divergence and their relationships with functional diversification. *Proc Natl Acad Sci USA* **106**, 835 – 840.

Yanai, I. , Graur, D. and Ophir, R. (2004). Incongruent expression profiles between human and mouse orthologous genes suggest widespread neutral evolution of transcription control. *Omics* **8**, 15 – 24.

Yanai, I. , Korbel, J. O. , Boue, S. , McWeeney, S. K. , Bork, P. and Lercher, M. J. (2006). Similar gene expression profiles do not imply similar tissue functions. *Trends Genet* **22**, 132 – 138.

Yang, J. , Gu, Z. and Li, W. H. (2003). Rate of protein evolution versus fitness effect of gene deletion. *Mol Biol Evol* **20**, 772 – 774.

Yang, J. , Su, A. I. and Li, W. H. (2005). Gene expression evolves faster in narrowly than in broadly expressed mammalian genes. *Mol Biol Evol* **22**, 2113 – 2118.

Yang, Z. (1993). Maximum-likelihood estimation of phylogeny from DNA sequences when substitution rates differ over sites. *Mol Biol Evol* **10**, 1396 – 1401.

Yang, Z. (1994a). Estimating the pattern of nucleotide substitution. *J Mol Evol* **39**, 105 – 111.

Yang, Z. (1994b). Maximum likelihood phylogenetic estimation from DNA sequences with variable rates over sites: approximate methods. *J Mol Evol* **39**, 306 – 314.

Yang, Z. (1997). PAML: a program package for phylogenetic analysis by maximum likelihood. *Comput Appl Biosci* **13**, 555 – 556.

Yang, Z. (2006). Computational Molecular Evolution. Oxford: Oxford University Press.

Yang, Z. and Kumar, S. (1996). Approximate methods for estimating the pattern of nucleotide substitution and the variation of substitution rates among sites. *Mol Biol Evol* **13**, 650 – 659.

Yang, Z., Kumar, S. and Nei, M. (1995). A new method of inference of ancestral nucleotide and amino acid sequences. *Genetics* **141**, 1641 – 1650.

Yang, Z. and Rannala, B. (1997). Bayesian phylogenetic inference using DNA sequences: a Markov Chain Monte Carlo Method. *Mol Biol Evol* **14**, 717 – 724.

Yeger-Lotem, E., Sattath, S., Kashtan, N., Itzkovitz, S., Milo, R., Pinter, R. Y., Alon, U. and Margalit, H. (2004). Network motifs in integrated cellular networks of transcription-regulation and protein-protein interaction. *Proc Natl Acad Sci USA* **101**, 5934 – 5939.

Yu, H., Kim, P.M., Sprecher, E., Trifonov, V. and Gerstein, M. (2007). The importance of bottlenecks in protein networks: correlation with gene essentiality and expression dynamics. *PLoS Comput Biol* **3**, e59.

Zhang, H. and Gu, X. (2004). Maximum likelihood for genome phylogeny on gene content. *Stat Appl Genet Mol Biol* **3**, Article31.

Zhang, H., Zhong, Y., Hao, B. and Gu, X. (2009). A simple method for phylogenomic inference using the information of gene content of genomes. *Gene* **441**, 163 – 168.

Zhang, J. and Gu, X. (1998). Correlation between the substitution rate and rate variation among sites in protein evolution. *Genetics* **149**, 1615 – 1625.

Zhang, J., Kumar, S. and Nei, M. (1997). Small-sample tests of episodic adaptive evolution: a case study of primate lysozymes. *Mol Biol Evol* **14**, 1335 – 1338.

Zhang, J., Rosenberg, H.F. and Nei, M. (1998). Positive Darwinian selection after gene duplication in primate ribonuclease genes. *Proc Natl Acad Sci USA* **95**, 3708 – 3713.

Zhang, L. and Li, W. H. (2004). Mammalian housekeeping genes evolve more slowly than tissue-specific genes. *Mol Biol Evol* **21**, 236 – 239.

Zhang, P., Gu, Z. and Li, W. H. (2003). Different evolutionary patterns between young duplicate genes in the human genome. *Genome Biol* **4**, R56.

Zhang, X. S. and Hill, W. G. (2003). Multivariate stabilizing selection and pleiotropy in the maintenance of quantitative genetic variation. *Evolution* **57**, 1761 – 1775.

Zhang, Z., Gu, J. and Gu, X. (2004). How much expression divergence after yeast gene duplication could be explained by regulatory motif evolution? *Trends Genet* **20**, 403 – 407.

Zhao, F., Xuan, Z., Liu, L. and Zhang, M. Q. (2005). TRED: a Transcriptional Regulatory Element Database and a platform for in silico gene regulation studies. *Nucleic Acids Res* **33**, D103 – 107.

Zharkikh, A. (1994). Estimation of evolutionary distances between nucleotide sequences. *J Mol Evol* **39**, 315 – 329.

Zheng, Y., Xu, D. P. and Gu, X. (2007). Functional divergence after gene duplication and sequence-structure relationship: A case study of G-protein alpha subunits. *J Exp Zool Part B* **308**B, 85 – 96.

Zhou, H., Gu, J., Lamont, S. J. and Gu, X. (2007). Evolutionary analysis for functional divergence of the toll-like receptor gene family and altered functional constraints. *J Mol Evol* **65**, 119 – 123.

Zou, Y., Su, Z., Yang, J., Zeng, Y. and Gu, X. (2009). Uncovering genetic regulatory network divergence between duplicate genes using yeast eQTL landscape. *J Exp Zool B Mol Dev Evol* **312**, 722 – 733.

Zuckerkandl, E. (1976). Evolutionary processes and evolutionary noise at the molecular level. II. A selectionist model for random fixations in proteins. *J Mol Evol* **7**, 269 – 311.

图书在版编目（CIP）数据

进化基因组学的统计理论与方法/（美）谷迅（Xun Gu）著；苏志熙等译.—上海：复旦大学出版社，2019.10
（复旦大学进化生物学丛书）
书名原文：Statistical Theory and Methods for Evolutionary Genomics
ISBN 978-7-309-13920-4

Ⅰ.①进…　Ⅱ.①谷…②苏…　Ⅲ.①基因组-进化-统计方法Ⅳ.①Q349

中国版本图书馆 CIP 数据核字（2018）第 209811 号

上海市版权局著作权合同登记章 图字：09-2012-339 号

进化基因组学的统计理论与方法
（美）谷迅　著　苏志熙　等译
责任编辑/林　琳

复旦大学出版社有限公司出版发行
上海市国权路 579 号　邮编：200433
网址：fupnet@ fudanpress. com　http://www. fudanpress. com
门市零售：86-21-65642857　团体订购：86-21-65118853
外埠邮购：86-21-65109143
上海四维数字图文有限公司

开本 787×960　1/16　印张 17　字数 272 千
2019 年 10 月第 1 版第 1 次印刷

ISBN 978-7-309-13920-4/Q·107
定价：48.00 元